Der Indikator

und seine Hilfseinrichtungen.

Der Indikator

und seine

Hilfseinrichtungen.

Von

Dr.-Ing. **Anton Staus.**

Mit 219 Textfiguren.

Berlin.
Verlag von Julius Springer.
1911.

Softcover reprint of the hardcover 1st edition 1911

ISBN 978-3-642-50561-4 ISBN 978-3-642-50871-4 (eBook)
DOI 10.1007/978-3-642-50871-4

Druck der Spamerschen Buchdruckerei in Leipzig.

Vorwort.

Das vorliegende Buch ist auf Anregung des Herrn H. Maihak in Hamburg entstanden, dessen gleichnamige, im Indikatorbau bekannt gewordene Firma vor 25 Jahren den amerikanischen Crosby-Indikator in Deutschland einführte und auf der Grundlage dieses originellen Instruments eine Reihe vielbenutzter Typen bis zum modernen Außenfederindikator entwickelte. Die Zweckmäßigkeit eines Buches erkennend, das eine eingehende Beschreibung und Anleitung zum Gebrauch des Indikators in unmittelbarem Hinweis auf die genannten Konstruktionen bietet, folgte ich gern dem von Herrn Maihak geäußerten Wunsche, eine solche Schrift abzufassen. Hierbei lag es mir nahe, diese Gelegenheit im Interesse der Studierenden der Technischen Hochschule Karlsruhe auch zu Unterrichtszwecken auszunutzen, wodurch manche Ausführungen ihre Erklärung und Berechtigung finden. Leider war jedoch für die Abfassung des Manuskripts nur so wenig Zeit zur Verfügung gestellt, daß manche Ausführungen, die für den Unterrichtsgebrauch erwünscht sein würden, zunächst noch unterbleiben mußten, was um so eher zulässig erschien, als es sich dabei nur um Dinge handelt, die auch in anderen Büchern zu finden sind. In erster Linie war es daher mein Bestreben, alles bis ins einzelne erschöpfend zu besprechen und zu erläutern, was sich auf die Konstruktion und den Gebrauch der Instrumente bezieht.

Von einer Darstellung der geschichtlichen Entwicklung des Indikators habe ich bis auf einige kurze Bemerkungen Abstand genommen in der Überzeugung, daß dies für die Zwecke dieses Buches überflüssig ist. Zudem würde die Geschichte des Indikators allein schon einen Band füllen.

Die Innenfeder-Indikatoren sind mit Rücksicht auf ihre Verbreitung noch ausführlich behandelt worden, obgleich sie mehr und mehr durch Außenfeder-Instrumente verdrängt werden.

Neben der allgemeinen Beschreibung der Instrumente schien es empfehlenswert, die Einzelheiten zusammenfassend zu besprechen.

Je ein besonderer Abschnitt ist der Prüfung und — im Anschluß an die vom Verein Deutscher Ingenieure aufgestellten Normen — der Eichung der Federn gewidmet.

Das wichtige Kapitel der „Trommelantriebe“ habe ich etwas ausführlicher behandelt und zahlreiche bewährte, durch Zeichnungen erläuterte Beispiele gebracht. Finden sich doch auf diesem Gebiet — in der Praxis und in der Literatur — viele unzweckmäßige und häufig falsche Konstruktionen, die mit demselben oder geringerem Aufwand an Mühe und Kosten gut und richtig hätten gemacht werden können.

Was in den folgenden Abschnitten über die Behandlung und den Gebrauch der Instrumente, das Indizieren selbst und die Auswertung der Diagramme gesagt ist, entspricht im wesentlichen den Anordnungen und Verfahren, wie sie sich bei den Übungen in dem Mechanischen Laboratorium der Technischen Hochschule Karlsruhe herausgebildet haben.

Dem Direktor des Laboratoriums, Herrn Geh. Hofrat Brauer, bin ich für sein reges Interesse bei der Abfassung des vorliegenden Buches, insbesondere auch für die Überlassung vieler Zeichnungen von Trommelgetrieben, die an dieser Stelle zum ersten Male veröffentlicht sind, zu ganz besonderem Dank verpflichtet.

Auch Herrn H. Maihak, der sein reichhaltiges Material zur Verfügung stellte, wie Herrn Dipl.-Ing. G. Warth, der mir bei Anfertigung der Zeichnungen behilflich war, möchte ich an dieser Stelle meinen Dank aussprechen.

Karlsruhe-Rüppurr, Dezember 1910.

Anton Staus.

Inhaltsverzeichnis.

1. Einleitung.

Das wichtige Instrument, welches der Maschineningenieur als Indikator bezeichnet, ist hervorgegangen aus einer einfachen Vorrichtung, deren sich James Watt bediente, um über die Vorgänge im Zylinder der Dampfmaschine Klarheit zu gewinnen, und auf dessen Gebrauch viele seiner großen Erfindungen zurückzuführen sind.

Die erste Veröffentlichung dieses Wattschen Indikators findet sich in ,,The Quarterly Journal of Science, Literature and the Arts" vom Jahre 1822 auf S. 91ff. unter dem Titel ,,Account of a Steam Engine Indicator" und eine Übersetzung hiervon in ,,Dinglers Polytechnischem Journal" vom gleichen Jahre auf S. 392ff. unter dem Titel ,,Nachricht über einen Weiser an Dampfmaschinen".

Da der Wattsche Indikator, als erstes Instrument seiner Art, ein sehr großes geschichtliches Interesse beanspruchen darf, so soll seine Beschreibung, nach dem englischen Original unter Benutzung der jetzt üblichen Fachausdrücke ins Deutsche übertragen, hier wiedergegeben werden. Die zugehörige Abbildung Fig. 1 und 1a ist ein Faksimiledruck des dem Original beigefügten Stiches.

Beschreibung eines Dampfmaschinen-Indikators.

A Zylinderdeckel der Dampfmaschine.

B Absperrhahn, der gewöhnlich an Stelle des oberen Schmierhahns aufgeschraubt wird.

C Der Indikatorzylinder, ungefähr $1^3/_4$ Zoll Durchmesser, 8 Zoll lang, oben offen und unten auf den Absperrhahn *B* aufgeschraubt.

D Ein flacher Träger, der seitlich an den Zylinder *C* angeschraubt ist und den Rahmen *EE* trägt.

F Der Kolben, der so eingepaßt ist, daß er sich leicht auf und ab bewegt und trotzdem luftdicht schließt.

EE Ein Rahmen, 12 Zoll auf 7 Zoll lichte Weite, dessen oberer und unterer Schenkel mit einer Nute zur Führung des Holzschiebers *K* versehen ist.

G Die Kolbenstange, ungefähr $^5/_8$ Zoll dick und 16 Zoll lang.

H Eine Führung, die an die Säule *D* 6 Zoll über dem Zylinderende angeschraubt ist, und durch welche die Kolbenstange geht.

I Eine Spiral-(Schrauben-)feder, einerseits am Kolben, andererseits an der Führung *H* befestigt. Sie soll im spannungslosen Zustand ungefähr 7 Zoll lang und so stark sein, daß der Kolben nahezu den Boden des Zylinders berührt, wenn sie mit einem Gewicht belastet wird, das einem Druck von

14 Pfund auf den Quadratzoll entspricht. Sie muß sich auch noch um $1^1/_2$ Zoll zusammendrücken lassen.

K Ein kleines Brett, ungefähr 7 Zoll im Quadrat, das in den Nuten des oberen und unteren Schenkels des Rahmens *EE* geführt ist.

L Eine kleine Messingbüchse, welche in beliebiger Höhe der Kolbenstange mit der Stellschraube *M* befestigt werden kann. Sie trägt an dem freien Ende einen kurzen Bleistift, der durch eine schwache Feder an die Fläche des Holzschiebers angedrückt wird.

N Ein Gewicht, das mit einer Schnur an dem Schieber *K* befestigt ist.

O Irgendein Teil des Parallelogramms, der während einer halben Umdrehung der Maschine eine Strecke von $4^1/_2$ Zoll durchläuft.

Aus dieser Beschreibung wird das Prinzip klar, nach welchem das Instrument arbeitet.

Wenn man den Absperrhahn *B* öffnet, wird eine unmittelbare Verbindung zwischen dem Inneren des großen und kleinen Zylinders hergestellt, und der Dampfdruck im Indikator wird derselbe wie im Dampfzylinder über dem Kolben. Ist der Druck geringer als derjenige der Atmosphäre, so sinkt der Indikatorkolben, ist er größer, so steigt er. Aber die Spiralfeder, die bei sorgfältiger Herstellung sich für gleiche Belastungsstufen um gleiche Strecken dehnt, hemmt die Bewegung des Kolbens und gibt so den herrschenden Druck durch seine Entfernung von der Nullage an. Während jedes Maschinenhubes steigt daher der Indikatorkolben in die Höhe, sobald das obere Dampfeinlaßventil geöffnet wird und, während der Maschinenkolben herunter geht, bleibt der Indikatorkolben entsprechend dem Dampfdruck im Zylinder in der Höhe. Wenn das Auslaßventil sich öffnet, sinkt der Indikatorkolben, und die Geschwindigkeit, mit der er sinkt, sowie die Größe des zurückgelegten Weges gibt die Güte des Vakuums an. Wenn nun während dieser senkrechten Bewegung des Indikatorkolbens der Holzschieber hin und her geführt wird, so schreibt der in der Büchse *L* sitzende Bleistift auf das Brett bzw. auf ein auf das Brett gespanntes Papier eine Kurve, ähnlich wie *PQRS*. Der Teil *PQ* der Kurve wird während der Abwärtsbewegung des Maschinenkolbens gezeichnet. Da bei *Q* die Kondensation beginnt, so wirkt der Atmosphärendruck auf den Indikatorkolben und drückt ihn so weit hinunter, bis die Federspannung dem Dampfdruck das Gleichgewicht hält. Unterdessen beginnt der Maschinenkolben seine Aufwärtsbewegung, und indem der Schieber sich horizontal bewegt, entsteht die Linie *RS*. Ist der Maschinenkolben oben angelangt, so füllt der eintretende Dampf das unter dem Indikatorkolben vorhandene Vakuum aus und gestattet der Feder den Indikatorkolben so weit zu heben, bis das Gleichgewicht hergestellt ist. Daraus folgt, daß der Abstand *PQ* von *RS* um so größer ist, je größer der Unterschied zwischen dem Vakuum und dem Dampfdruck ist, und die Kurve *QR* muß um so spitzer sein, je schneller sich das Vakuum bildet. Wenn der Abstand der Linien an 8 bis 10 Stellen gemessen und das Mittel daraus genommen wird, so läßt sich durch eine einfache Rechnung der mittlere Druck auf jeden Quadratzoll des Indikatorkolbens finden. Sei a die Fläche des Indikatorkolbens, b irgendein Gewicht, das man zur Eichung an den Indikatorkolben anhängt, d der Weg des Kolbens unter dem Einfluß dieses Gewichts, e die mittlere Höhe des Diagrammes und f der mittlere Druck in Pfund auf den Maschinenkolben während des Aufzeichnens des Diagramms. Damit wird $d : \frac{b}{a} = e : f$ oder $\frac{b\,e}{d\,a} = f$.

Und da für jeden einzelnen Indikator a, b, d konstante Größen sind, so ist $\frac{b}{d\,a} = x$ eine konstante Zahl, mit der man die mittlere Höhe des Diagramms multiplizieren muß, um den mittleren Druck in Pfund auf den Quadratzoll zu finden, der auf den Maschinenkolben wirkt.

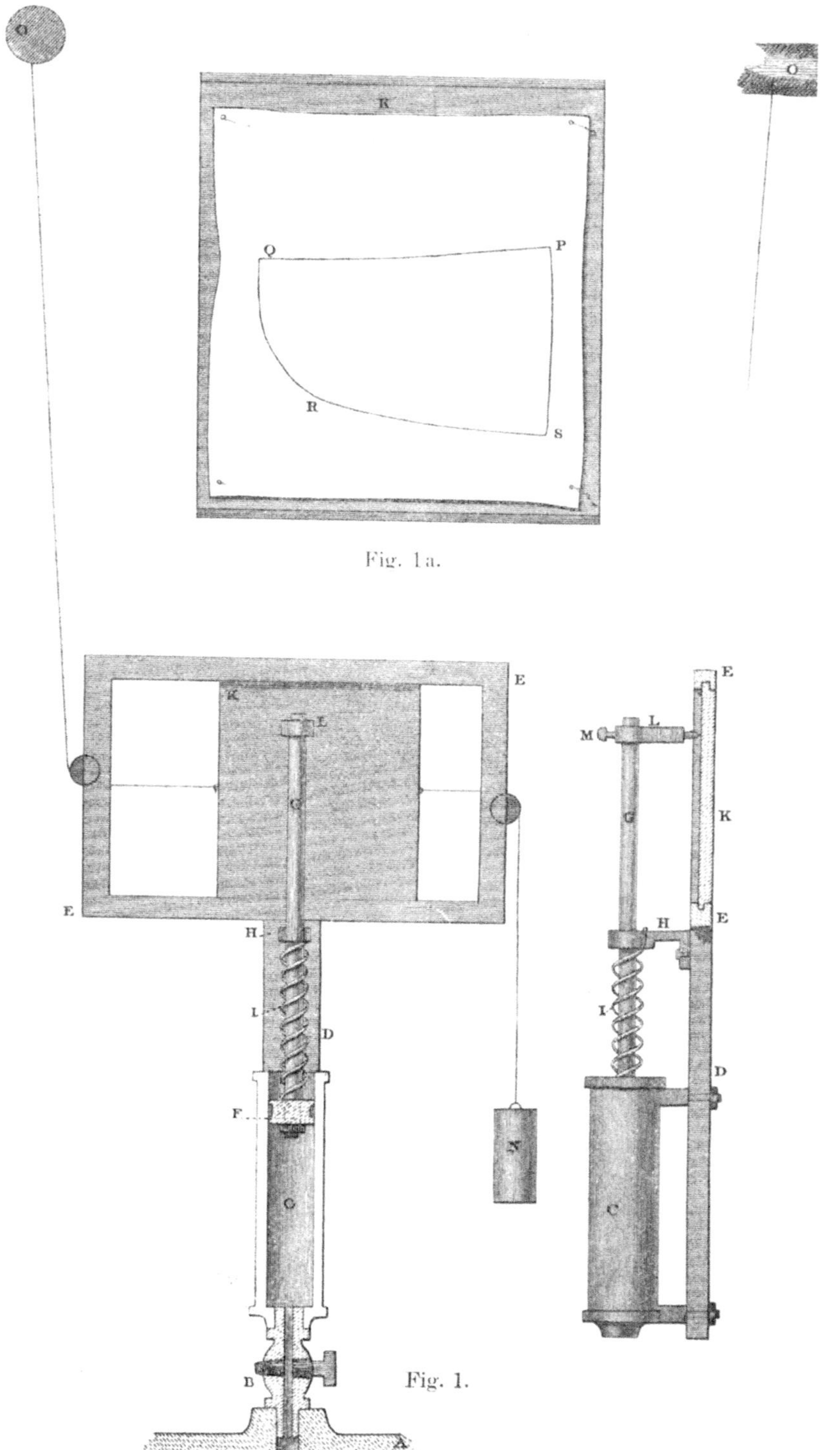

Fig. 1a.

Fig. 1.

Zum besseren Verständnis des in Fig. 1a wiedergegebenen Indikatordiagrammes sei erwähnt, daß die damaligen Maschinen stehende Zylinder hatten und mit nur ganz geringem Überdruck arbeiteten, daß der größte Teil der Arbeit durch die Kondensation des Dampfes geleistet wurde.

Ferner ist mit dem erwähnten Parallelogramm das bekannte Wattsche Parallelogramm gemeint, das an Stelle der heutigen Schlittenführung die Geradführung sicherte.

Anschließend an Watt hat sich der Gebrauch des Indikators zunächst auf England beschränkt und ist erst in der zweiten Hälfte des vorigen Jahrhunderts zu allgemeiner Verbreitung auch in anderen Ländern gekommen. Dabei ergab sich die Notwendigkeit, das Instrument den Anforderungen entsprechend auszubilden, welche durch den schnelleren Gang, die höhere Temperatur und das Bedürfnis zur Verwendung an verschiedenartigen Maschinen auftraten.

Zunächst wurde die Schreibtafel durch einen Papierzylinder ersetzt, wodurch nicht nur ein leichterer und genauerer Gang, sondern auch eine Raumverminderung des Instrumentes erzielt wurde. Dabei mußte bei Maschinen ohne Balancier ein sogenannter Hubverminderer zwischen den Kreuzkopf der Maschine und die Triebschnur des Papierzylinders eingefügt werden, welcher Teil gewöhnlich nicht als eigentlicher Bestandteil des Indikators aufgefaßt wird.

Eine weitere wesentliche Änderung bestand sodann in der Einführung einer mechanischen Vergrößerung für die Schreibstiftbewegung. Es hatte sich nämlich gezeigt, daß bei schnellerem Gang der Maschine das Diagramm infolge der Massenträgheit des Indikatorkolbens nicht die wahre Drucklinie, sondern eine Wellenlinie zeichnete. Um die Wellen zu vermeiden oder nach Möglichkeit zu vermindern, verstärkte man zunächst die Feder und verkürzte dadurch den Hub, um aber nicht auf gar zu niedrige Diagramme beschränkt zu sein, führte man eine Hebelübersetzung ein, durch welche der Kolbenhub in etwa 4—6facher Größe auf den Schreibstift übertragen wurde.

Während bei dem Wattschen Indikator die Kolbenfeder größtenteils außerhalb des Zylinders lag, ging man später davon ab und baute die Feder unmittelbar über dem Kolben in den Zylinder ein, bis man erkannte, daß die Temperaturerhöhung der Feder deren Elastizität beeinflußte, was namentlich nach Einführung der Heißdampfmaschine sehr fühlbar wurde. Die Indikatoren der Gegenwart haben daher mit sehr gutem Erfolg die Innenfedern durch Außenfedern ersetzt, durch welche nicht nur die Temperaturfehler ganz wesentlich vermindert, sondern zugleich auch die Einwirkung der Dampfnässe oder anderer chemischer Einflüsse der Triebstoffe vermieden werden.

An dieser Entwicklung beteiligten sich zunächst die Engländer Mac Naught und Hopkinson, die Firma Elliot Brothers, die Amerikaner Richards, Thompson und Crosby. In Deutschland haben sich besonders die Firmen Schäffer & Budenberg, Dreyer, Rosenkranz & Droop und H. Maihak um die weitere Durchbildung und Ausführung des Indikators verdient gemacht.

Während die beiden erstgenannten deutschen Firmen schon seit längerer Zeit belehrende Schriften für den Gebrauch von Instrumenten, welche ursprünglich den Thompson-Indikator zum Vorbild hatten, herausgegeben haben, fehlte eine solche bislang für den Crosby-Indikator und die in Anlehnung an ihn gebauten Instrumente. Die vorliegende Schrift wird sich daher hauptsächlich mit diesen Indikatoren befassen und auf den Thompson-Indikator nur kurz eingehen.

2. Indikatoren mit Innenfeder.

a) Der Crosby-Indikator.

Die Hauptbestandteile eines Indikators sind: Druckzylinder, Kolben mit Feder und Schreibgestänge, zusammen auch kurz Schreibzeug genannt, sowie die Papiertrommel. Wie in der Einleitung bereits erläutert, wirkt der im Zylinder herrschende Druck durch den Kolben auf die Feder, deren Formänderung durch die Kolbenstange und das Schreibgestänge genau proportional vergrößert auf den Schreibstift übertragen wird. Während so die jeweilige Höhe des Schreibstiftes den Druck angibt, bewegt sich die Papiertrommel derart, daß ein Punkt des Trommelumfanges in der Abwicklung ein verkleinertes Bild der Bewegung des Maschinenkolbens gibt. Durch die gleichzeitige Bewegung des Schreibstiftes und der Trommel entsteht das Indikatordiagramm.

Beim Crosby-Indikator ist, wie Fig. 2 zeigt, der Zylinder *4* als freihängender, bei Beschädigungen leicht auswechselbarer Einsatz ausgebildet, wodurch seine unter dem Einfluß der Wärme hervorgebrachte Längenänderung ohne Verspannen oder Krummwerden möglich ist. Außerdem bildet der Ringraum zwischen Zylinder *4* und Mantel *5* ein Dampfhemd, welches das rasche Anwärmen des Zylinders befördert.

In dem Zylinder läuft mit sehr geringem Spiel und ohne jede besondere Dichtung der Kolben *8*. Bei dem normalen Crosby-Indikator hat der Kolben 20,27 mm Durchmesser entsprechend $^1/_2$ Quadratzoll (engl.). Mit Rücksicht auf geringstes Gewicht ist der Kolben so dünnwandig als möglich aus Stahl hergestellt. In den Kolbenumfang sind einige Schmutzrillen eingedreht. Die Kolbennabe ist längs durchbohrt und mit Gewinde versehen. Von unten ist die sog. Pfannenschraube *9*, von oben die Kolbenstange *6* eingeschraubt, so daß zwischen beiden noch die auf dem geraden Windungsstück der Feder (Fig. 3) sitzende kleine Kugel Platz hat. Zum Einführen der Feder hat der obere Teil der Kolbennabe einen Schlitz. Die Verbindung zwischen Kolben und Feder ist daher nicht starr, sondern gelenkig und bei einer allenfalls eintretenden Krümmung der Federachse ist daher ein Klemmen des Kolbens viel weniger zu befürchten.

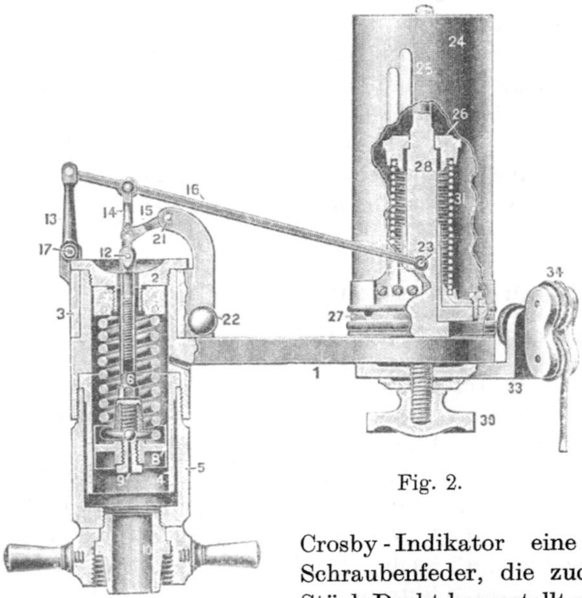

Fig. 2.

Die Crosby-Feder, Fig. 3, ist vorbildlich für andere Indikatoren geworden. Während die älteren Instrumente nur einfach gewundene Federn benutzten, die besonders bei höheren Belastungen durch ihr seitliches Ausknicken bedenkliche Kolbenreibungen und damit fehlerhafte Diagramme verursachten, hat der Crosby-Indikator eine doppelt gewundene Schraubenfeder, die zudem aus einem einzigen Stück Draht hergestellt wird und mit dem Kolben durch ein Kugelgelenk verbunden ist. Der Vorteil dieser Feder ist augenfällig: sie besitzt nur einen Federfuß, in welchem die Drahtenden befestigt sind und der unbeweglich am Deckel sitzt, wodurch die bewegten Massen auf ein Mindestmaß verringert sind. Außerdem wird der Federdruck axial auf den Kolben übertragen.

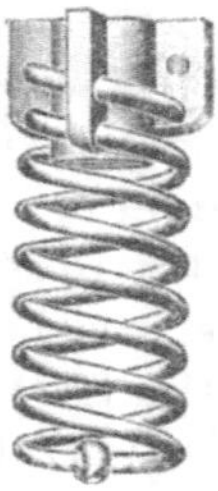
Fig. 3.

Der Indikatordeckel *2* sichert mit seinem vorspringenden Rand die Drehhülse *3* in ihrer Lage. Schraubt man den Deckel ab, so kann man Kolben mit Feder und Schreibgestänge aus dem Zylinder herausziehen. Die Kolbenbewegung wird durch die hohle Kolbenstange *6* auf das Schreibgestänge übertragen. Die Verbindung zwischen Schreibgestänge und Kolbenstange vermittelt das Gelenkstück *12*, das mit Schraubengewinde in die Kolbenstange *6* eingeführt ist. Dieses kann bei herausgeschraubtem Deckel durch Drehen mehr oder weniger tief in die Kolbenstange eingreifen, wodurch die Lage der atmosphärischen Linie — das ist diejenige Linie, welche der Indikator aufzeichnet, wenn beiderseits vom Kolben Atmosphärendruck herrscht — beliebig hoch oder tief gelegt werden kann.

Das Schreibgestänge sitzt auf der Drehhülse *3*, wo es zwei Stützpunkte *17* und *21* findet, und kann mit dem Griff *22* gedreht und dadurch der Schreibstift *23* der Papiertrommel bis zur Berührung genähert werden. Die Stärke der Berührung wird mit dem zugleich als Stellschraube ausgebildeten Griff geregelt. Der Schreibhebel *16* wird durch die Lenker *13* und *14* und den kleinen Gegenlenker *15* so geführt, daß sein Endpunkt, der Schreibstift *23*, innerhalb gewisser Grenzen die Kolbenbewegung in proportional vergrößertem Maßstab wiedergibt. Wenn diese Proportionalität erreicht werden soll, müssen die drei Punkte *17*, *12* und *23* auf einer Geraden liegen[1]). Das Übersetzungsverhältnis zwischen Kolben- und Schreibstiftweg ist 1 : 6, so daß sich die Feder für den größten Schreibstifthub von etwa 50 mm nur um ca. 8 mm verkürzt.

Die bewegten Massen dieses Indikators sind sehr gering, seine Leistungsfähigkeit bei hohen Tourenzahlen ist daher groß.

Den Kolbenhub von etwa 8 mm wird eine Feder nur bei einem bestimmten Druck voll ausnutzen. Für jeden geringeren Druck wird der mögliche Schreibstifthub nicht ganz ausgenutzt, was zumeist erwünscht ist, um hohe Diagramme zu erzielen. Aus diesem Grunde wählt man je nach Bedarf stärkere oder schwächere Federn.

Man hat die Auswahl unter folgenden Federn

Marke: 60–45–30–25–20–16–12–10–8–7–6–5–4–3–2,5–2–1,5 mm,

d. i. senkrechte Schreibstiftbewegung pro Kilogramm Druck auf den Quadratzentimeter Kolbenfläche.

Da die Massenwirkung des Kolbens, der Kolbenstange und des Schreibgestänges mit den höheren Umdrehungszahlen wächst, so gestatte man dem Schreibstift keinen größeren Hub, als nachstehende Tabelle angibt.

Bei einer Umdrehzahl in der Minute von:					oder als allgemeine Regel:
100	250	400	550	700 sei die	mm
größte Höhe des Diagramms, wenn der Zylinder mit Druck und Luftleere arbeitet:					$54 - \frac{\text{Umdrehzahl}}{25}$
50	44	38	32	26 mm;	
desgl., wenn der Zylinder nur mit Druck oder nur mit Luftleere arbeitet:					$49 - \frac{\text{Umdrehzahl}}{25}$
45	39	33	27	21 mm;	

[1]) Bis 1895 entsprechen die Gestänge der Crosby-Indikatoren dieser Forderung nicht. Die Abänderung wurde s. Z. auf Veranlassung des Herrn Professor A. Slaby, Berlin, bewirkt.

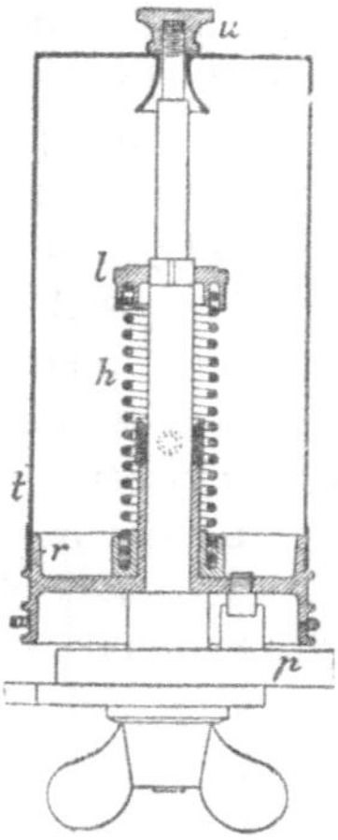

Fig. 4.

Der Schreibstift zeichnet seine Bewegung auf das um die Trommel gelegte Papier. Die wesentlichen, bei jeder Trommel wiederzufindenden Teile sind: Der Papierzylinder *24* mit den Blattfedern *25*, der den Zylinder tragende Unterteil *27* mit einer oder zwei Schnurrillen, ferner die im Instrumentenarm *1* feststehende Trommelachse *28* und die Rückdrehfeder *31* (Fig. 2). Die Verbindung der Trommel mit der zu indizierenden Maschine vermittelt die Indikatorschnur, zu deren unter Umständen notwendigen Richtungsänderung die Leitrollen *34* angebracht sind. Diese Leitrollen sitzen auf einem um die Trommelachse beweglichen Arm *33*, der seinerseits durch die Mutter *39* in der erforderlichen Stellung festgehalten wird. Außerdem sind die Rollen noch um eine wagerechte Achse drehbar, so daß die Schnur unter jedem beliebigen Winkel abgeleitet werden kann.

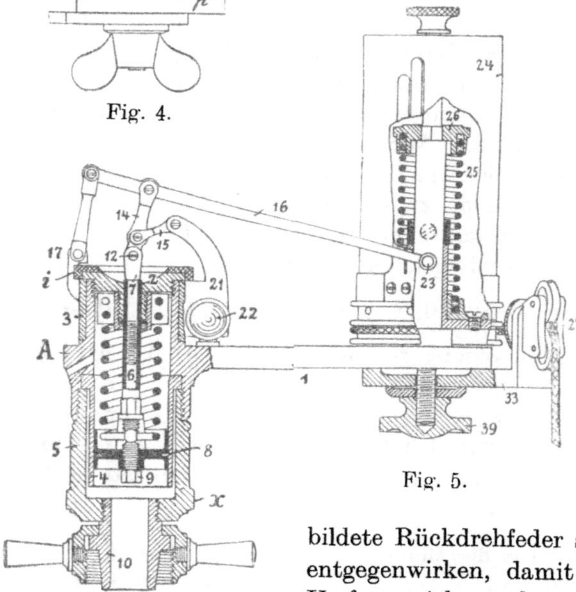

Fig. 5.

Die als Schraubenfeder ausgebildete Rückdrehfeder soll der Schnurspannung entgegenwirken, damit die Trommel bzw. ihr Umfang sich so bewegt, wie der in gerader Linie hin- und hergehende Maschinenteil, mit welchem die Schnur verbunden wird. Je höher die Tourenzahl der zu indizierenden Maschine ist, um so stärker muß die Trommelfeder gespannt werden, um die Beschleunigungskräfte aufzunehmen. Dies kann nach Entfernung des Papierzylinders durch den auf einem Vierkant der Trommelachse aufsitzenden oberen Randknopf *26* (Fig. 2) bzw. *l* (Fig. 4) geschehen, wenn man ihn so weit hochzieht, bis eine Drehung um 90° oder ein Vielfaches davon möglich ist. Alsdann läßt man den Knopf in der neuen Stellung wieder auf das Vierkant herab.

Der Papierzylinder besitzt zur Erhöhung seiner Festigkeit oben einen eingesprengten Deckel, welcher ihm außerdem eine zweite Führung gibt.

Das obere Ende der Trommelachse trägt eine kleine gerändelte Schraube *u*, Fig. 4, nach deren Entfernung der Papierzylinder *t* abgezogen werden kann, um die Trommelfeder *h* freizulegen. Der normale Durchmesser der Crosby-Trommel beträgt 38 mm, die damit zu erreichende größte Diagrammlänge etwa 90 mm. Diese Trommel ist auch noch für sehr hohe Tourenzahlen brauchbar. Für geringere Tourenzahlen empfiehlt sich die große Trommel von 51 mm Durchmesser, die eine Diagrammlänge von 120 mm zuläßt. Die Diagrammlänge wähle man analog dem Schreibstifthub um so kleiner, je höher die Tourenzahl der zu indizierenden Maschine ist.

Der ursprüngliche Crosby-Indikator wurde unter dem Einfluß der Erfahrungen mit den neueren Indikatoren in einigen Einzelheiten verbessert. Fig. 5 stellt das neueste Modell im Schnitt und Fig 6 in der Ansicht dar. Der Instrumentenarm *1* ist etwas kräftiger gehalten, um Durchbiegungen durch den Zug der Indikatorschnur zu vermeiden. Der Deckel *2* erhält einen Wärmeschutz *i*, so daß man auch am heißen Instrument ohne sich zu verbrennen das Schreibzeug herausnehmen kann. Der Zylindermantel *5* hat ein Sechskant *x*; es ist nunmehr leicht mit einem Schlüssel den Mantel abzuschrauben und zu dem Zylindereinsatz *4* zu gelangen. Die Trommel ist auswechselbar nach Fig. 40, S. 31, wie bei allen neueren Instrumenten. Die Mutter *39* wird jetzt ausschließlich als Flügelmutter wie in Fig. 4 ausgeführt, weil sich hiermit ein viel festeres Anziehen mit den Fingern allein ermöglichen läßt, als mit der älteren Rundmutter.

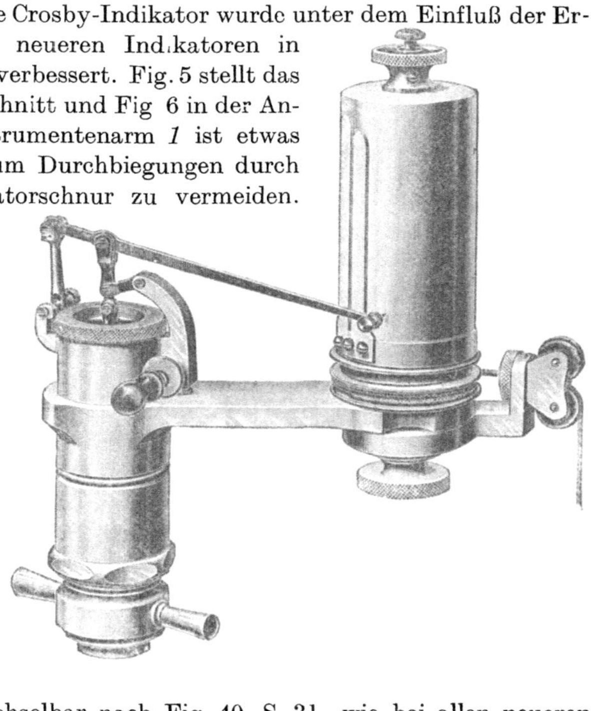

b) Der Crosby-Indikator für höhere Drucke.

Die modernen Verbrennungskraftmaschinen weisen Drucke von 20, 30 und mehr at auf. Diesen Anforderungen kann der normale Crosby-

Indikator nicht mehr entsprechen, weil sich aus Gründen der Herstellungsmöglichkeit keine stärkeren Federn erzeugen lassen als etwa solche mit einem Federmaßstab von 1,5 mm. Um nun auch die höheren Drucke indizieren zu können, verringert man die Kolbenfläche des Indikators. An Stelle des normalen Kolbens tritt ein kleinerer (Fig. 7 u. 8). Beträgt z. B. der Kolbendurchmesser nur die Hälfte, so ist seine Fläche nur $^1/_4$, und damit ist es möglich mit den gewöhnlichen Federn die vierfachen Drucke zu indizieren.

Während Fig. 7 eine Ausführung mit massivem Zylinder zeigt, stellt die Schnittzeichnung Fig. 8 die Anwendung eines besonderen Zylindereinsatzes dar. In beiden Ausführungen kann man sowohl den normalen

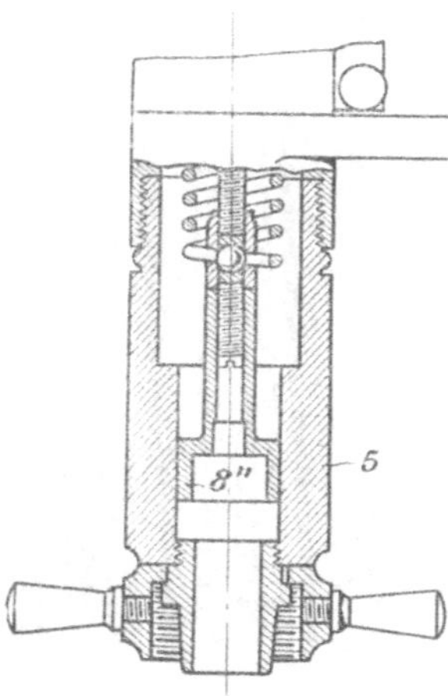

Fig. 7.

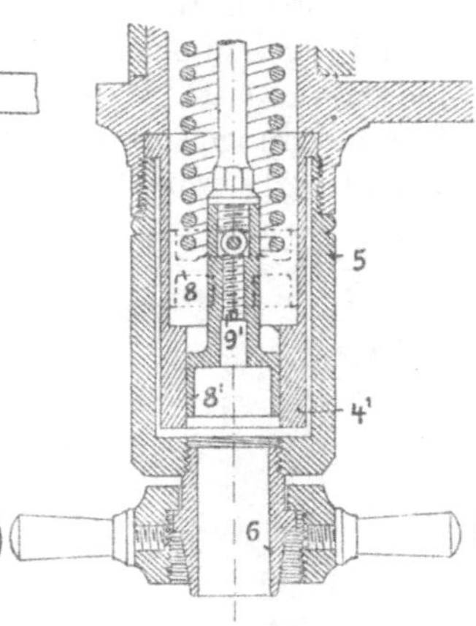

Fig. 8.

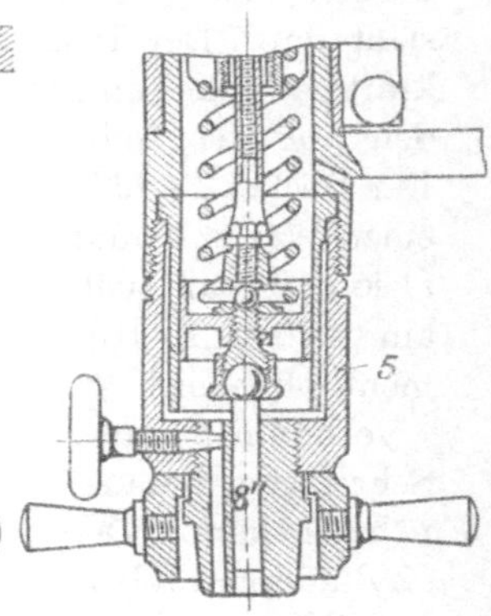

Fig. 9.

Kolben verwenden, wie in Fig. 8 punktiert angedeutet, als auch den kleinen Kolben mit dem halben, vierten oder fünften Teil der Fläche.

Für noch höhere Spannungen von 100 und mehr at muß die Kolbenfläche noch weiter verkleinert werden; so zeigt Fig. 9 eine Ausführung, bei der die wirksame Fläche des Kolbens *8''* bis auf $^1/_{20}$ der normalen verringert ist. Mit der stärksten Feder von 1,5 mm Federmaßstab könnten bei Verwendung des normalen Kolbens in diesem Falle noch etwa 600 at indiziert werden. Derartig hergerichtete Instrumente dienen meistens für Sonderzwecke, wie z. B. zur Messung von Gasspannungen in Geschützen. Parallel mit der Zylinderbohrung geht in dem abgebildeten Instrument noch eine zweite Bohrung, durch die man auch nach Öffnen der als Pflockhahn dienenden Schraube niedrige Drucke auf den kleinen Kolben wirken lassen kann. Beim Gebrauch des kleinen Kolbens allein ist natürlich dieser Nebenkanal geschlossen.

c) Der Crosby-Indikator für Schnelläufer.

Für sehr hohe Tourenzahlen, besonders aber für rasch wechselnde Drucke, wie sie z. B. bei Benzin- oder Spiritusmotoren vorkommen, empfiehlt es sich, die bewegten Instrumentenmassen auf das Äußerste zu beschränken. Dieser Bedingung genügt der in Fig. 10 abgebildete Indikator für Schnelläufer, Bauart Maihak. Seine innere Einrichtung entspricht genau dem normalen Crosby-Indikator. Die Kolben besitzen meist $^1/_2$ oder $^1/_5$ Kolbenfläche des normalen Dampfmaschinen-Indikators; das Instrument kann aber auch mit normalem Kolben ausgerüstet werden. Das Schreibzeug hat jedoch nur eine Übersetzung von 1 : 4. Der Schreibhebel ist aus konstruktiven Gründen gekrümmt und entsprechend kräftig gehalten. Auch hier liegen die Punkte *a*, *b* und *c* zur Erzielung der Proportionalität zwischen Kolben- und Schreibstiftweg auf einer geraden Linie.

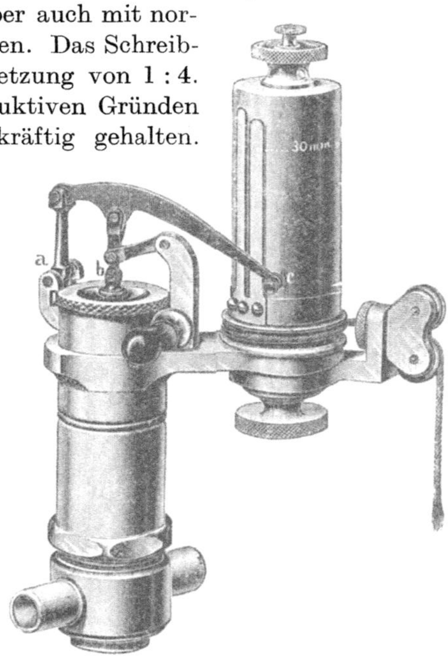

Die größte Diagrammhöhe ist 30 mm, die größte Diagrammlänge 60 mm bei einem Trommeldurchmesser von 30 mm.

Dieser kleine Indikator ist sehr leistungsfähig. Wenn nicht gerade außerordentlich hohe Tourenzahlen in Frage kommen, vielmehr brisante Verbrennungen bei Gasmaschinen, so ist es vorzuziehen, eine etwas größere Trommel an Stelle der kleinsten zu wählen, wodurch man längere Diagramme erhalten kann und nicht in dem Hub für die Trommel so sehr beschränkt ist. An Federn stehen zur Verfügung:

Marke:	1	1,5	2	4 mm	Diagrammhöhe pro at
brauchbar bis ca.	30	20	15	7 at	bei $^1/_2$ Kolben
oder	75	50	36	18 „	„ $^1/_5$ „

Es mag noch erwähnt werden, daß dieses Instrument von größeren Motorenfabriken vielfach als Monteur-Indikator benutzt wird. Zur leichteren Auswechslung der Zylindereinsätze wird bei den neueren Ausführungen der Zylindermantel nach Fig. 10 mit einem Sechskant versehen.

d) Der Thompson-Indikator.

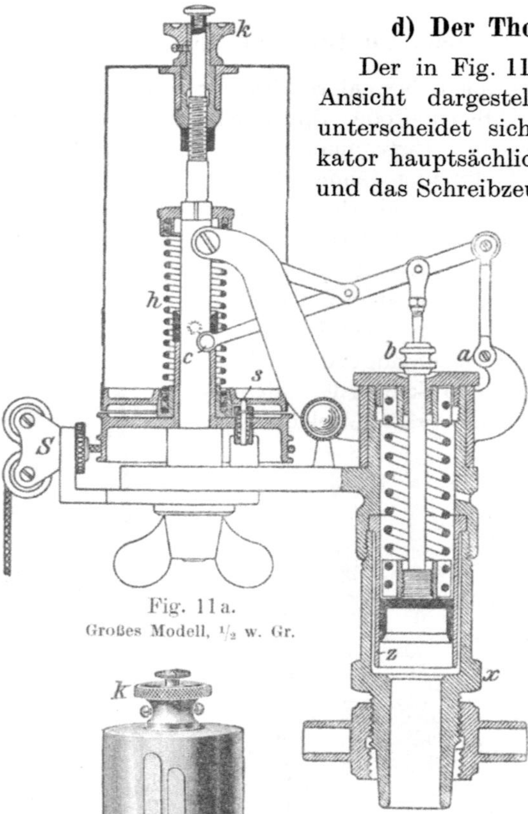

Fig. 11a.
Großes Modell, 1/2 w. Gr.

Der in Fig. 11a und b im Schnitt und Ansicht dargestellte Thompson-Indikator unterscheidet sich von dem Crosby-Indikator hauptsächlich durch die Kolbenfeder und das Schreibzeug. Während die Crosby-Feder, wie S. 6 beschrieben, aus einem einzigen Stück Draht besteht, ist die für den Thompson-Indikator verwendete Feder aus zwei besonderen, in gleichem Sinn gewundenen Drähten[1]) hergestellt, deren Enden in Federfüßen befestigt sind (Fig. 12). Beide Federfüße haben Innengewinde, womit die Feder einerseits wie beim Crosby-Indikator am Dekkel, andererseits auf den mit der Kolbenstange fest verbundenen Kolben aufgeschraubt ist. Der Vorzug dieser Feder besteht darin, daß sie verhältnismäßig einfacher als beim Crosby-Indikator eingesetzt und ausgewechselt werden kann. Das Instrument ist daher un-

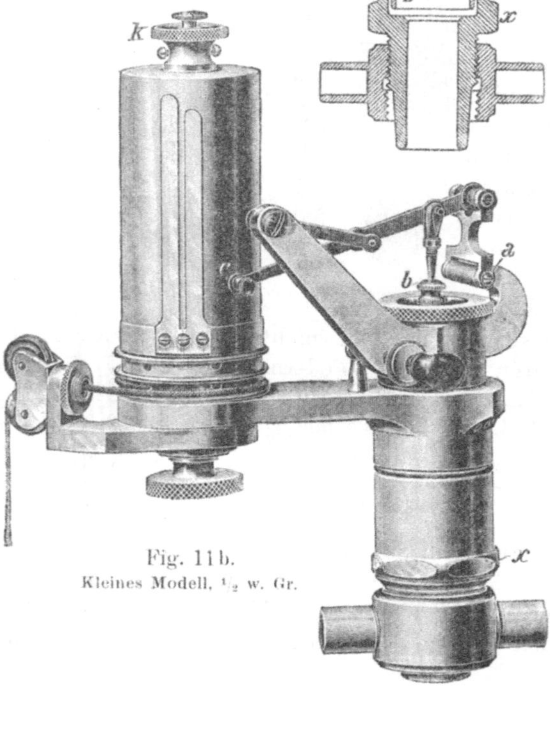

Fig. 11b.
Kleines Modell, 1/2 w. Gr.

[1]) Die heute noch mit älteren Instrumenten benutzten eingängigen Federn arbeiten nicht einwandfrei, wie S. 6 erläutert.

empfindlicher und eignet sich für weniger Geübte. Als Nachteil ist zu betonen, daß der auf dem Kolben aufsitzende Federfuß totes Gewicht bedeutet und die schwingenden Massen nicht unerheblich vergrößert.

Als Schreibzeug dient der unverkürzte Evans-Lenker, der den Schreibstift *c* unabhängig von der Führung der Kolbenstange auf einer Geraden führt. Wenn man also das Schreibzeug nach Lösen der Kuppelmutter *b* von der Kolbenstange trennt, so wird der Punkt *c* vermöge der gewählten Lenkeranordnung innerhalb des für die Diagramme in Frage kommenden Hubes sich auf einer geraden Linie bewegen. Die Kolbenstange ist mit dem Schreibhebel durch einen kleinen Lenker so verbunden, daß die Punkte *a*, *b* und *c* auf einer Geraden liegen und daher die Proportionalität zwischen Kolbenweg und Schreibstiftweg verbürgen.

Die größte erreichbare Diagrammhöhe ist 72 mm, das ist wesentlich mehr, als der Crosby-Indikator zuläßt.

An Federn stehen folgende zur Verfügung:

Marke:	40	30	24	18	14	12	10	9	8	7	6	5	4	3 mm
entsprechend	1	1,5	2	3	4	5	6	7	8	9	10	12	15	20 at

Der normale Kolben hat auch wieder 20,27 mm Durchmesser. Die Angaben der vorstehenden Federntabelle beziehen sich hierauf. Für höhere Drucke muß man bei Benutzung der gewöhnlichen Federn entsprechend kleinere Kolben verwenden, und zwar um so kleiner, je höher der zu indizierende Höchstdruck ist. In welcher Weise dies bei dem Thompson-Indikator eingerichtet werden kann, zeigt Fig. 13. Das normale Instrument ist so eingerichtet, daß in seinem engen Teil z^1 ein kleinerer Kolben k^1 von $^1/_2$ der normalen Fläche arbeiten kann, womit der Indikator mit denselben Federn bis zu den doppelten Drucken, wie sie auf den Federn verzeichnet sind, verwendbar ist[1]). Für noch höhere Drucke kann entweder die Bohrung von z^1 noch kleiner, $^1/_5$, $^1/_{10}$, $^1/_{20}$ der normalen Fläche gehalten werden, womit dann die 5-, 10-, 20fachen Drucke indiziert werden können.

Fig. 12.

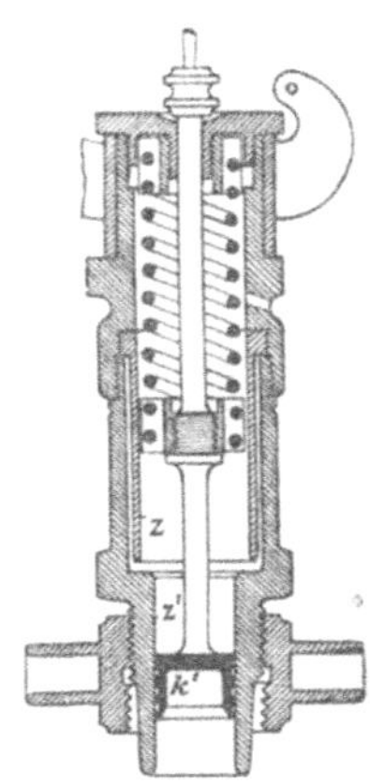

Fig. 13.

Zum Auswechseln der Federn schraube man zuerst den Deckel, der bei neueren Instrumenten zur Wärmeisolierung einen Hartgummiring an seinem Rande trägt, ab und ziehe zugleich mit der Drehhülse das

1) Nach Angabe von Riedler.

ganze Schreibzeug mit Kolben und Feder heraus. Dann löse man die Kuppelmutter *b*, halte mit der einen Hand den Deckel fest und drehe mit der anderen die Feder mit dem Kolben von dem Deckel los. Jetzt lege man das Schreibzeug mit der Drehhülse und dem Deckel beiseite und löse die Feder von ihrem Sitz auf dem Kolben. Das Einsetzen einer neuen Feder hat in umgekehrter Reihenfolge zu geschehen.

Es genügt vollkommen, die einzelnen Gewinde mit den Fingern festzuziehen. Irgendwelche Schlüssel und Zangen sind dabei zu vermeiden. Man suche auch nach Möglichkeit die Feder nicht an den freien Windungen, sondern an ihren Füßen festzuhalten, damit die Befestigungsstellen der Windungen nicht notleiden. Besonders gilt diese Regel für die ganz schwachen Federn.

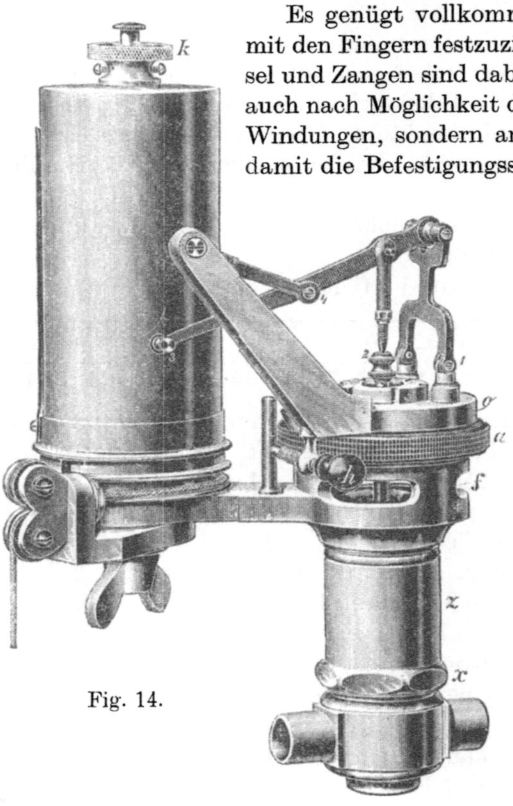

Fig. 14.

Die neueste Ausführung des Thompson-Indikators[1]) zeigt Fig. 14. Die Verbesserung liegt in dem Ersatz der Drehhülse durch die große, das Schreibgestänge tragende Drehscheibe *o*. Der Deckel wird mit der wärmeisolierten Überwurfmutter *a* festgehalten. Die Durchbrechungen *f* ermöglichen einen Luftumlauf unter dem Deckel und teilweise eine Kühlung der Feder. Zur Verbindung mit dem Indikatorhahn ist nicht mehr Differentialgewinde (wie in Fig. 11), sondern eine Überwurfmutter ähnlich wie beim Crosby-Indikator benutzt. Diese ist dem Thompson-Anschlußgewinde entsprechend stärker gehalten, die zwei Griffe sind mit Löchern zum Einstecken eines Dornes versehen. Diese konstruktiven Änderungen sind von den weiter unten zu besprechenden Außenfederindikatoren übernommen.

Dem Verfasser wird vom Fabrikanten mitgeteilt, daß die Nachfrage nach Thompson-Indikatoren mehr und mehr nachgelassen hat. Bei Neubeschaffungen wird den modernen Außenfederinstrumenten der Vorzug gegeben.

---

[1]) Baurat Maihak.

e) Crosby-Indikator mit Thompson-Feder und Thompson-Indikator mit Crosby-Feder.

Das Einsetzen der Crosby-Feder ist zwar einfach, erfordert aber immerhin eine gewisse Sorgfalt und Pünktlichkeit, die nicht immer von jedem, der das Instrument benutzt, erwartet werden kann. Aus diesem Grunde kann der Crosby-Indikator auch mit Thompson-Feder ausgerüstet werden. Diese Kombination gestattet, ebenso wie der normale Crosby-Indikator, in der bei diesem beschriebenen Weise die Atmosphärenlinie in beliebige Höhe zu bringen; sie hat jedoch wenig Beifall gefunden, weil dabei einer der wertvollsten Vorzüge des Crosby-Indikators verloren ging.

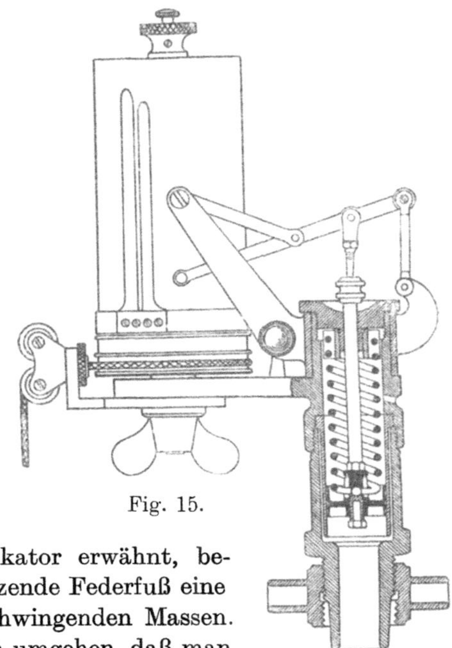

Fig. 15.

Wie bei dem Thompson-Indikator erwähnt, bedeutet der auf dem Kolben aufsitzende Federfuß eine unliebsame Vergrößerung der schwingenden Massen. Dieser Mißstand läßt sich dadurch umgehen, daß man die Crosby-Feder verwendet, Fig. 15. Hierbei ist jedoch eine beliebige Lage der Atmosphärenlinie nicht mehr möglich, sondern sie ist durch die Länge der Feder ein für allemal bestimmt.

3. Indikatoren mit Außenfeder.

Die bisher besprochenen Instrumente haben nicht nur das gemeinsam, daß sich ihre Federn im Indikatorzylinder dicht über dem Kolben befinden und infolgedessen stark erhitzt werden können, sondern auch, daß die Federn bei Überdruck im Maschinenzylinder zusammengedrückt werden. Die nun folgenden Indikatoren haben hingegen eine solche Federanordnung, daß eine Erwärmung der Feder vermieden ist, und daß außerdem die Federn bei Überdruck auf Zug beansprucht werden.

Es ist einleuchtend, daß die Federachse bei den Druckfedern sich leichter krümmen kann als bei Zugfedern. Während dieser Übelstand bei den einfach gewundenen Druckfedern noch erheblich war und durch

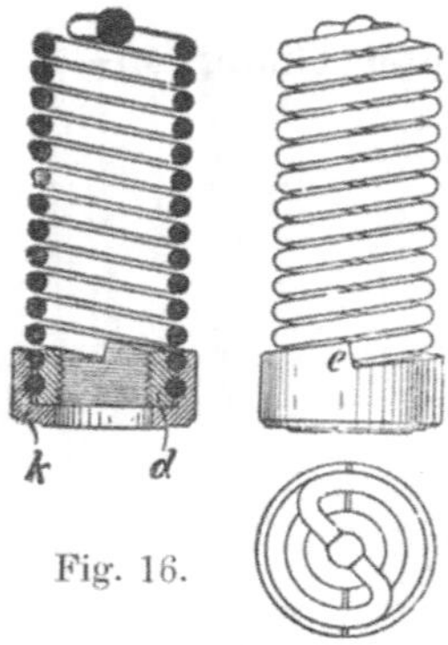

Fig. 16.

seine einseitige Wirkung eine vermehrte Kolbenreibung im Gefolge hatte, wurde er nach dem Erscheinen der Crosby-Feder durch die doppelt gewundene Feder wesentlich gemildert. Bei den Crosby-Federn hat eine Krümmung der Federachse wegen des Kugelgelenkes weniger Einfluß auf die Kolbenreibung als bei der doppelt gewundenen Thompson-Feder. Ganz vermeiden läßt sie sich jedoch erst, wenn man die Feder statt auf Druck auf Zug beansprucht. Selbstverständlich müssen solche Zugfedern zur Erzielung der erforderlichen Proportionalität anders gewunden sein. Die Druckfedern müssen im druckfreien Zustand so weit gewickelt sein, daß bei dem größten vorkommenden Überdruck die einzelnen Windungen sich noch nicht berühren.

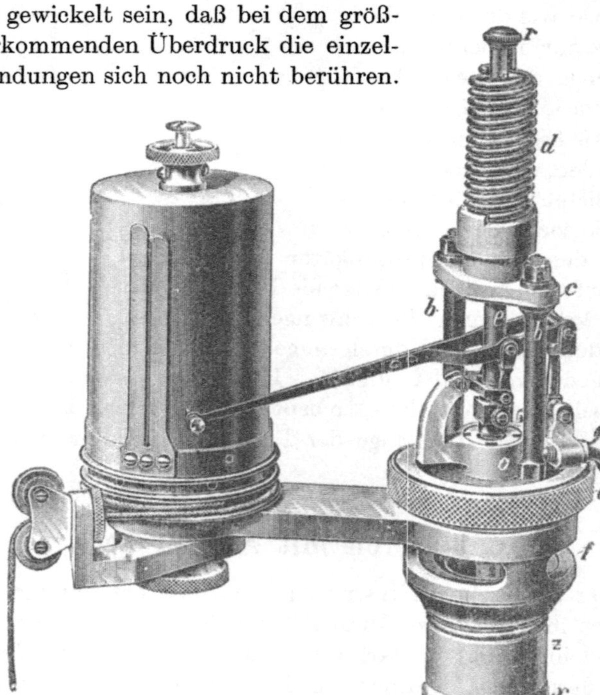

Fig. 17.

Bei den Zugfedern jedoch braucht im spannungslosen Zustand zwischen den Windungen nur so viel Platz zu sein, daß sie sich bei vollständigem Vakuum noch nicht berühren. Dadurch sind die beiden Federarten schon äußerlich voneinander unterschieden.

Die eng aneinander liegenden Windungen bedingen bei der Zugfeder eine andere Befestigungsweise als bei der Druckfeder. Die von Maihak gebaute Zugfeder, Fig. 16, ist im Prinzip eine Crosby-Feder. Sie ist doppelt gewunden, besteht aus einem einzigen Stück Draht und besitzt die kleine Kugel zur Verbindung mit der Kolbenstange. Die freien Enden sind zunächst über ein Metallstück *d* geschraubt, das ein der Federform entsprechendes Gewinde trägt. Über die Feder mit dem Metallstück ist eine Kappe *k* mit Innengewinde von gleicher Steigung geschraubt. Die Endflächen des inneren Metallstückes und der Kappe sind einander entsprechend so gearbeitet (Ecken *e*), daß in der Befestigung der Feder keine Unsicherheit in der freien Federlänge besteht, infolgedessen sich eine sehr gute Gleichmäßigkeit im Federmaßstab, sowohl für die Überdrucke als auch für den Übergang von Überdruck zu Unterdruck, ergibt. Auf diese Verhältnisse ist weiter unten bei der Prüfung und Untersuchung der Indikatoren und ihrer Federn noch näher einzugehen.

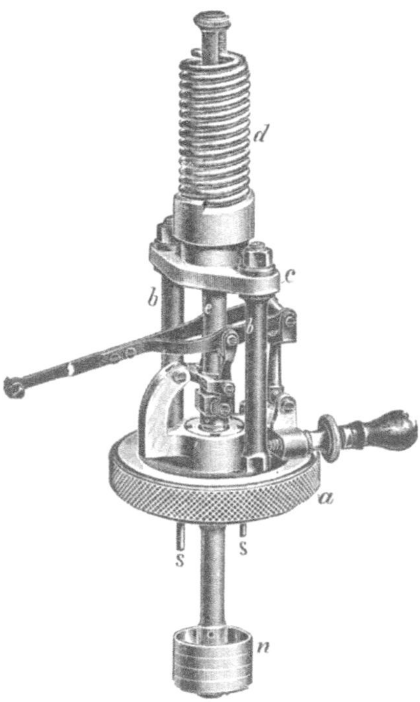

Fig. 18.

Der Hauptzweck, die Feder aus dem Innern des Indikators herauszulegen, war, sie vor dem Einfluß der Wärme zu schützen, weil durch den mit höherer Temperatur abnehmenden Elastizitätsmodul die Federung und damit der Federmaßstab wächst. Der Zusammenhang dieser Größen wird ebenfalls später in einem besonderen Abschnitt behandelt.

a) Der Staus-Indikator.

Das Äußere des Staus-Indikators ist in Fig. 17 und 18 dargestellt. Dieser wird zwar jetzt nicht mehr von H. Maihak gebaut, aber infolge der ziemlich großen Verbreitung, die er insbesondere auch in ganz ähnlichen Modellen anderer Indikatorbauer gefunden hat, und als Entwickelungsstufe zum Maihak-Indikator (S. 20 u. f.) muß der Staus-Indikator hier besprochen werden.

Die Kolbenstange ist nach oben verlängert und bei *r* mit der Kugel der soeben besprochenen Zugfeder verschraubt. Die Zugfeder *d* sitzt auf einem Querstück *c*, welches auf zwei Stahlsäulen *b b* ruht, die ihrerseits auf dem Zylinderdeckel sitzen. Zwischen dem Querstück *c* und dem durch die Überwurfmutter *a* festgehaltenen Deckel bewegt sich das Schreibzeug, das an den kleinen viereckigen, zwischen zwei Stellringen frei um die Kolbenstange beweglichen Kreuzkopf angeschlossen ist. Das Schreibgestänge lehnt sich eng an das von Crosby an, nur ist ein Teil des Hebels doppelt ausgeführt, damit das Schreibzeug an der Kolbenstange vorbeigeht und einseitig wirkende Kräfte vermieden werden. Wenn auch die teilweise doppelt vorhandenen Gelenke den Aufbau des Schreibgestänges verwickelter erscheinen lassen, so vergrößert doch die beinahe symmetrische Anordnung der einzelnen Teile die Stabilität wesentlich.

Die festen Drehpunkte des Lenkers und Gegenlenkers ruhen auf dem Drehkopf *o*, der mit dem Griff *h* so bewegt werden kann, daß der Schreibstift das Papier berührt. Die Stärke der Berührung wird durch Achsendrehung des Griffes *h* unter gleichzeitigem Drucke gegen die als Anschlag benutzte Säule *b* eingestellt. Eine kleine Gegenmutter sichert die einmal gewählte Einstellung. Unter dem Deckel befinden sich in dem Körper des Instrumentes drei Öffnungen *f*, durch welche die Kolbenstange sichtbar wird, und durch die der Kolben geölt werden kann.

Fig. 18 zeigt, wie der Kolben mit Schreibzeug und Feder ohne irgendeine Zerlegung nach Lösung der Überwurfmutter *a* als ein Ganzes aus dem Zylinder zum Nachsehen oder zum Kolbenauswechseln herausgenommen wird. Das sichere Wiedereinsetzen wird durch entsprechend geführte Stifte *s s* erleichtert, welche nur eine, die richtige Lage des Zylinderdeckels ermöglichen. Der Indikator ist nach Fig. 17 linkshändig zusammengesetzt. Die Umwandlung in rechtshändiges Instrument, welche bei manchen Maschinenanordnungen sehr willkommen ist, geschieht in folgender Weise. Man hebt den Kolben mit mit Schreibzeug und Feder heraus nach Fig. 18 und setzt das Ganze wieder so ein, daß die Stifte *s s* statt in die mit *L L* bezeichneten in die Löcher *R R* des Zylinderkörpers eingeführt werden. Dann wird der Griff *h* in das rechtsseitig am Drehkopf befindliche Loch geschraubt und der Schreibstift sowie die Schreibtrommel umgesetzt. Das letztere geschieht, indem man die unter dem Trommelträger sichtbare, mit *L* bezeichnete Anschlagschraube löst, die bis dahin festgehaltene Trommel im Sinne der Federspannung so viel weiterdreht, bis der am Trommelboden befindliche Anschlag über die zweite, mit *R* bezeichnete Öffnung gegangen ist (ca. $^1/_2$ Drehung), und die Anschlagschraube in diese letztere Öffnung fest einschraubt.

Ähnlich wie der Crosby-Indikator besitzt auch der Staus-Indikator einen Einsatzzylinder, der sich nach unten frei ausdehnen kann und sich nach Lösen des Zylindermantels herausnehmen läßt, wozu das Sechskant *x* (Fig. 17) dient. Diese Konstruktion ermöglicht an Stelle des normalen Zylinders von 20,27 mm Durchmesser solche mit kleinerer Bohrung einzusetzen (Fig. 19). Bei sehr kleinen Kolben wählt man nach Fig. 20 statt der besonderen Zylindereinsätze aus Festigkeitsrücksichten massive Zylinder.

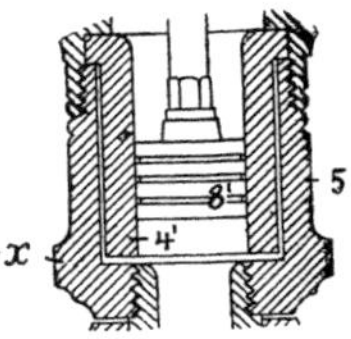

Fig. 19.

Der vorhandene Kolben wird nach Lösung der unteren Befestigungsschraube entfernt und der neue Kolben in gleicher Weise befestigt. Zum Zubehör gehört ein kleiner mit Griff versehener Dorn, welcher in eine Querbohrung des unteren Kolbenstangenansatzes gesteckt wird, so daß damit die Kolbenstange bei der Kolbenauswechselung festgehalten bzw. gegen Drehung geschützt werden kann.

Es werden Kolben von

	$^1/_2$	$^1/_3$	$^1/_4$	$^1/_5$	$^1/_{10}$	u.	$^1/_{20}$	der normalen Fläche,
entsprechend	14,35	11,7	10,1	9,06	6,41	u.	4,53	mm Kolbendurchm.

gebaut, wobei dann mit den gleichen Federn die 2-, 3-, 4-, 5-, 10- und 20fachen Drucke zu indizieren sind.

Für Kolben von 14,35 mm Durchmesser ($^1/_2$ Fläche) werden nur die Innenzylinder (*4*) ausgewechselt, Fig. 19. Zu dem Zweck kann mittels eines zum Zubehör gehörigen Mutternschlüssels und Sechskants x der Unterteil (*5*) leicht abgeschraubt werden.

Für die kleineren Kolben werden die ganzen Unterteile (*5'*, Fig. 20) einschließlich Anschlußkonus und Überwurfmutter ausgewechselt, da für die hier in Betracht kommenden hohen Drucke ein Dampfmantel nicht erforderlich, und die Vermehrung der Wandstärke des Zylinders notwendig ist.

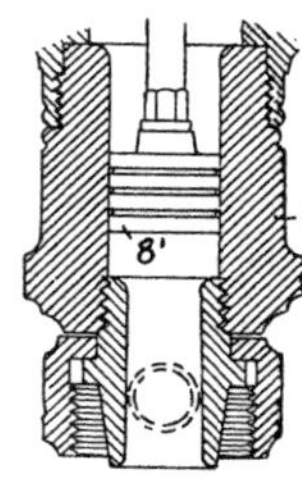

Fig. 20.

Für Ammoniak wird der Bronzeunterteil gegen einen solchen aus Stahl ausgetauscht und an Stelle des Bronzeindikatorhahnes ein solcher ebenfalls aus Stahl verwendet.

Infolge der relativ großen Länge der Kolbenstange konnte es bei ganz dicht eingeschliffenem Kolben geschehen, daß der Kolben nicht frei fiel, d. h. daß geringe Reibungswiderstände eintraten, wenn die Achsen der oberen Kolbenstangenführungen nicht ganz genau mit der Zylinderachse zusammenfielen. Zur Beseitigung dieses Übelstandes wurde mit Erfolg der im Kugelgelenk bewegliche Kolben nach Fig. 21 verwendet, durch welchen geringe Achsenabweichungen ganz unschädlich gemacht werden. Zur Kolbenwechselung ist hier die mit Sechskant a versehene obere Halteschraube der Kugel zu lösen.

Am unteren freien Teile der Kolbenstange befindet sich eine verstellbare Anschlagshülse b. Ist diese in der tiefsten Lage, wie in

Fig. 21, so erlaubt sie dem Kolben seinen größten Hub und schützt gleichzeitig eine ev. zu schwache Feder vor Überlastung; mehr oder weniger hochgeschraubt und gesichert durch die Mutter *c*, begrenzt sie den Kolbenhub vorzeitig, was beim partiellen Indizieren mit schwacher Feder bequem und von Nutzen ist.

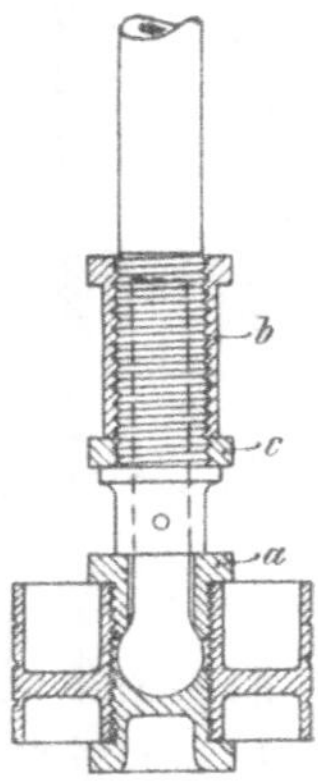

Fig. 21.

Zum Einsetzen der Feder schraubt man das Schlußschräubchen *r* am oberen Ende der Kolbenstange heraus, stülpt die Feder *d* über die Kolbenstange, so daß die kleine Kugel in den hierfür bestimmten Ausschnitt kommt, schraubt die Feder auf ihrem Sitz fest und setzt das Schlußschräubchen *r* wieder auf.

Kommen sehr weiche Federn zur Verwendung, so benutze man die beigegebenen dünnen Scheibchen zur Unterlage unter den Federkopf, womit man die atmosphärische Linie beliebig höher legen kann.

Dieser Indikator wurde in drei Größen ausgeführt. Die größten Diagrammhöhen betragen bei einer Schreibstiftübersetzung von 1 : 6 etwa 60, 40 und 30 mm und die Trommeldurchmesser 51, 38 und 30 mm.

Zur Auswahl stehen die folgenden Federn:

Für I, großes Modell

Marke:	60	45	30	25	20	16	12	10	8	7	6	5	4	3	2,5 mm
entsprechend	—	0,5	1	1,5	2	2,5	4	5	7	8	10	12	15	20	24 at

unter Berücksichtigung von ev. Vakuum

Für II, Mittelmodell

Marke:	60	45	30	25	20	16	12	10	8	7	6	5	4	3	2,5 mm
entsprechend	—	—	0,5	0,75	1	2	3	4	5	6	7	8	10	14	16 at

unter Berücksichtigung von ev. Vakuum

Für III, kleines Modell

Marke:	20	15	10	2	1,5	1	0,75	0,5 mm	Kolbendurchmesser 10,1 mm (= 1/4 der normalen Fläche)
entsprechend	1	2	3	15	20	30	40	60 at	

b) Der Maihak-Indikator.[1])

Der Maihak-Indikator (Fig. 22) ist durch die Weiterentwicklung des Staus-Indikators entstanden. Sein wichtigster Unterschied besteht in der gegenseitigen Lage von Federträger und Schreibgestänge. Während bei dem Staus-Indikator der Federträger, das sind die beiden Stahl-

[1]) D. R. P.

säulchen und das Querstück, das Schreibgestänge umgibt, umgibt bei dem Maihak-Indikator das Schreibgestänge den zentrisch angeordneten Federträger, der mit dem Zylinderdeckel einen Drehkörper bildet. Dadurch ist es möglich, die Länge der Kolbenstange zu verringern, den gesamten Aufbau etwas kürzer zu halten. Außerdem kann besonders bei den neueren Instrumenten die Kolbenstange leicht herausgenommen werden.

Die Schnittfigur (Fig. 23) zeigt, daß Kolben und Zylinder, sowie die Auswechselung dieser Teile, die gleichen wie bei dem Staus-Indikator

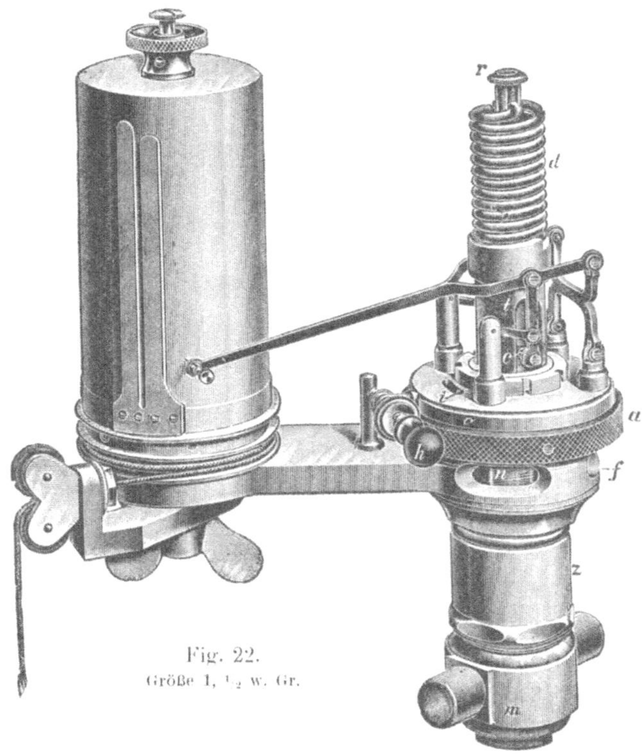

Fig. 22.
Größe 1/2 w. Gr.

sind. Die Hubbegrenzung *10a* ist bei dem Maihak-Indikator im Deckel untergebracht, wodurch das Kolbengewicht von diesen Teilen befreit ist[1]). Auch diese Hubbegrenzung ist verstellbar und durch eine kleine Gegenmutter in der gewünschten Lage festzuhalten, um den Hub bei Verwendung schwacher Federn vorzeitig begrenzen zu können. Das Schreibzeug ist vollkommen symmetrisch gebaut und hat ebenfalls wieder die Grundform des Crosby-Schreibzeugs. Durch die breite Lage-

[1]) Nach einem Vorschlag des Verfassers.

rung der Lenker besitzt das Schreibzeug eine außerordentliche Stabilität. Mit der Kolbenstange ist es durch einen Stift *12* verbunden, nach dessen Entfernung sich die Kolbenstange nach unten herausziehen läßt. Die

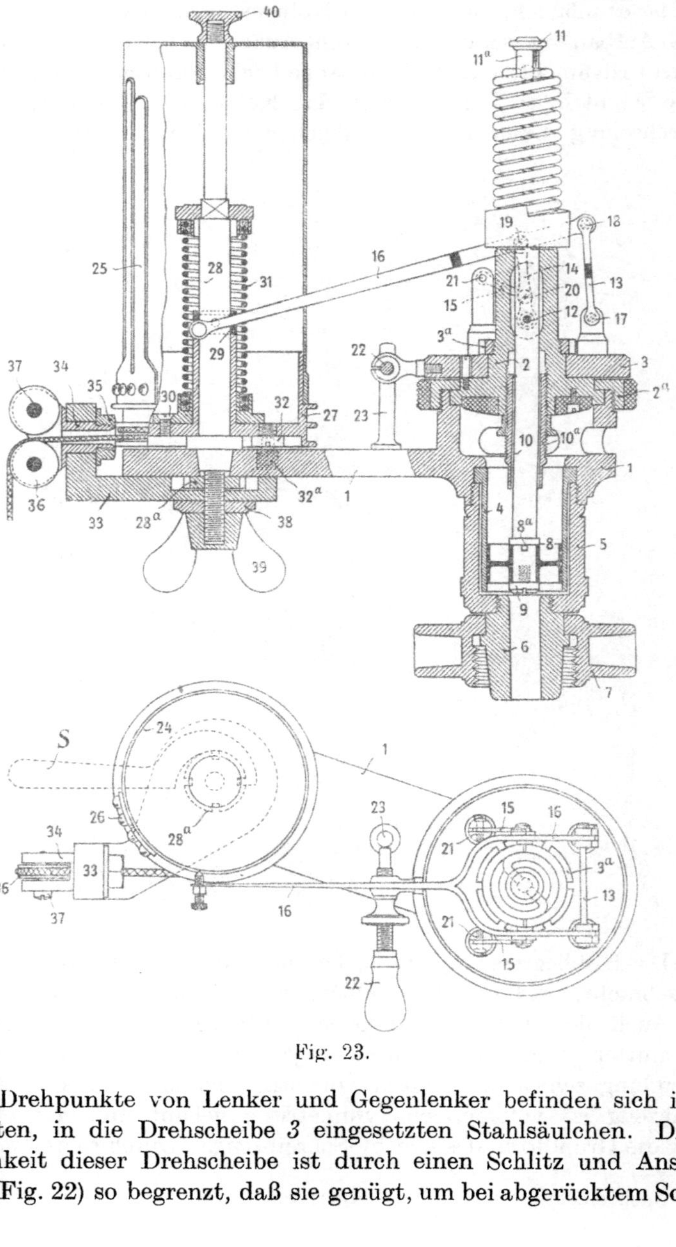

Fig. 23.

festen Drehpunkte von Lenker und Gegenlenker befinden sich in vier gedrehten, in die Drehscheibe *3* eingesetzten Stahlsäulchen. Die Beweglichkeit dieser Drehscheibe ist durch einen Schlitz und Anschlagstift *i* (Fig. 22) so begrenzt, daß sie genügt, um bei abgerücktem Schreibzeug das Papier unbehindert auf die Trommel aufzuziehen. Besondere Prisonstifte, wie bei dem Staus-Indikator, welche die gegenseitig richtige Lage zwischen Schreibzeug und Trommel bestimmen, fehlen. Zur Einstellung des Schreibstiftes wird die Überwurfmutter *2a* entweder gelöst, oder, wenn man das Schreibzeug neu eingesetzt hat, nicht ganz festgezogen. Dann bringe man mit dem Griff *22* den Schreibstift bis zur Berührung mit der Papiertrommel und ziehe in dieser Lage die Überwurfmutter fest. Man kann jetzt das Schreibgestänge mit genügendem, durch den Anschlagstift *i* begrenztem Spielraum bewegen. Die feinere Einstellung geschieht in bekannter Weise durch Drehung der Griffschraube *22* und Sicherung der Einstellung mittels der daran befindlichen Gegenmutter.

Löst man *2a* ein wenig, so kann das Schreibzeug im Kreise herum bewegt werden, was dann erwünscht ist, wenn die Trommel zwecks Wechselung usw. ringsherum ganz frei zugänglich sein soll. Auf diese Art bewirkt man auch in einfachster Weise die Umkehrung des Indikators aus der Lage Fig. 24a in die von Fig. 24b, was bei manchen Maschinenanordnungen, wo der Antrieb des Indikators Schwierigkeiten macht, sehr willkommen ist. Die Griffschraube *22* sowie der Schreibstift werden dann von der anderen Seite in die betreffenden Gewinde eingeschraubt und es ist nur noch nötig die Trommel umzusetzen. Hierzu löst man die unter dem Trommelträger sichtbare Anschlagschraube, dreht die bis dahin festzuhaltende Trommel im Sinne der Federspannung so viel weiter bis der am Trommelboden befindliche Anschlag über die zweite, gegenüberliegende Öffnung gegangen ist (ca. $^1/_2$ Drehung), und schraubt die Anschlagschraube in diese letztere Öffnung von unten fest ein.

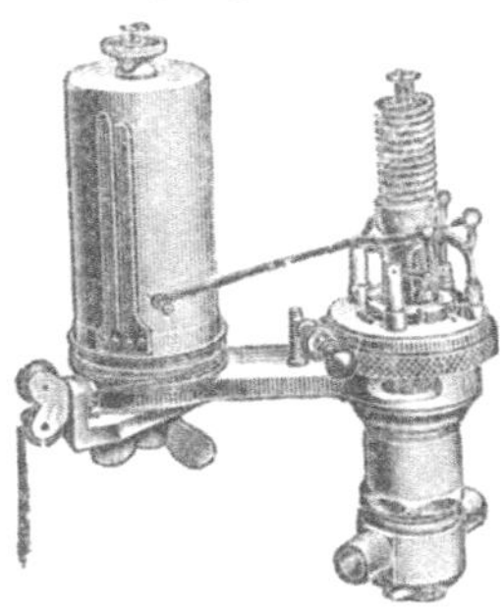

Fig. 24a.

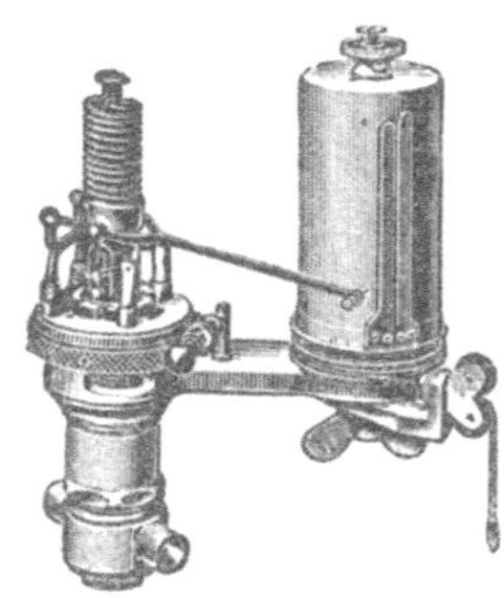

Fig. 24b.

Das Auswechseln der Indikatorfeder geschieht ebenso einfach und leicht wie bei dem Staus-Indikator, ohne das Schreibzeug herauszunehmen. Auch dieser Indikator wird in drei Größen gebaut, worüber die folgende Tabelle die Hauptdaten gibt.

Modellgröße		1	2	3
Größte Diagrammhöhe	mm	72	50	35
Größte Diagrammlänge	mm	120	100	70
Trommelhöhe	mm	112	86	70
Trommeldurchmesser	mm	51	38	30
Größte zulässige Tourenzahl der Maschine in der Minute		300	600	1500

Die Größen 2 und 3 sind in Fig. 25 u. 26 abgebildet. An Federn stehen folgende zur Auswahl:

Größe 1.

Normaler Kolben 20,27 mm Durchmesser.

Marke:	60	45	30	25	20	18	16	14	12	10	9	8	7	6	5	4,5	4	3,5	3 mm
Höchstdruck:	—	0,5	1	1,5	2	3	4	5	6	7	8	9	10	12	14	16	18	20	24 at

	1/2 Kolben 14,35 mm Durchm.									1/5 Kolben 9,06 mm Durchm.							
Marke:	2,75	2,5	2,4	2,25	2	1,75	1,6	1,5	1,4	1,25	1,2	1,1	1	0,8	0,75	0,7	0,6 mm
Höchstdruck:	26	28	30	32	34	38	40	42	45	50	55	60	70	80	90	100	120 at

	1/10 Kolben normaler Fläche		1/20 Kolben normaler Fläche	1/30 Kolben normaler Fläche
Marke:	0,5	0,4	0,3	0,2	0,1 mm
Höchstdruck:	140	180	200	350	700 at

Größe 2.

Normaler Kolben 20,27 mm Durchmesser.

Marke:	60	45	30	25	20	18	16	14	12	10	9	8	7	6	5	4,5	4	3.5	3	2,75 mm
Höchstdruck:	—	—	0,5	1	1,5	2	2,5	3	4	4,5	5	6	7	8	9	10	12	14	16	18 at

	1/2 Kolben 14,35 mm Durchm.								1/5 Kolben 9,06 mm Durchm.							
Marke:	2,5	2,4	2,25	2	1,75	1,6	1,5	1,4	1,25	1,2	1,1	1	0,8	0,75	0,7	0,6 mm
Höchstdruck:	20	22	24	26	28	30	32	34	36	40	45	50	60	65	70	80 at

	1/10 Kolben normaler Fläche		1/20 Kolben normaler Fläche		1/30 Kolben normaler Fläche
Marke:	0,5	0,4	0,3	0,2	0,1 mm
Höchstdruck:	100	120	180	250	500 at

Größe 3.

1/2 Kolben 14,35 mm Durchmesser (normale Kolben auf Wunsch).

Marke:	30	20	15	12	10	8	7	6	5	4	3	2,75	2,5	2,4	2,25	2	1,75 mm
Höchstdruck:	—	0,5	1	2	2,5	3	4	5	6	8	10	12	13	14	15	16	18 at

Fortsetzung.

	1/2 Kolben.						1/5 Kolben 9,06 mm Dm.						1/10 Kolben norm. Fläche		1/20 Kolben norm. Fläche	
Marke:	1,6	1,5	1,4	1,25	1,2	1,1	1	0,8	0,75	0,7	0,6	0,5	0,4	0,3	0,2	0,1 mm
Höchstdruck:	20	22	24	26	28	30	34	38	44	48	54	60	70	100	150	300 at

Mit dem normalen Kolben 20,27 mm Durchmesser kann man also, wie aus vorstehender Tabelle zu sehen ist, bei den Größen 1 und 2 Drucke

bis 24 bzw. 18 at indizieren. Für höhere Drucke sind kleinere Kolben zu verwenden von $^1/_2$ $^1/_5$ $^1/_{10}$ u. $^1/_{20}$ der normalen Fläche,
entsprechend 14,35 9,06 5,41 u. 4,53 mm Kolbendurchm., wobei dann mit den gleichen Federn die 2-, 5-, 10- und 20fachen Drucke zu indizieren sind.

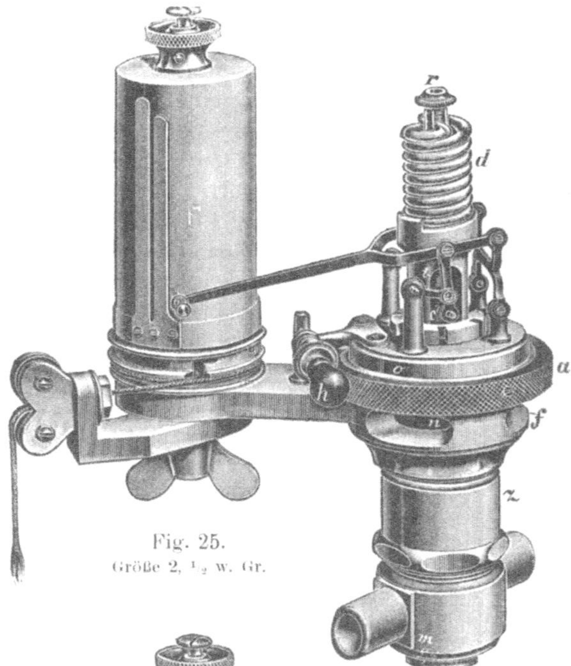

Fig. 25.
Größe 2, $^1/_2$ w. Gr.

c) Historische Bemerkungen zu den Außenfeder-Indikatoren.

Bereits der erste in der Einleitung besprochene Watt - Indikator besaß eine solche Feder, die zum großen Teil frei lag und bei den geringen Dampfüberdrucken und Temperaturen zweifellos sich nur mäßig erwärmte. Eine weitere Folge der geringen Dampfüberdrucke war, daß die Feder hauptsächlich auf Zug beansprucht wurde. Von den später erschienenen Konstruktionen ist die englische von Kinell und Buchanan (Fig.27) von besonderem Interesse, da hier offenbar mit Absicht auf eine Kühlhaltung gesehen wurde. Außerdem war die Feder eine Zugfeder in unserem heutigen Sinne, d. h. sie wurde bei Überdruck unter dem Kolben auf Zug beansprucht.

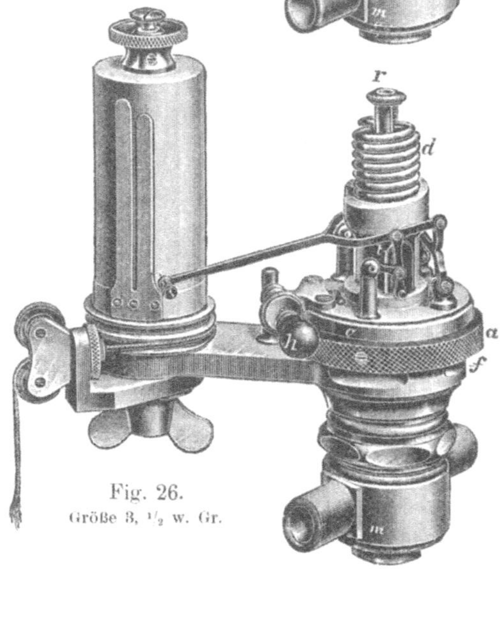

Fig. 26.
Größe 3, $^1/_2$ w. Gr.

Die wachsende Erkenntnis des Einflusses

der Wärme auf die Indikatorfeder, insbesondere die Entwicklung der Heißdampfmaschine, brachte die Frage nach Kühlhaltung der Feder wieder in Fluß. Der erste in Deutschland gebaute und in die Praxis eingeführte Außenfeder-Indikator war der im Jahre 1902 herausgekommene Indikator von Rosenkranz (Fig. 28). Die Feder ist eine Druckfeder, die sich auf ein Querstück an einer hohlen Säule stützt, deren Kippmoment durch eine besondere Zugstange aufgenommen wird.

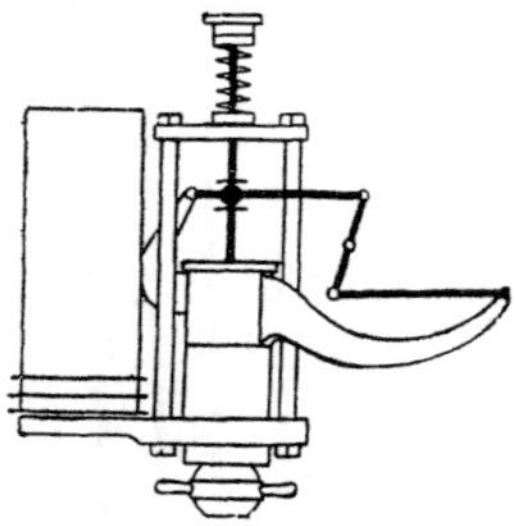

Fig. 27.

Ebenfalls gegen Ende des Jahres 1902 erschien der Indikator von Maihak mit zwei außenliegenden, seitlich abziehbaren Zugfedern (Fig. 29). Maßgebend für diese Ausführung war die Absicht, jeden Aufbau über dem Indikator zu vermeiden.

Fast gleichzeitig, im Anfang 1903, entstand der von Staus angegebene Indikator (Fig. 30), der, von H. Maihak gebaut, für einige später erschienene Instrumente vorbildlich wurde. Er besaß nur eine, sehr leicht auswechselbare Zugfeder und gegabeltes Schreibgestänge nach Crosby. In den übrigen Einzelheiten lehnte er sich ebenfalls an die Ausführungen des Crosby-Indikators an. Mit ihm wurde die außenliegende Zugfeder zuerst in Deutschland in größerem Umfang hergestellt.

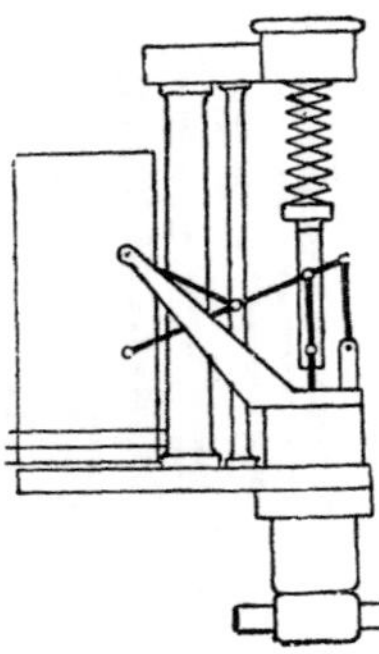

Fig. 28.

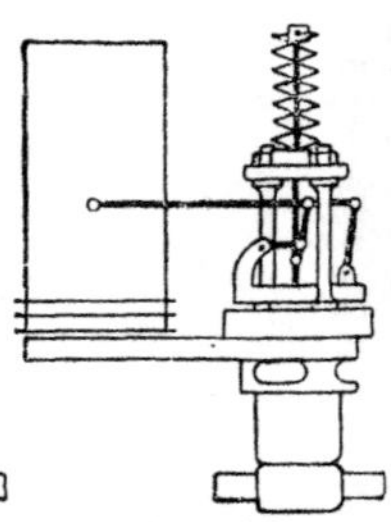

Fig. 30.

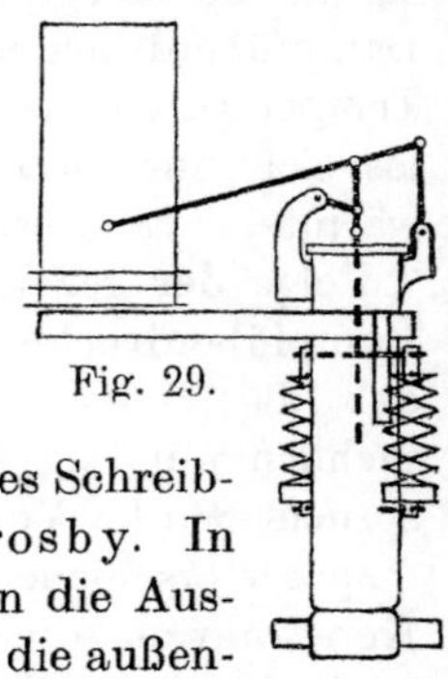

Fig. 29.

Etwa zu derselben Zeit wurde der Indikator von Schäffer und Budenberg (Fig. 31) bekannt, gekennzeichnet durch eine freiliegende auf Druck beanspruchte Crosby-Feder. Der Hutkolben bedingte die Anordnung der doppelten und auch dreifach ausgeführten Bügelverbindung zwischen Ober- und Unterteil. 1909 verließen Schäffer und Budenberg diese Konstruktion, neben welcher sie seit 1905 den in Fig. 32 abgebildeten Indikator bauten, dessen Vorbild in dem Staus-Indikator zu suchen ist.

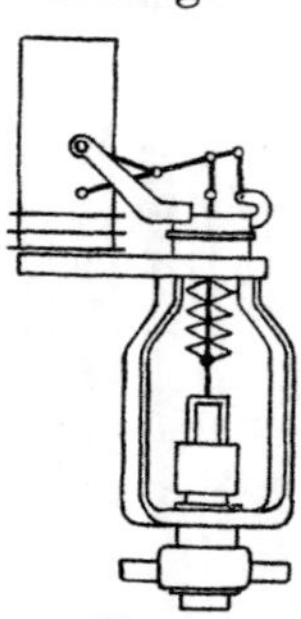

Fig. 31.

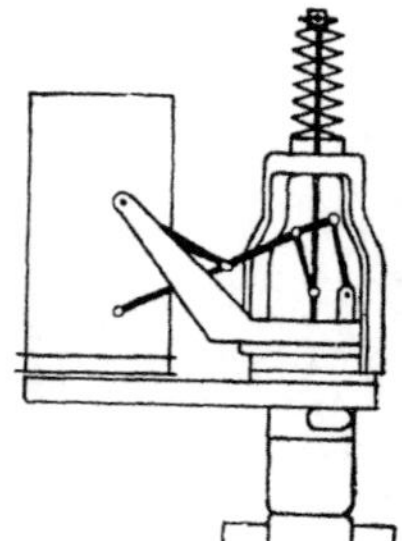

Fig. 32.

Ein Jahr zuvor, 1904, erschien Rosenkranz mit einem Druckfeder-Indikator (Fig. 33), der ebenfalls zwei Tragsäulchen besaß, wie der Staus-Indikator, und dessen Druckfedern an einer Traverse befestigt wurden. Dieses Instrument suchte durch symmetrischen Aufbau die einseitige Anordnung des Federträgers bei der ursprünglichen Kon-

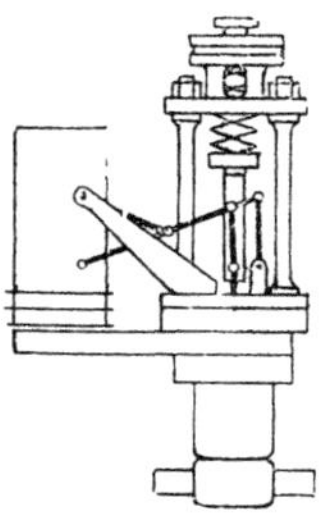

Fig. 33.

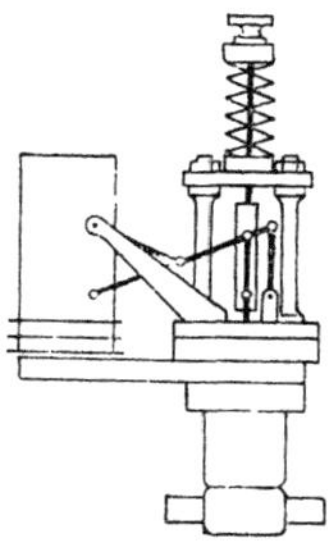

Fig. 34.

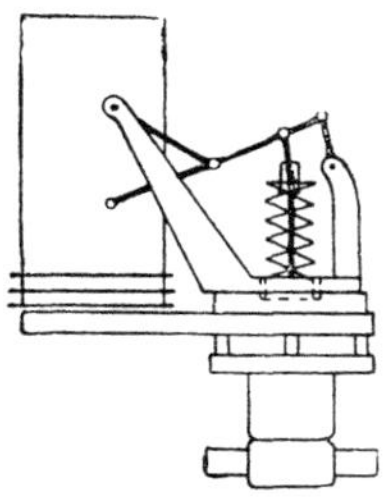

Fig. 35.

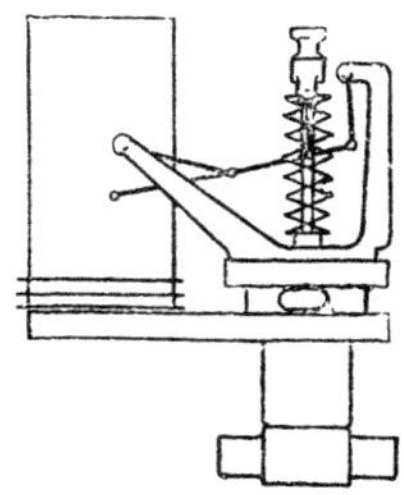

Fig. 36.

struktion (Fig. 28) zu vermeiden. Im Jahre 1905 erschien Rosenkranz auch mit einem Indikator (Fig. 34), der gleichfalls die von ihm vielfach bekämpfte Zugfeder besitzt.

Der im Jahre 1904 von Maihak gebaute Willner-Indikator (Fig. 35) konnte sich nicht behaupten. Die Kühlung der Feder war schwierig und die Führung der Kolbenstange ungenügend. Auch er besaß eine etwas schwer zugängliche Zugfeder.

Neuerdings kehrte Willner die Sache teilweise um. Er ordnet, wie schon früher von Dörffel angegeben, das Schreibgestänge hängend an; ein solches Instrument zeigt Fig. 36 in einer Ausführung von Schäffer und Budenberg. Auch dieser Indikator besitzt eine Zugfeder nach Crosby.

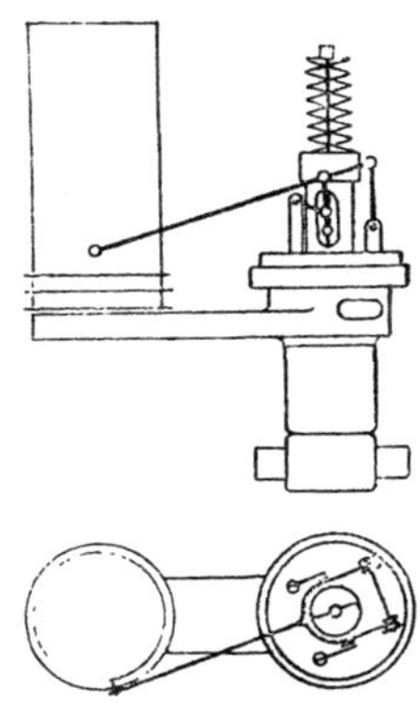

Fig. 37.

Die Nachteile des Staus-Indikators bestanden hauptsächlich in seiner schwierigen und teueren Herstellung. Dazu war die Kolbenstange etwas lang, die Kühlhaltung der Feder dafür aber vollkommen. Das Schreibgestänge war nicht ganz leicht zugänglich und die Kolbenstange konnte zur Reinigung nicht herausgenommen werden. Diese Erwägungen führten 1906 zur Konstruktion des Maihak-Indikators (Fig. 37), bei welchem der Federträger zentrisch angeordnet ist und von dem Schreibgestänge umgeben wird, während beim Staus-Indikator das Schreibgestänge zwischen den Federträgern sitzt. Bei der Maihakschen Anordnung wird die Kolbenstange etwas kürzer, sie läßt sich leicht herausnehmen, und die Herstellung des Instruments ist wesentlich vereinfacht.

4. Der integrierende Indikator von Böttcher.[1]

Die Bestimmung der wahren mittleren indizierten Leistung ist in manchen Fällen außerordentlich schwierig, wenn nicht gar unmöglich.

Die „Normen für Leistungsversuche an Dampfkesseln und Dampfmaschinen" empfehlen in § 38: Während des Versuches sind alle 10 bis 20 Minuten Diagramme an jedem Zylinderende abzunehmen, bei starken Schwankungen der Belastung tunlichst noch öfter.

Gleichmäßige Belastungen lassen sich am bequemsten und sichersten dann erreichen, wenn die Maschinen auf einen konstanten Widerstand (Dynamomaschine, Pumpe, Kompressor) arbeiten. In diesen Fällen wird das gewöhnliche Indizierverfahren vollkommen ausreichen.

Sind starke Schwankungen in der Belastung zu erwarten, z. B. in Fabrikbetrieben, beim Antrieb von Steinbrechern, Pressen, Aufzügen usw., so ist die Bestimmung der wahren mittleren indizierten Leistung mit großer Unsicherheit behaftet, wenn man nur alle 10—20 Minuten Diagramme entnimmt. Man wird hier je nach den Umständen bis auf 5 Minuten — bei Dauerversuchen — herabgehen müssen, und wenn es sich um die Bestimmung des Kraftverbrauches einzelner Arbeitsmaschinen mit Hilfe des Indikators handelt, wird man sogar alle Minuten indizieren, um dem wahren Mittelwert nahe zu kommen.

Bei Dauerversuchen würde diese häufige Diagrammabnahme zwar auch möglich sein, der Zeitaufwand zur Auswertung der Diagramme wäre jedoch außerordentlich groß.

Um bei stark schwankender Belastung wenigstens ein Urteil über die Größe der zu erwartenden Unsicherheit in der mittleren indizierten Leistung zu gewinnen, läßt man den Indikator während 20—30 und mehr Touren arbeiten, man nimmt „Bündeldiagramme" auf. Die mittlere indizierte Leistung wird dann einem Wert zwischen der größten und kleinsten Diagrammfläche entsprechen.

Häufig läßt sich die Unsicherheit auch noch dadurch einschränken, daß man fortlaufend und in kleineren Zwischenräumen, als das Indizieren erfolgt, solche Beobachtungswerte notiert, welche im Zusammenhang mit der indizierten Leistung stehen. Bei Pumpen, Kompressoren, Gebläsen z. B. sind dies die Saug- und Druckspannungen, bei Dampfmaschinen die Receiverspannung, die Temperatur des ablaufenden Kondensats aus dem Kondensator bei gleichbleibender Einspritzmenge. Diese Beobachtungen sind unschwer anzustellen und erfordern keine weitere Bearbeitung. Wenn es möglich ist zwischen einzelnen dieser Werte und der indizierten Leistung eine Beziehung aufzustellen, dann läßt sich die wahre mittlere indizierte Leistung auch bei schwankenden Belastungen mit größerer Wahrscheinlichkeit angeben.

[1]) D. R. P.

Diese Hilfsmittel versagen fast vollkommen bei Gasmaschinen. Die Entwicklung des Gasmaschinendiagramms ist so vielen Zufälligkeiten, besonders bei kleineren Belastungen und im Leerlauf der Maschine, unterworfen, daß es mit dem gewöhnlichen Indikator selbst bei dicht aufeinanderfolgender Diagrammentnahme kaum möglich ist, auch nur annähernd den Genauigkeitsgrad zu erreichen wie bei der Dampfmaschine, dem Kompressor usw. Die „Streuung" der Diagrammlinie, besonders während der Verbrennung erforderte eigentlich, daß, um den richtigen Mittelwert

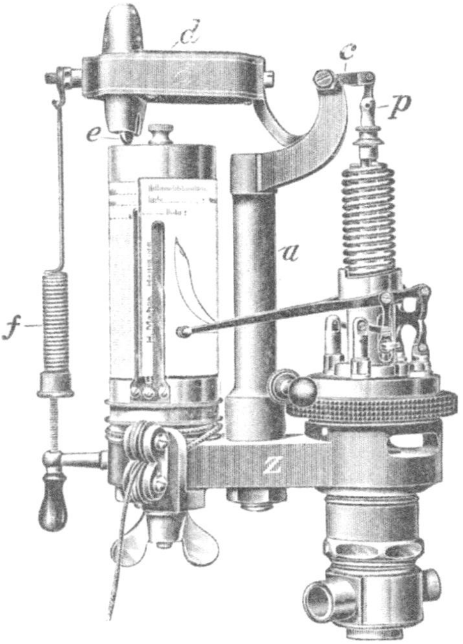

Fig. 38.

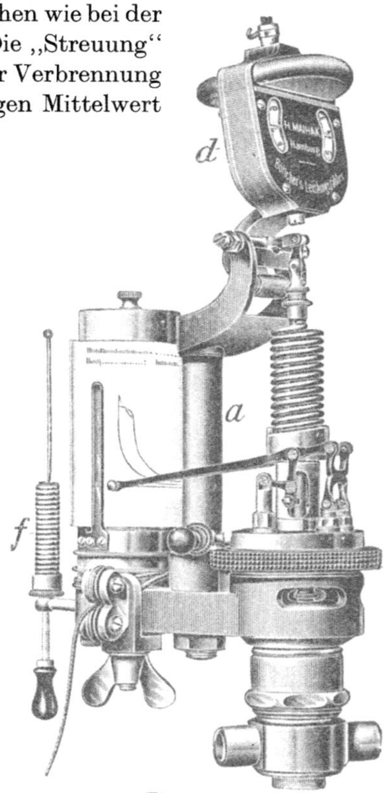

Fig. 39.

zu erhalten, alle entwickelten Diagramme aufgenommen würden. Bei konstanter Belastung der Gasmaschine und kürzeren Versuchen empfiehlt sich auch hier wieder alle 1—2 Minuten 2—5 Einzeldiagramme unmittelbar hintereinander auf dasselbe Papier schreiben zu lassen, jedoch nur so viele, daß sie beim Planimetrieren auseinander gehalten werden können. Bündeldiagramme sind gleichfalls abzunehmen, um wieder die Größe der Schwankung in der Leistung zu beurteilen.

Arbeitet eine Gasmaschine mit stark schwankender Belastung, dann ist es nahezu ausgeschlossen, mit dem gewöhnlichen Indikator ein brauchbares Ergebnis zu erhalten. (Günstiger liegen die Verhältnisse nur bei den Gleichdruck-Ölmotoren, die nach dem Diesel- oder einem ähnlichen Verfahren arbeiten.)

Zur Lösung dieser Schwierigkeiten hat man schon lange versucht, solche Instrumente zu bauen, welche die entwickelten Diagrammflächen, ohne sie erst aufzuzeichnen, sofort planimetrieren und die Summe der einzelnen Flächen mit Hilfe eines Zählwerkes von selbst bilden. Bis jetzt war es noch keinem solchen integrierenden Indikator gelungen, sich einzuführen, geschweige denn zu behaupten. Erst in der neuesten Zeit scheint dieses Problem in dem von H. Maihak gebauten Leistungszähler von Böttcher (Fig. 38 und 39) eine befriedigende Lösung zu finden.

Der in Verbindung mit dem Maihak-Indikator gebaute Zähler wird von einer Säule *a* getragen. Vom Kolbengestänge *p* des Indikators aus wird mittels eines Winkelhebels *c* die in einem Rahmen *d* gelagerte Zählrolle *e* auf der oberen Stirnfläche der Indikatortrommel radial zu dieser verschoben. Durch eine geeichte Feder *f* wird die Rolle mit einem durch Versuche genau ermittelten, bestimmten Adhäsionsdruck gegen die Lauffläche gedrückt. Die Achse der Rolle *e* trägt eine Schnecke, durch welche ihre Drehbewegung auf ein einfaches Stirnräderzählwerk übertragen wird; das Zählwerk ermöglicht Beobachtungen über längere Versuchszeiten. Der abgewickelte Umfangsbogen der Zählrolle ist dem mittleren indizierten Druck direkt proportional und damit auch ohne weiteres der mittleren indizierten Leistung. Der Indikator kann nach Wunsch auch ohne Zähler benutzt werden. Während der Zählung des Apparates können Diagramme genommen werden.

Sämtliche Gelenke sind reichlich bemessen, die Achse der Zählrolle hat nachstellbare Lager.

Der Indikator kann in jeder beliebigen Lage an die Maschine gesetzt werden. Sobald der Trommelantrieb fertig ist, wird der Zähler angesetzt. Nach Einhängen der Schnur und Öffnen des Indikatorhahnes beginnt die Zählung.

Soll der mittlere indizierte Druck für eine bestimmte Beobachtungszeit ermittelt werden, so wird außer dem Leistungszähler noch ein Hubzähler abgelesen; will man die mittlere indizierte Leistung in Pferdestärken direkt bestimmen, so ist ein Hubzähler nicht erforderlich.

Haben während einer bestimmten Beobachtungszeit der Leistungszähler und der Hubzähler die Ablesungsdifferenzen z bzw. n_z ergeben, so ist der mittlere Flächeninhalt sämtlicher, während dieser Zeit in der Maschine entwickelten Diagramme in Quadratmillimeter

$$f = 10000 \frac{z}{n_z} .$$

Man hat also das Resultat unmittelbar nach der Ablesung, ohne irgendwelche sonstige Hilfsarbeiten, wie Planimetrieren usw. Will man für die gleiche Beobachtungszeit direkt die mittlere indizierte Leistung haben, so rechnet man nach der Formel

$$N_i = R \cdot \frac{z}{t_z} ,$$

worin R eine kombinierte Apparate-Maschinenkonstante und t_z die Beobachtungszeit ist.

Wünscht man während der Zählung auch Diagramme zu nehmen, so spannt man vor jeder Zählperiode ein Papier auf und schreibt nach Wunsch auf dieses Blatt beliebig oft Diagramme. Das so erhaltene Diagrammbündel gibt ein vorzügliches Bild von dem Wechsel der Diagramme während der Zählperiode.

Die Ablesung des Zählers ist selbst bei hohen Tourenzahlen mit Sicherheit ausführbar infolge des Umstandes, daß eine Verschiebung auf der Trommel während einer halben Umdrehung, bei Viertaktmaschinen sogar während einer ganzen Umdrehung nicht stattfindet.

5. Die Einzelheiten der Indikatoren.

a) Der Indikatorkörper.

Der Körper des Instruments hat die Aufgabe, auf der einen Seite den Zylinder mit dem Schreibzeug, auf der anderen Seite den Zylinder mit der Papiertrommel zu tragen. Für seine Formgebung sind nicht nur Zweckmäßigkeitsgründe, sondern auch Festigkeitsrücksichten maßgebend. Vor allem soll der Körperquerschnitt so bemessen sein, daß seine Formänderung durch Biegungsbeanspruchung, hervorgerufen durch den Zug der Indikatorschnur, so gering ist, daß sie als verschwindend betrachtet werden kann. Die neueren Indikatoren lassen hierin nichts zu wünschen übrig, dagegen waren die ursprünglichen Crosby-Indikatoren entschieden zu schwach. Bei stark angespannter Trommelfeder ließ sich eine nicht unbeträchtliche Verbiegung des Körpers beobachten.

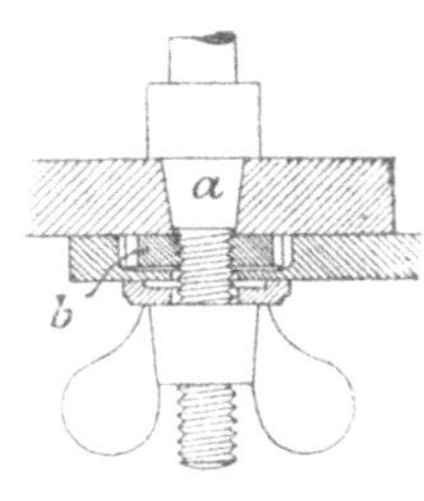

Fig. 40.

Das Material des Körpers ist Rotguß; seine Form in der Hauptsache prismatisch. Auf der Trommelseite schließt er mit einer kreisförmigen Platte ab, in deren Mitte die Trommelachse sitzt. Diese ist nach Fig. 40 bei den neueren Instrumenten auswechselbar. Auf der Zylinderseite trägt der Körper unter dem Zylindermantel mit dem Einsatz oben das Schreibzeug. Die Ausbildung dieser Seite ist je nach dem System verschieden.

Mit Ausnahme des Staus-Indikators trägt der Körper auch noch den Anschlag für das Schreibzeug.

Eine konstruktive Bedingung, die bei dem Bau der Instrumente streng berücksichtigt werden muß, ist die, daß die Zylinder- und Trommelachse genau parallel zueinander werden. Über die experimentelle Prüfung dieser Forderung vgl. Kapitel 5.

b) Der Zylinder und Kolben.

Die Größe des Indikatorkolbens richtet sich nach dem Verwendungszweck. Die Entwicklung des Indikators hat dahin geführt, als normalen Kolben, der bis etwa 20 at verwendet wird, denjenigen von etwa 2 cm Durchmesser zu betrachten. Seine Fläche entspricht bei genau 2 cm Durchmesser 3,14 qcm und bei einem Durchmesser von 2,027 cm einer Fläche von 3,23 qcm oder einem halben Quadratzoll

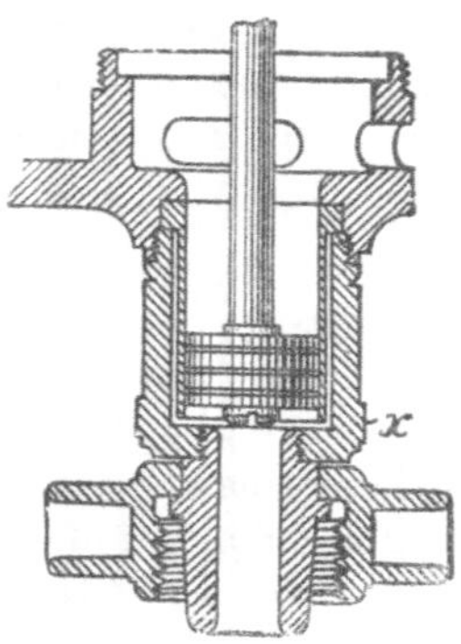

Fig. 41 a.
Normaler Kolben.

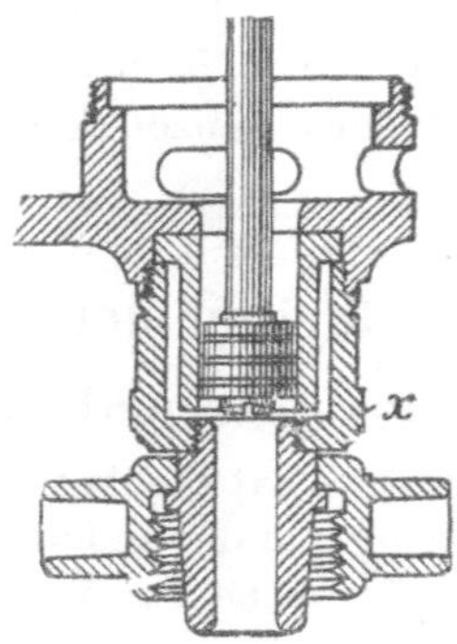

Fig. 41 b.
$^1/_2$ Kolben.

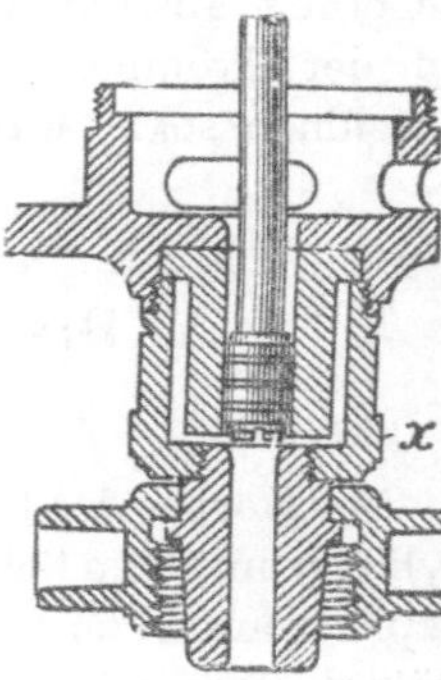

Fig. 41 c.
$^1/_3$ Kolben.

engl. Letzteren Durchmesser hat teilweise der deutsche Indikatorbau von England übernommen und beibehalten.

Um mit demselben Instrument bei Benutzung der gleichen Federn höhere Drücke indizieren zu können, verwendet man, wie bereits bei der Beschreibung der einzelnen Instrumente erwähnt, kleinere Kolben und entsprechende Zylindereinsätze. Je nach der Wahl dieser Kolben lassen sich mit dem normalen Instrument Drucke bis 200 at und höher indizieren. Im Zusammenhang hiermit sind die verschiedenen Möglichkeiten für den Maihak-Indikator in Fig. 41 a—c dargestellt, wobei noch zu bemerken ist, daß sich von einem zu erwartenden Drucke von etwa 80 at statt des Einsatzzylinders ein massiver Zylinder nach Fig. 42 empfiehlt.

Zum Indizieren sehr geringer Drucke läßt sich zwar auch der Indikator mit normalem Kolben verwenden, doch ist hierbei große Vorsicht geboten, wenn man nicht verzerrte und daher unrichtige Diagramme erhalten will. Die Ursache zu solchen verzerrten Diagrammen liegt gewöhnlich an dem zu starken Andrücken des Schreibstiftes an das Papier, d. h. an der zu großen Reibung zwischen Papier und Stift, die den Schreibstift stets im Sinne der Bewegung zurückzuhalten sucht. Wenn sich dieser Einfluß bei den starken Federn nicht so auffällig bemerkbar macht, so liegt das daran, daß hier das Verhältnis der Kolbenkraft zu der durch die Reibung erzeugten Bremskraft viel größer ist, als bei schwachen Federn. Bei einem Druck von 8 at z. B. beträgt die Kolbenstangenkraft im normalen Instrument rund 26 kg, bei einem Druck von 0,5 at nur etwa 1,6 kg. Wenn nun die normale Schreibhebelübersetzung 1 : 6 ist, so kann ein am Schreibstift wirkendes Gewicht von rund 270 g der Spannung von 0,5 at vollständig das Gleichgewicht halten. Ist nun auch die Reibung zwischen Stift und Papier nie so groß, so läßt diese Überlegung doch leicht erkennen, wie sehr das Diagramm bei schwachen Federn und starkem Andrücken des Schreibstiftes verzerrt werden muß. Aus diesen Gründen empfiehlt es sich beim Indizieren schwacher Drucke, wie z. B. bei Gebläsemaschinen, größere Kolben zu verwenden, und zwar ist es zweckmäßig, ein Vielfaches des normalen Kolbendurchmessers zu benutzen. Für die meisten in der Praxis vorkommenden Fälle genügt der doppelte Kolbendurchmesser entsprechend dem vierfachen Kolbenquerschnitt. Der Federmaßstab wird dadurch viermal so groß als für den normalen Kolben.

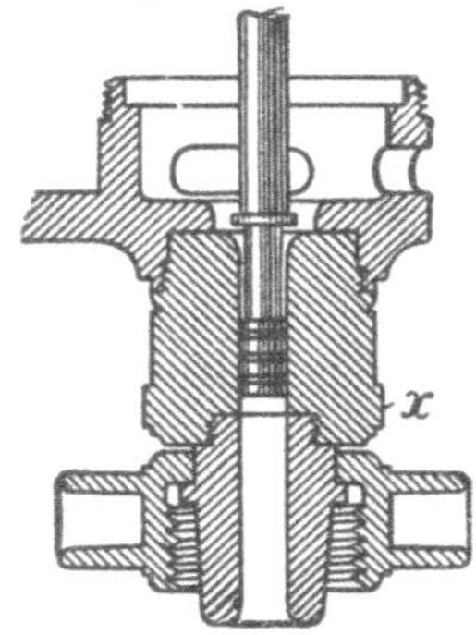

Fig. 42. $^1/_{10}$ Kolben.

In Fig. 43 und 44 sind solche große Zylinder mit Kolben dargestellt, wovon die erste Ausführung sich nur mit dem großen Kolben verwenden läßt, während die letztere an einem normalen Indikator gegen den normalen Zylinder mit Kolben ausgewechselt werden kann.

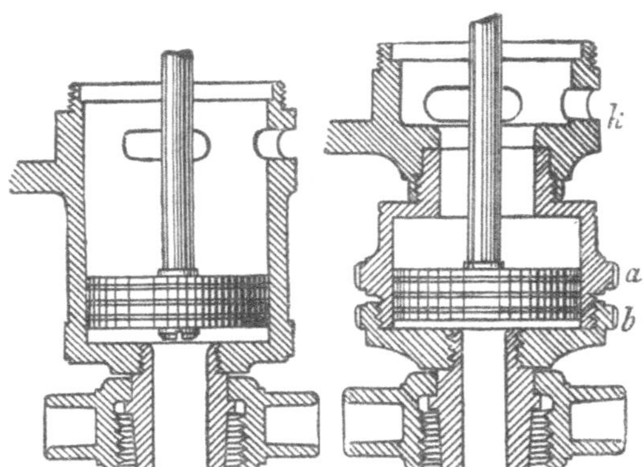

Fig. 43. Fig. 44.

Die Kolben- und Zylinderauswechselung geht ohne weiteres aus Fig. 41a—c und 42 hervor. Mit dem als Indikatorzubehör beigegebenen Stahlschlüssel, dessen eines Maul genau auf das Sechskant x des Zylindermantels passt, wird dieser abgeschraubt und der Zylinder herausgezogen. Dann löst man die untere Kolbenschraube *9*, Fig. 23, wechselt den Kolben aus, der bei neueren Instrumenten durch eine kleine Nase *8a*,

Fig. 23, in bestimmter Lage gesichert ist, setzt den entsprechenden Zylinder darüber und schraubt den Zylindermantel wieder fest.

Bei dem großen Zylinder Fig. 44 für niedrige Drucke muß der Kolben von unten eingeführt werden. Ein Herausnehmen des Kolbens nach oben ist also hierbei nicht möglich.

Das Material für Zylinder und Kolben war bei den früheren Indikatoren gewöhnlich Rotguß. Die Crosby-Indikatoren amerikanischer Herkunft besaßen sehr dünnwandige Rotgußkolben, die bei ungeschickter Handhabung Verbeulungen nur zu leicht ausgesetzt waren. Deshalb machte man später die Kolben dickwandiger, mußte dafür jedoch ein größeres Kolbengewicht in Kauf nehmen. Neuerdings werden die Kolben ausschließlich aus Stahl hergestellt, gehärtet und nach dem Härten auf den richtigen Durchmesser geschliffen. Da das Material des Zylinders — Rotguß — einen wesentlich höheren Ausdehnungskoeffizienten als der Stahl des Kolbens besitzt, so ist es nicht leicht möglich, daß bei höherer Temperatur ein Steckenbleiben des Kolbens vorkommt. Im Gegenteil wird sich bei höheren Dampfdrücken z. B. ein leichtes Durchblasen des Dampfes bemerklich machen, was viel weniger schädlich ist als eine zu große Kolbenreibung.

Es ließe sich einwenden, daß die Wahl von Stahl für den Kolben wegen der Gefahr des Rostens nicht ganz zweckmäßig sei. Dem ist entgegenzuhalten, daß das geringe Gewicht des Stahlkolbens doch einen Vorteil bedeutet, so daß es gegen die kleine Mühe, den Kolben in Öl zu halten, um die Rostbildung zu verhindern, nicht in die Wagschale fällt. Schließlich wird bei häufigem Gebrauch kein Kolben, abgesehen von der Lauffläche, blank bleiben. Er wird sich besonders bei Verwendung an Gasmaschinen bald mit einer schwarzen Oxydschicht bedecken, was durchaus unschädlich ist, wenn nur die Lauffläche stets blank und glatt bleibt. Riefig gewordene Kolben deuten entweder auf ungeeignetes Öl zum Schmieren des Kolbens, oder auf Unreinlichkeiten im Zylinder hin.

Für Ammoniakindikatoren müssen alle Rotgußteile, sofern sie mit Ammoniak in Berührung kommen, gut vernickelt sein oder die Teile müssen aus Eisen oder Stahl bestehen. Denn das Ammoniak hat die Eigenschaft, sich in Gegenwart von Luft und Wasser mit dem Kupfer, einem Bestandteil des Rotgusses, zu Kupferoxydammoniak zu verbinden. Daher muß man Zylinder und Kolben aus Stahl verwenden.

c) Das Schreibgestänge.

Die Bewegung des Indikatorkolbens soll durch die Hebelübersetzung so auf den Schreibstift übertragen werden, daß seine Bewegung ein möglichst getreues, aber vergrößertes Bild der Kolbenbewegung ist. Die Schreibstiftbahn muß daher zwei Bedingungen genügen, einmal soll sie innerhalb des nutzbaren Kolbenhubes geradlinig, zum anderen soll das Verhältnis der vom Kolben und Schreibstift zurückgelegten Wege untereinander proportional sein.

Die ersten Indikatoren besaßen keine mechanische Vergrößerung des Kolbenweges, sie zeichneten ihn vielmehr unmittelbar auf. Die höheren Drücke und die größeren Maschinengeschwindigkeiten ließen es als wünschenswert erscheinen, den Kolbenweg zu verkleinern und trotzdem hohe Diagramme zu erzielen. Das konnte zweckmäßig nur

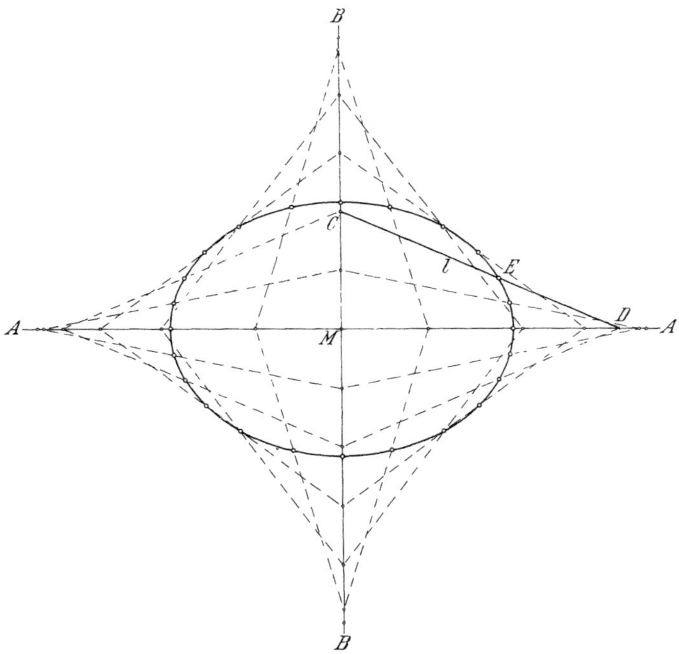

Fig. 45.

durch eine Hebelanordnung geschehen. Von den verschiedenen Ausführungsformen sind heute in Deutschland nur noch zwei in Gebrauch.

1. Der unverkürzte Evans-Lenker bei den Thompson-Indikatoren.
2. Der Crosby-Lenker bei den Crosby-, Staus- und Maihak-Indikatoren.

Der unverkürzte Evans-Lenker.

Dieser Lenker ist ein Sonderfall des allgemeinen Ellipsenlenkers. Bewegt sich auf einem rechtwinkligen Achsenkreuz AA, BB (Fig. 45) eine Strecke l so, daß ihre Endpunkte C und D stets auf den Achsen bleiben, dann beschreibt jeder Punkt der Strecke l, z. B. E,

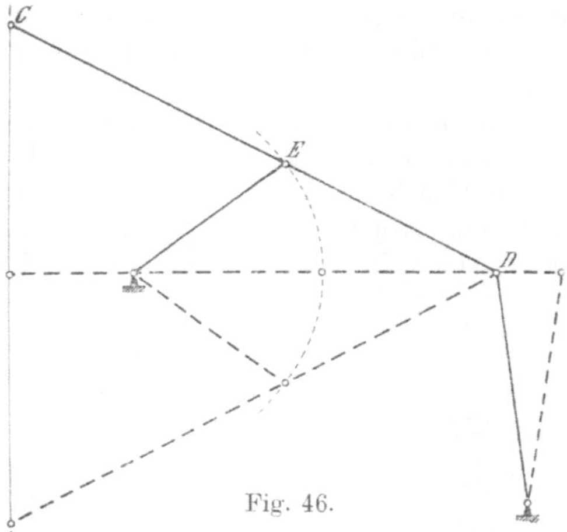

Fig. 46.

eine Ellipse. Innerhalb kleinerer Strecken kann die Ellipse mit großer Annäherung durch einen Kreis, den Krümmungskreis, ersetzt werden. Würde man nun umgekehrt den Punkt E auf diesem Krümmungskreis bewegen und gleichzeitig dafür sorgen, daß D seine ursprüngliche geradlinige Bewegung beibehielte, so müßte dann C seinerseits wieder sich auf einer Geraden bewegen. Je inniger der Krümmungskreis sich an die Ellipse anschmiegt, um so mehr wird die Bahn des Punktes C geradlinig sein.

Bei Indikatoren englischer Herkunft hat man versucht, die geradlinige Bahn des Punktes D durch eine kleine Kulissenführung zu er-

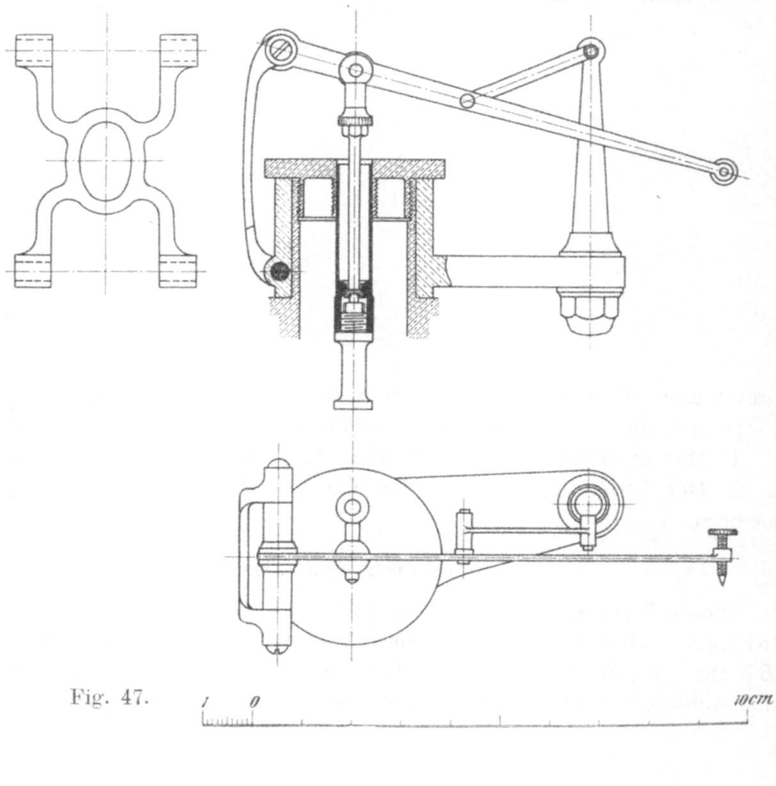

Fig. 47.

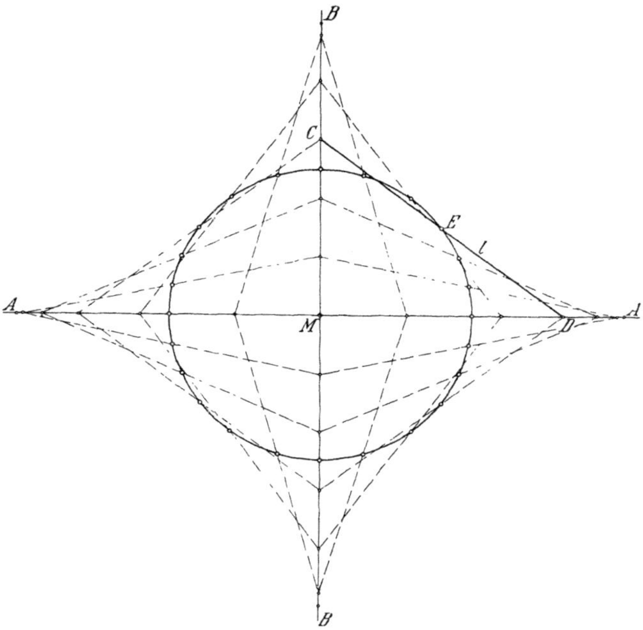

Fig. 48.

zwingen. Das verursachte jedoch viel unerwünschte Reibung. Thompson hat die geradlinige Bahn von D durch einen flachen Kreisbogen ersetzt (Fig. 46). Fig. 47 stellt ein nach diesem Prinzip gebautes Schreibzeug dar, wie es von Schäffer und Budenberg bei ihren älteren Indikatoren verwendet wurde.

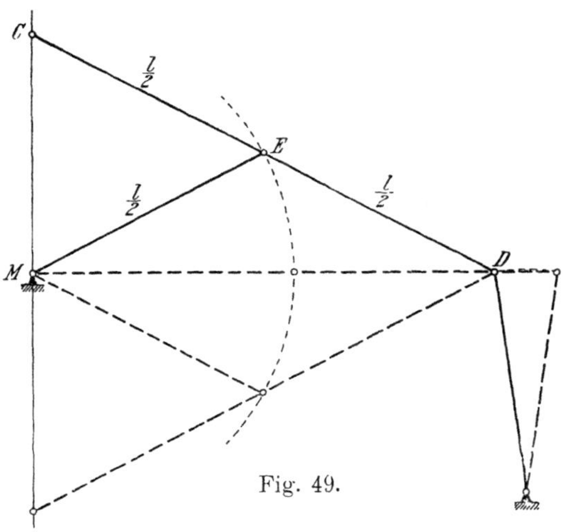

Fig. 49.

Ein ausgezeichneter Punkt der Strecke l in Fig. 45 ist ihr Mittelpunkt. Denn dieser Punkt ist von dem Mittelpunkt M des Achsenkreuzes stets gleichweit entfernt, seine Bahn ist ein Sonderfall der Ellipse, ein Kreis mit $l/_2$ als Radius (Fig. 48). Der Krümmungskreis fällt ebenfalls mit der Ellipse zusammen. Der nach diesem Gesichtspunkt entworfene Lenker ist der sog. unverkürzte Evans-Lenker, der, rein theoretisch betrachtet, große

Vorzüge vor dem Thompson-Lenker zu haben scheint. Alle deutschen heute mit Ellipsenlenker ausgestatteten Indikatoren haben nach Vorgang von Rosenkranz diesen unverkürzten Evans-Lenker (Fig. 49).

Es ist jedoch zu bemerken, daß er in der praktischen Ausführung einige Nachteile besitzt, die bei dem Thompson-Lenker vermieden waren.

Die konstruktive Ausführung einer solchen nach Rosenkranz gebauten Geradführung ist in Fig. 50 dargestellt. Es ist ersichtlich, daß der Gegenlenker einseitig zum Schreibhebel liegen muß, daß dadurch ein einseitiger Aufbau bedingt ist, der auch Nachteile im Getriebe im Gefolge hat. Der Gegenlenker muß so weit abgekröpft sein, daß der rückwärtige Teil des Schreibstiftes noch bequem am Drehpunkt des Gegenlenkers vorbeigeht. Diesen Übelstand hatte der Thompson-Lenker nicht. Er war viel enger gebaut, sein Gegenlenker war gerade, und außerdem kam der Schreibstift nie mit dem Drehpunkt in Konflikt. Die von ihm erzeugte geradlinige Bewegung des Schreibstiftes war zudem kaum schlechter als beim unverkürzten Evans-Lenker, so daß es mit Bezug auf die Lage und Größe des einseitigen Gegenlenkers zweifellos besser wäre, zu der alten Anordnung zurückzukehren. Im übrigen ist der Fehler, der durch die nicht geradlinige Bewegung von D bedingt wird, in gleicher Weise bei allen Hebelanordnungen zu finden.

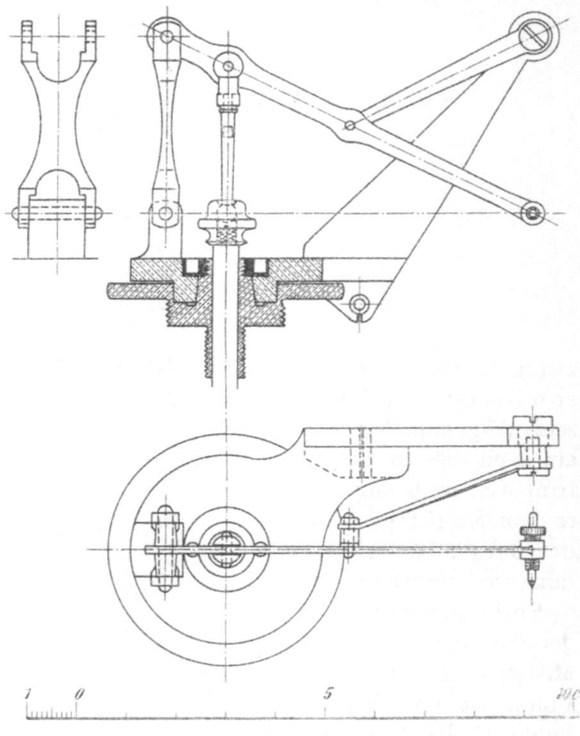

Fig. 50.

Bei englischen Instrumenten ist nicht nur die ältere Anordnung wie bei Thompson beibehalten, sondern auch durch vollkommen symmetrischen Aufbau — der Gegenlenker ist doppelt ausgeführt — jede Einseitigkeit vermieden, was beim unverkürzten Evans-Lenker unmöglich ist.

Diese Vorzüge des Thompson-Lenkers sind höher zu bewerten als die theoretisch etwas präzisere Geradführung beim unverkürzten Evans-Lenker. Es ist darauf hingewiesen worden und als besonderer Vorzug

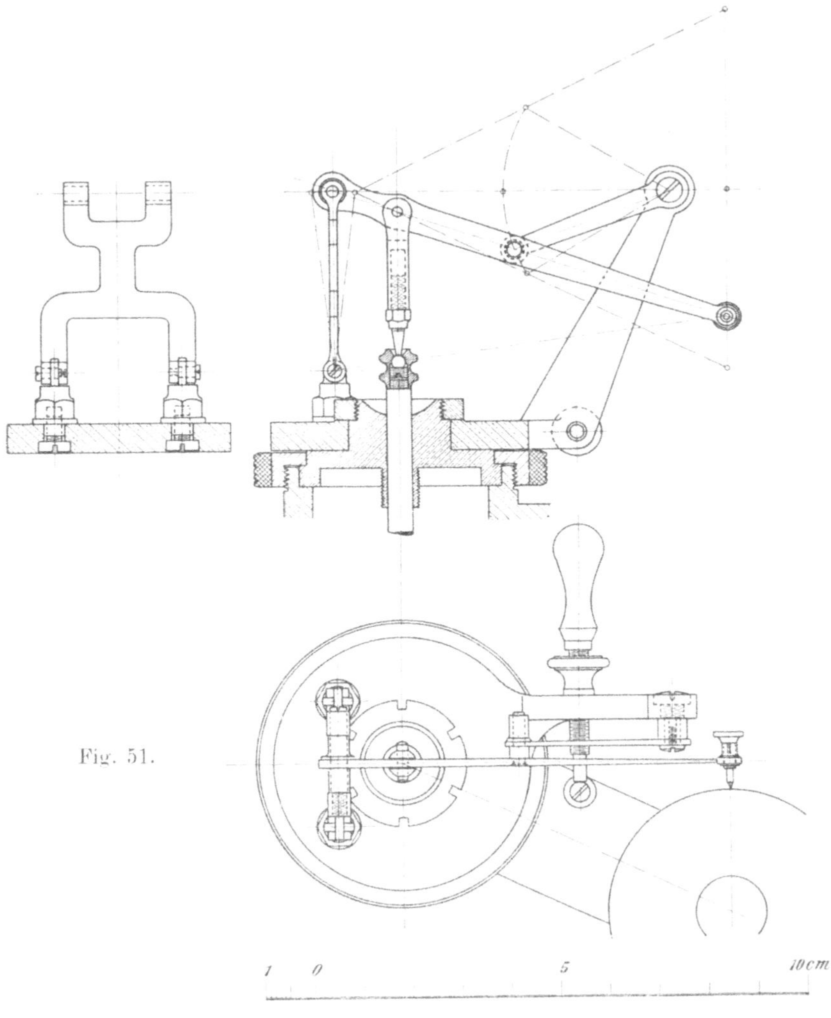

Fig. 51.

des unverkürzten Evans-Lenkers gegenüber dem Thompson-Lenker gerühmt worden, daß die von dem Schreibstift verzeichnete Kurve mit der mathematischen Geraden 5 Punkte gemeinsam hat, während es bei Thompson nur 3 sind. Diese Abweichungen rühren hauptsächlich von der nicht geradlinigen, sondern auf einem Kreise stattfindenden

Bewegung des hinteren Schreibhebelendes her, sind aber in Wirklichkeit bei beiden Lenkern so geringfügig, daß sie kaum mit einem guten Lineal festzustellen sind. Daher hat es bei der Wahl eines Lenkers gar keinen Sinn eine solche Geradführung zu wählen, die theoretisch kaum merklich besser ist, praktisch aber nicht unbedenkliche Nachteile besitzt. Vielleicht dient diese Erörterung dazu, den mit Unrecht verlassenen Thompson-Lenker wieder zu Ehren zu bringen. Man könnte ja auch den Gegenlenker länger machen, um dadurch ein besseres Anschmiegen des Krümmungskreises an die Ellipse zu erzwingen, ihn jedoch nur so lang halten, daß der Schreibstift noch bequem außerhalb seines festen Drehpunktes liegt, wodurch alle baulichen Vorzüge des ursprünglichen Thompson-Lenkers erhalten blieben. Fig. 51 stellt den Entwurf eines solchen Schreibgestänges dar.

Während auf diese Weise die geradlinige Bewegung des Schreibstiftes erzwungen wird, muß außerdem die Kolbenstange durch ein besonderes Kuppelstück so mit dem Schreibhebel verbunden sein, daß die Proportionalität zwischen Schreibstift und Kolbenweg gewahrt bleibt. Dies ist dann der Fall, wenn der Drehpunkt des Kuppelstückes an der Kolbenstange auf der Verbindungslinie zwischen Schreibstift und unterem Drehpunkt des hinteren Lenkers liegt. Die Notwendigkeit der Erfüllung dieser Bedingung kann aus dem bekannten Storchschnabel hergeleitet werden unter der Voraussetzung, daß das Kuppelstück mit der Kolbenstange und der am hinteren Schreibhebelende angreifende Lenker zueinander parallel sind. Dieser Bedingung genügte also der oben gezeichnete Thompson-Lenker (Fig. 47) noch nicht[1]).

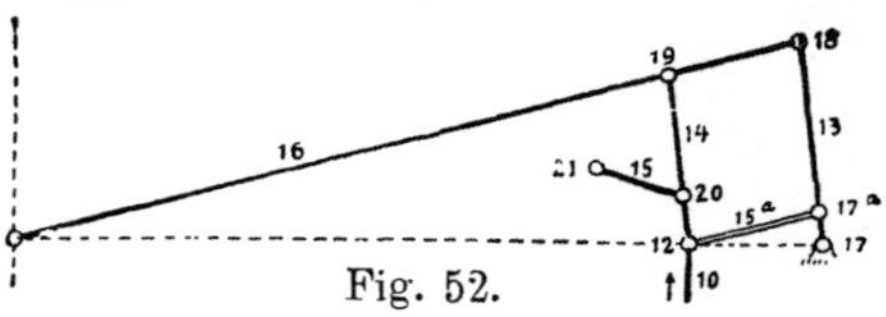

Fig. 52.

Je nach Wahl der Lage des Drehpunktes von dem Kuppelstück auf dem Schreibhebel ergibt sich das Übersetzungsverhältnis, das bei den älteren Indikatoren 1 : 4, bei den heutigen gewöhnlich 1 : 6 beträgt.

Der Crosby-Lenker.

Der Evans-Lenker stellt eine unabhängige Geradführung dar, d. h. die gerade Linie wird von dem Schreibstift beschrieben, einerlei, ob

[1]) Auf die richtige Lage der 3 charakteristischen Punkte wurde s. Z. Slaby in seinen Vorlesungen über den Indikator von einem seiner Schüler, dem jetzigen Professor R. Graßmann in Karlsruhe, aufmerksam gemacht. Es ist das nicht zu bestreitende Verdienst von Graßmann, zuerst präzis die Bedingungen angegeben zu haben, unter welchen die Proportionalität zwischen Kolben- und Schreibstiftweg stattfindet. Die sonst in der Literatur zu findenden, von Vorstehendem abweichenden Angaben sind unzutreffend. Anm. d. Verf.

das Gestänge mit der Kolbenstange gekuppelt ist oder nicht. Das trifft für den Crosby-Lenker nicht zu. Er ist von der Kolbenbewegung abhängig, und nur die allerdings notgedrungen geradlinige Bewegung des Kolbens bedingt die geradlinige Bewegung des Schreibstiftes.

Den kinematischen Zusammenhang beim Crosby-Schreibzeug als Geradführung kann man sich wieder nach dem Storchschnabel klar machen.

Denkt man sich an Stelle des Gegenlenkers *15* (Fig. 52) ein zu *16* paralleles Verbindungsglied *15 a* eingeschaltet, so liegt der reine Storch-

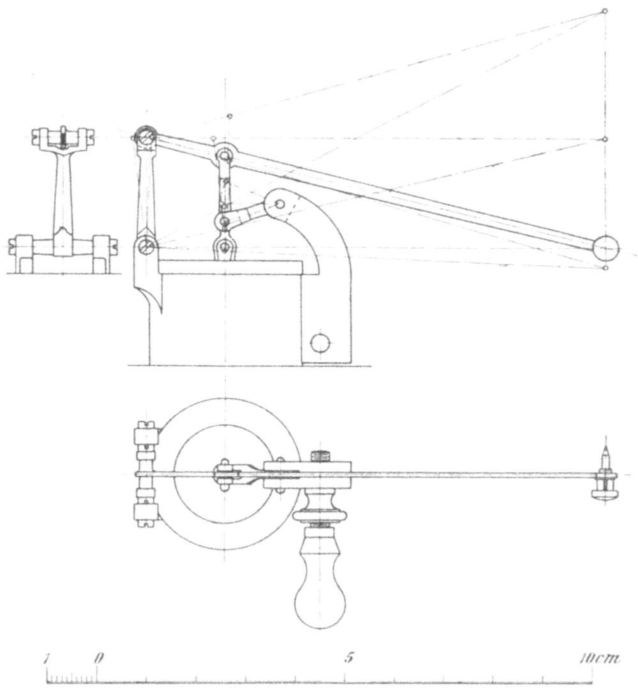

Fig. 53.

schnabel vor. Jede beliebige Bewegung des Punktes *12* würde alsdann durch den Schreibstift genau proportional vergrößert werden. Da nun der Punkt *12* bei dem Indikator als ein Punkt der Kolbenstange nur eine geradlinige Bewegung ausführen kann, so müßte die Bahn des Schreibstiftes gleichfalls g e r a d l i n i g sein. Infolge der nahen Lage der Punkte *17* und *17 a* ist es jedoch zweckmäßiger an Stelle des Lenkers *15 a* den Gegenlenker *15* anzubringen, dessen Drehpunkt und Länge so gewählt sind, daß der Krümmungsradius der Bahn des Punktes *20* innerhalb des nutzbaren Kolbenhubes durch den Gegenlenker *15* verwirklicht ist. Auf diese Weise wird erreicht, daß die durch den Schreibstift bei stillstehender Trommel aufgezeichnete Linie von der mathematischen Geraden innerhalb des beim Indizieren ausgenutzten Kolbenhubes nicht meßbar abweicht. Ferner liegen die Punkte *17*, *12* und die Schreibstiftspitze auf einer Geraden, so daß die Bewegung von Kolben und Schreibstift genau proportional zueinander erfolgen muß.

Die Vorzüge des Crosby-Lenkers, dessen normale Ausführung Fig. 53 erkennen läßt, während Fig. 54 das Schreibgestänge des Crosby-Indikators für Schnelläufer darstellt, bestehen in den sehr geringen schwingenden Massen und in dem, im Grundriß betrachtet, vollkommen symmetrischen Bau, da ein einseitig angreifender Gegenlenker vermieden ist. Diesen Vorzügen stehen als Nachteil gegenüber die verhältnismäßig kurzen Lenker, bei welchen sich ein unnötig großes Spiel eher am Schreibstift bemerkbar machen wird, als bei dem Evans-Lenker. Während dieser Nachteil bei dem ursprünglichen Crosby-Indikator sich häufig in unerwünscht großem toten Gang bemerkbar machte, wurde er durch die Verdoppelung der Lenker und die Gabelung des Schreibhebels bereits bei dem Staus-Indikator erheblich gemildert und ist bei dem Schreibgestänge des Maihak-Indikators (Fig. 55) kaum noch zu finden. Diese durch die Lage der Kolbenstange bedingte Verdoppelung der Lenker und Gabelung des Schreibhebels hat den Vorzug, daß sich die spezifischen Flächendrucke in den Gelenkzapfen auf die Hälfte verringern, und daß das ganze Lenkersystem gegen Seitendruck sehr stabil wird, der von dem freien Schreibhebelende beim Andrücken des Schreibstiftes an das Papier herrührt. Da das freie Ende des Schreibhebels etwa $^2/_3$ der gesamten Schreibhebellänge ist, so läßt er sich leicht genügend federnd bauen, um den von ihm ausgeübten Seitendruck bei einer bestimmten Durchbiegung, die zur Erzeugung der Diagrammlinie notwendig ist, auf ein verschwindend kleines Maß zurückzuführen.

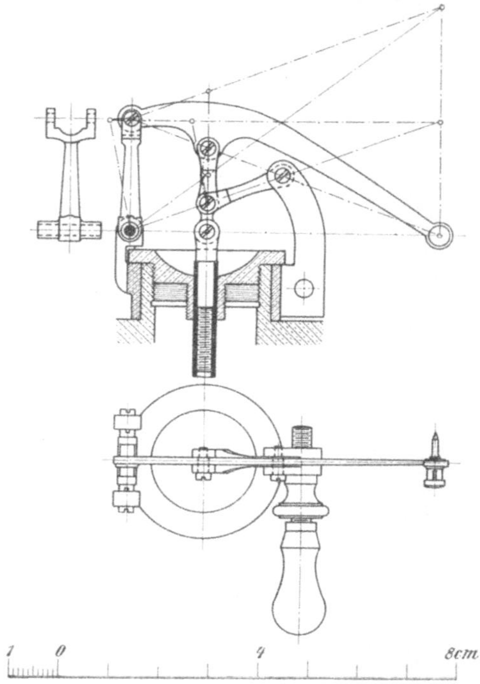

Fig. 54.

Über Prüfung des Gestänges vgl. Kapitel 5.

Es erübrigen noch einige Bemerkungen über die Ausführungen der Hebel und ihrer Verbindungsteile. Die Hebel, namentlich der die größten Wege zurücklegende Schreibhebel, sollen leicht und trotzdem

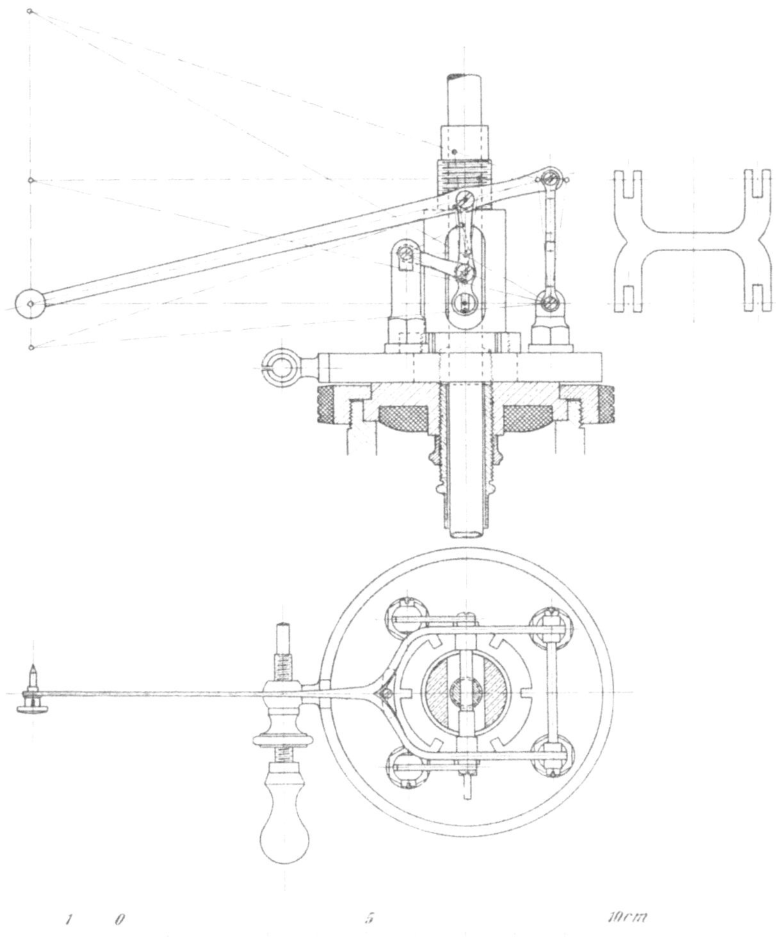

Fig. 55.

kräftig genug sein, um die mitunter außerordentlich großen Beschleunigungskräfte aufnehmen zu können. Da diese Kräfte nur in einer solchen Ebene wirken, die durch die Zylinderachse geht, so werden die Hebelquerschnitte am besten so gewählt, daß sie verhältnismäßig hoch sind. Der rechteckige Querschnitt, große Höhe bei geringer Breite, findet sich beim Crosby-Thompson-Staus-Indikator, der mehr ellipsenförmige beim Maihak-Indikator. Der Schreibhebel soll sich nicht nur aus Festigkeitsrücksichten gegen das Schreibstiftende hin verjüngen, sondern auch, damit er in Richtung der Schreibstiftachse etwas federt.

Der Schreibstift selbst hat eine verschiedene Ausbildung erfahren. Am einfachsten ist der Schreibstift des Crosby-Indikators (Fig. 56a), da er nur aus einer kurzen Spitzschraube mit gerändeltem Kopf besteht. Ein Nachteil ist das leichte Stumpfwerden, weil die Spitze selbst ein verhältnismäßig stumpfer Kegel ist, und das von Hand schwierige Nachschärfen. Am besten geht es auf dem Drehstuhl, wobei man den Kopf in einer Amerikanerzange hält und mit einer feinen Schlichtfeile die Spitze wieder herstellt. Es empfiehlt sich daher bei größeren Indikatorversuchen eine entsprechende Anzahl gespitzter Stifte bereit zu halten.

Vom Verfasser ist eine Abänderung dieses Crosby-Stiftes vorgeschlagen worden (Fig. 56b), die es ermöglicht, die Spitze auch aus freier Hand mit einer Feile oder auf Schmirgelleinwand unschwer wieder herzustellen.

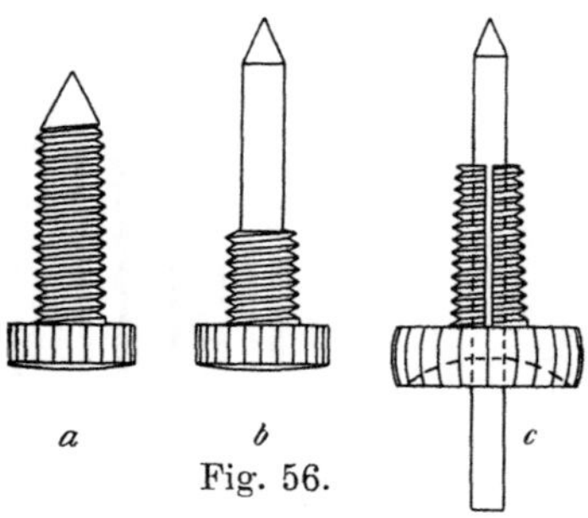

Fig. 56.

Eine andere ähnliche Ausführung, nur mit wesentlich dünnerer Schraube hatte der Thompson-Indikator (Fig. 47). Auch diese ließ sich leicht nachschärfen.

Neuerdings werden die Schreibstifte wieder so ausgeführt wie bei dem Rosenkranz-Schreibzeug gezeichnet (Fig. 56c). Der Stift ist glatt, zylindrisch und dünn, infolgedessen leicht zu schärfen, und wird durch die durchbohrte und geschlitzte Schraube mit gerändeltem Kopf festgeklemmt. Das Gewinde soll konisch sein, damit die nötige Klemmung erzielt und der Stift am Durchrutschen verhindert wird. Zudem kann man an Stelle der Metallstifte auch dünne harte Bleiminen verwenden und ist sodann nicht mehr an die Benutzung von metallisiertem Papier gebunden.

Als Metall für den Schreibstift kommt Messing oder Silber in Frage, da nur diese auf dem mit Bleiweiß präparierten Papier einen schwarzen Strich erzeugen.

d) Die Papiertrommeln.

Das Kennzeichnende der Crosby-Trommel ist die Verwendung der Schraubenfeder als Rückdrehfeder und die oben geschlossene Form durch einen eingesprengten Deckel, der zugleich die obere Führung der Trommel übernimmt. Der hieraus entspringende Vorzug ist ein sehr leichtes Gewicht der schwingenden Trommelmassen bei großer Stabilität des Papierzylinders. Die Crosby-Trommel hat derart Schule gemacht, daß sie bei fast allen neueren Instrumenten, welcher Herkunft sie auch sein mögen, angewandt wird. Früher wurde vielfach als Rückdrehfeder eine Spiral-(Uhr-)feder benutzt, die jedoch ein sehr schweres Gehäuse beanspruchte und dadurch das Trommelgewicht erheblich vergrößerte. Auch kamen Federbrüche sehr häufig vor.

Die Papiertrommel wird, abgesehen von dem rein äußerlichen Unterschied in der Größe, als einfache Papiertrommel, als Trommel mit Friktionsanhaltevorrichtung und als Trommel für fortlaufende Diagramme ohne und mit Anhaltevorrichtung gebaut.

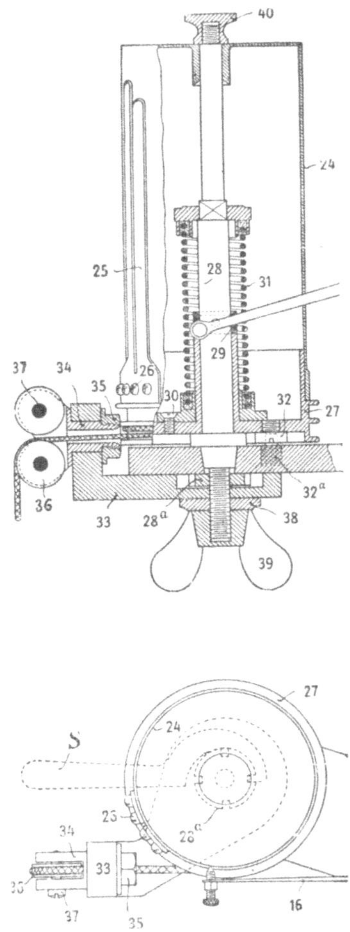

Fig. 57.

Die einfache Papiertrommel.

In den meisten in der Praxis vorkommenden Fällen genügt die einfache Papiertrommel, wie sie bei der Beschreibung des Crosby-Indikators schon kurz besprochen wurde, doch möge sie im Zusammenhang mit den anderen Einrichtungen der Papiertrommel hier nochmals etwas ausführlicher erläutert werden.

Der Papierzylinder (Fig. 57) ist aus einem gezogenen Messingrohr hergestellt, dessen unterer Rand verstärkt stehen geblieben ist, und das oben einen eingesprengten Deckel trägt, in dessen Mitte eine kleine Büchse zur Führung der Trommel sitzt. An dem verstärkten unteren Rand ist zum Festhalten des Papiers die Doppelblattfeder *25* angeschraubt. Zur bequemen Einführung des Papiers steht das eine Ende der Federn etwas vor. Der Papierzylinder sitzt auf dem Trommelboden, der sich um die feste Achse dreht, außen eine oder zwei Schnurrillen hat und innen mit dem unteren Fuße der Rückdrehfeder verschraubt ist.

Der Papierzylinder muß gegenüber dem Trommelboden gegen Drehung gesichert sein. Bei den älteren Ausführungen saß an dem zylindrischen Teil des Trommelbodens über den Schnurrillen eine Schraube, deren Kopf meist rechteckig gefeilt war und in einen entsprechenden Ausschnitt des verstärkten Papierzylinderrandes paßte.

Diese Sicherung war gegen rauhe Behandlung etwas empfindlich. Die neueren Trommeln haben den Ausschnitt nicht mehr im Papierzylinder, sondern in dem zylindrischen Teil des Trommelbodens; dadurch bleibt der untere Rand des Papierzylinders ungeschwächt. In den erwähnten reichlich großen Ausschnitt paßt ein auf der Innenseite des Papierzylinders aufgelötetes Blättchen, und zwar an der Stelle, an welcher die Blattfeder angeschraubt ist. Hiermit bekommen die an sich kleinen Befestigungsschrauben *26* einen wesentlich besseren Halt.

Der Trommelboden erhält seine Führung durch die innen aufgesetzte lange Büchse und ist gegen Längsverschiebung durch den unteren Bund der Trommelachse einerseits und durch den kleinen Stellring *29* andererseits gesichert. Die axiale Verschiebung des Papierzylinders ist durch die oben angebrachte Schlußschraube *40* unmöglich gemacht. Nach Entfernung dieser Schraube läßt sich der Papierzylinder abziehen, wenn man die Federspannung ändern oder der Trommelbodenführung etwas Öl geben will.

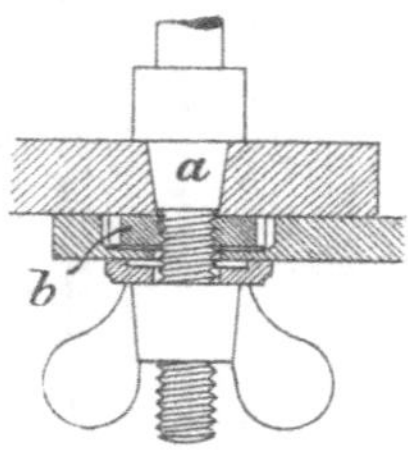

Fig. 58.

Wie erwähnt, ist die Trommelfeder *31* eine Schraubenfeder; mit ihrem unteren Fuße ist sie am Trommelboden befestigt, mit ihrem oberen als Stützpunkt sitzt sie auf dem kleinen Vierkant der Trommelachse. Die Federspannung läßt sich auf sehr einfache Weise ändern, indem man den oberen Fuß mit dem Vierkant hochzieht, ihn je nachdem um 90° oder einem Vielfachen davon nach rechts oder links dreht und dann wieder einschnappen läßt. Die Federspannung richtet sich nach der Geschwindigkeit der zu indizierenden Maschine. Mit Rücksicht auf eine möglichst geringe Beanspruchung der Indikatorschnur wähle man die Federspannung nur stets so groß, daß sie genügt, den auftretenden Beschleunigungen der Trommel die Wage zu halten. Es darf weder die Trommel schleudern, noch die Indikatorschnur peitschen. Diese muß vielmehr stets straff sein. Es ist klar, daß diesen Bedingungen die großen Trommeln bei hohen Geschwindigkeiten aus ganz natürlichen Gründen nicht mehr genügen können. Dann ist eben eine kleinere Trommel zu nehmen. Manchmal kann man noch durch die Wahl eines kleineren Trommelhubes auskommen.

Die Trommelachse ist bei allen neueren Instrumenten auswechselbar am Instrumentenkörper befestigt. Daher lassen sich nicht nur die verschiedenen Trommelgrößen, sondern auch die verschiedenen Ausführungsformen gegeneinander austauschen. Zu diesem Zweck dient der kleine Konus *a* (Fig. 58) unter dem unteren Bund und die mit Randschlitzen versehene Mutter *b*.

Zum Zubehör der Papiertrommel sind noch die Schnurführungsrollen zu zählen. Von den Schnurrillen könnte die Schnur nur tangential abgeleitet werden. Um eine Richtungsänderung zu ermöglichen, dienen die Führungsrollen, von welchen gewöhnlich nur eine in Wirksamkeit tritt. Die Rollen sitzen auf einem durchbohrten Halter *34* (Fig. 57), der drehbar in dem Rollenarm *33* gelagert ist und durch eine kleine Mutter festgestellt werden kann. Der Rollenarm ist selbst wieder um die Trommelachse drehbar und kann durch eine Flügelmutter festgeschraubt werden. Der Rollenarm und die Rollen selbst sind so einzustellen, daß der von der Schnur gebildete Winkel möglichst gestreckt wird, und daß die Rollenebene in der durch den Schnurwinkel bestimmten Ebene liegt. Das sind in jedem Fall für den Schnurtrieb die günstigsten Verhältnisse.

Die Schnurrillen *27* besitzen bei älteren Instrumenten mehrere Bohrungen, in welche die Schnur von außen oder innen eingeführt und durch einen einfachen Knoten festgehalten wird. Man wähle dasjenige Loch, das bei vollkommen ausgezogener Schnur, also ganz gespannter Trommelfeder, gerade noch hinter dem Berührungspunkt von Schnur und Rillenboden liegt. So vermeidet man, daß bei ganz zurückgezogener Trommel sich zu viel Schnur aufrollt und dann etwa übereinander liegt, was nicht vorkommen darf.

Die neueren Schnurrillen haben einen bajonettverschlußartigen Ausschnitt (*v*, Fig. 60), der es ermöglicht, die mit einem Knoten versehenen Schnurenden von außen einzuhängen, ohne den Papierzylinder abnehmen zu müssen. Wenn das auch bei der einfachen Trommel von nicht so großer Bedeutung ist, — das Abziehen des Papierzylinders ist rasch erledigt — so ist doch mit dieser Einrichtung bei den anderen Ausführungen eine wesentliche Vereinfachung verbunden.

Über die Größe der Trommeln gibt folgende Tabelle Auskunft.

Größe	Durchmesser des Papierzylinders mm	Höhe des Papierzylinders mm	Größte Diagrammlänge	Maximale Hubzahl i. d. Min. ca.
I	51	112	120	300
II	38	86	100	600
III	30	70	70	1500

Die Trommeln werden seit mehreren Jahren ausschließlich mit zwei Schnurrillen gebaut, damit man mehrere Instrumente hintereinander kuppeln kann.

Papiertrommel mit Anhaltevorrichtung (D. R. P.).

Zum Wechseln des Papiers auf dem Papierzylinder muß dieser still gesetzt werden. Zu diesem Zweck löst man gewöhnlich die Verbindung zwischen Hubverminderer und Indikator, d. h. man hängt den Indikator aus.

Bei schnellaufenden Maschinen hat dies ohne besondere Vorrichtungen seine Schwierigkeit. Man suchte daher die Papiertrommel so zu bauen, daß sich während des Ganges der Trommelboden von dem Papierzylinder trennen ließ, so daß dieser feststand, während jener sich weiter bewegte. Die älteren Einrichtungen dieser Art waren nicht nur unsicher in der Wirkung, sondern auch schwerfällig im Bau. Sie vermehrten die schwingenden Trommelmassen ganz erheblich.

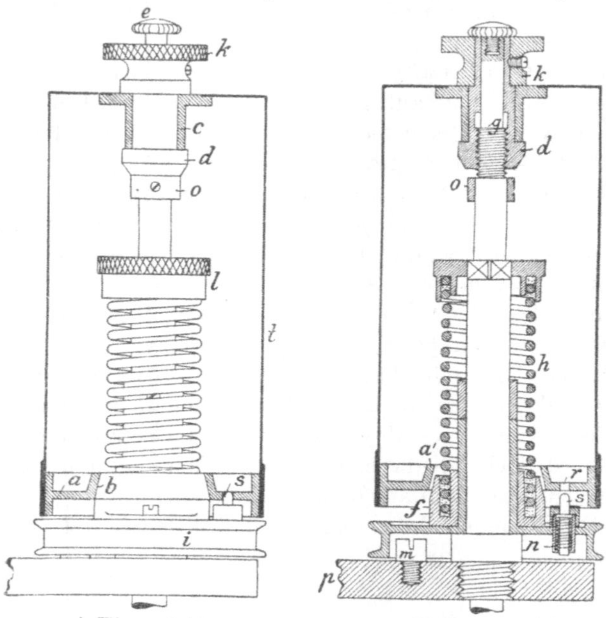

a) Eingerückt. b) Ausgerückt.

Fig. 59.

Eine sehr einfache, präzis wirkende und leicht zu bedienende Anhaltevorrichtung, die zudem das Trommelgewicht nicht vergrößert, zeigt Fig. 59 in ihrer ersten Ausführung.

Der Papierzylinder *t* sitzt mittels Hülse *c* drehbar auf der Transportiermutter *d*, welche durch Knopf *k* auf dem Gewindeteil *g* der Spindel auf und ab bewegt werden kann.

Schraubt man *k* herunter (Fig. 59a), so setzt sich Konus a^1 des Bodens *a* auf den Konus *b* des Federfußes *f* auf und kuppelt den Papierzylinder mit dem Unterteil *i*. Hierbei wird der federnde Stift *s* sanft herabgedrückt und springt in *r* ein, was die Kuppelung nochmals sichert und dem Papierzylinder die richtige Stellung mit Bezug auf die Blattfeder gibt.

Schraubt man *k* herauf (Fig. 59b), so lösen sich die Kuppelungen $a^1 b$ und *r s* und der Papierzylinder steht still, während *i* weiterschwingt, die Indikatorschnur also gespannt bleibt.

Entfernt man oben die Anschlagschraube *e*, so kann durch weitere Drehung von *k* der Papierzylinder nach oben abgehoben werden; man kann also bequem zur Feder *h* gelangen und dieselbe mittels des auf einem Vierkant ruhenden Federkopfes *l* mehr oder weniger spannen.

Diese Anhaltevorrichtung erfuhr einige kleine konstruktive Verbesserungen. So ist nach Fig. 60 zur Verminderung der Reibung zwischen dem oberen Trommelboden und Knopf *k* eine Kugellagerung eingeschaltet. Ferner ist der Stift *s* und das Loch *r* verstärkt, weil diese Teile durch das plötzliche Einrücken große Beschleunigungskräfte aushalten müssen. Die Trommelspindel erhielt eine Schmiernute *u*, um das Öl sicher an die richtige Stelle zu leiten. Die kleine Stellmutter ist durch

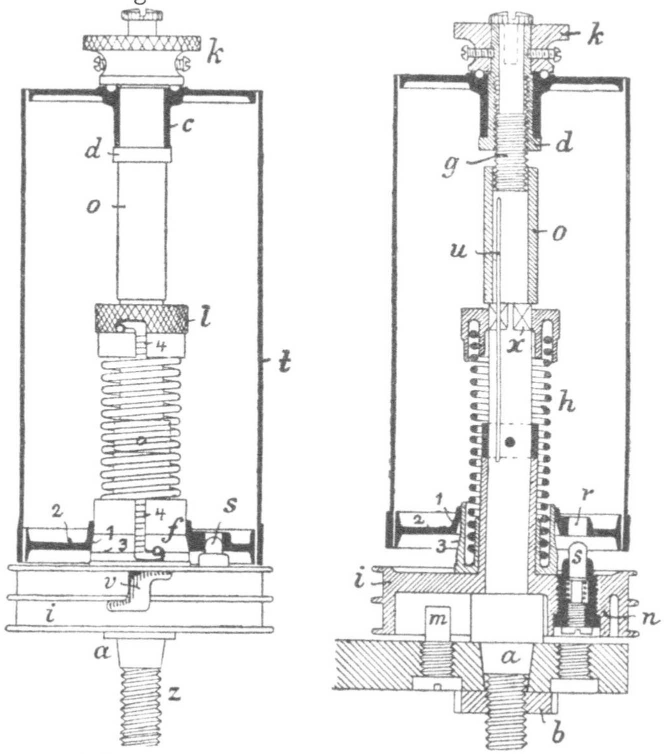

a) Eingerückt. b) Ausgerückt.

Fig. 60.

eine in der Länge abgepaßte Hülse *o* ersetzt, außerdem ist die Rückdrehfeder *h* nicht mehr mit ihren Füßen verlötet, sondern durch einen Bajonettverschluß festgehalten. Beim Bruch der Feder läßt sie sich hierdurch leicht gegen eine Ersatzfeder auswechseln. Diese Einrichtung ist neuerdings auch bei den einfachen Trommeln zu finden.

Papiertrommel für fortlaufende Diagramme.

Das Stillsetzen der Trommel, durch Aushängen der Indikatorschnur oder durch die Anhaltevorrichtung, das Abziehen des Diagramms, das Aufziehen eines neuen Papieres, das Wiedereinhängen der Trommel erfordert selbst bei großer Übung immerhin mindestens eine halbe Minute Zeit. Sollen nun an einer Maschine in noch kürzerer Zeitfolge Diagramme abgenommen werden, die sich zeitlich stark ändern, so bedarf es einer besonderen Vorrichtung. Es kann auch der Wunsch vorliegen, innerhalb einer gewissen Zeitdauer die ganze Reihenfolge der entstehenden Diagramme lückenlos zu kennen, z. B. die Leistung einer Walzenzugmaschine während eines ganzen Walzprozesses, der an sich ja mitunter nur wenige Minuten dauert. Diesen Bedürfnissen entspricht die Papiertrommel für fortlaufende Diagramme.

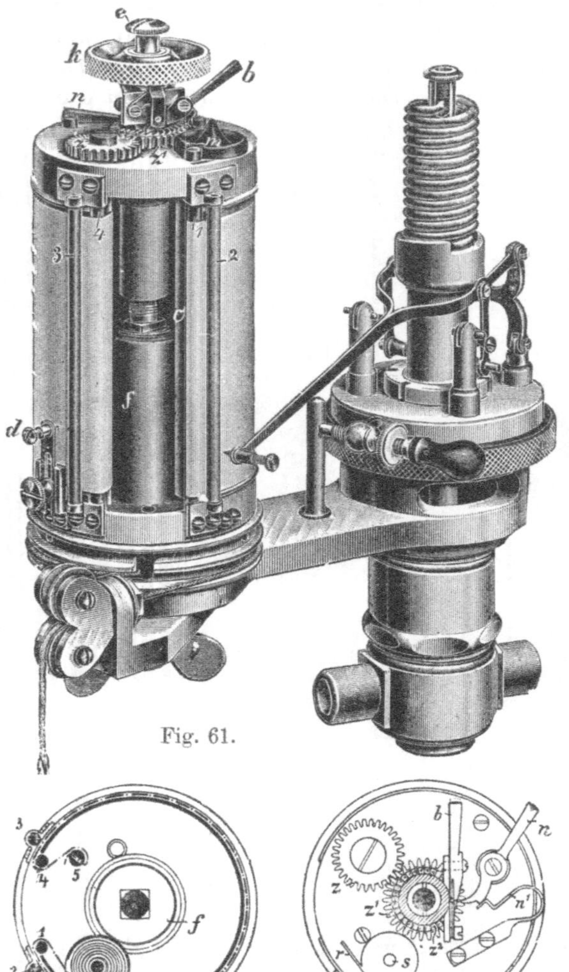

Fig. 61.

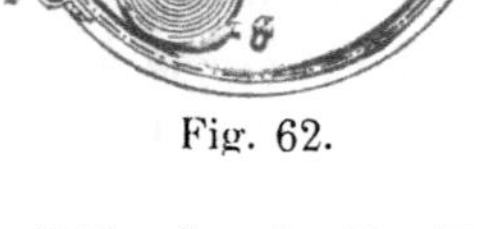

Fig. 62.

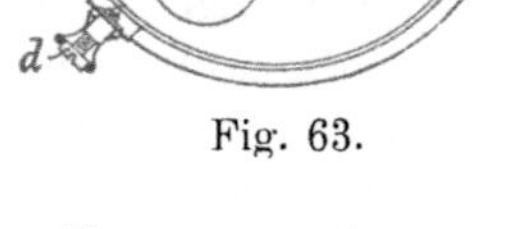

Fig. 63.

Das Prinzip dieser Trommel ist folgendes: Ein längerer Papierstreifen — bis zu $4^1/_2$ m Länge — befindet sich aufgerollt innerhalb des Papierzylinders. Das freie Ende tritt aus einem Schlitz des Papierzylinders heraus, legt sich um ihn herum und wird auf einer zweiten Welle im Papierzylinder wieder aufgewickelt. Das Aufwickeln geschieht selbsttätig durch die Trommelbewegung in einem geeigneten Augenblick. So wickelt sich nach und nach der ganze Streifen einerseits ab, wandert um die Außenfläche des Papierzylinders herum und wickelt sich andererseits wieder auf.

Die konstruktive Lösung dieses Prinzips ist aus Fig. 61—63 ersichtlich. Der aufgerollte Papierstreifen wird in das durch Hartgummideckel *m* verschlossene Rohr *o* auf Stift *s* geschoben. Das freie durch Schlitz *r* eingeführte Ende des Papiers erfaßt man mittels der beigegebenen Pinzette und zieht es heraus. Das Papier wird dann zwischen den Leitwalzen *1* und *2* hindurch um den Papierzylinder gelegt und zwischen den Walzen *3* und *4* hindurch in den Schlitz der Achse *5* gesteckt (s. Fig. 62).

Achse *5* trägt oben das Zahnrad z, das mit dem auf einem Ansatz des Trommeldeckels lose drehbaren Zahnrade z^1 im Eingriff steht. Mit z^1 ist eine Sperrkrone verbunden, in welche die Sperrklinke *b* federnd eingreift. Eine zweite Sperrklinke *n* greift in die Zähne von z^1.

Zunächst seien *b* und *n* ausgerückt. Dreht man nun Achse *5* (nach Einstecken des Papiers in deren Schlitz wie oben beschrieben) durch

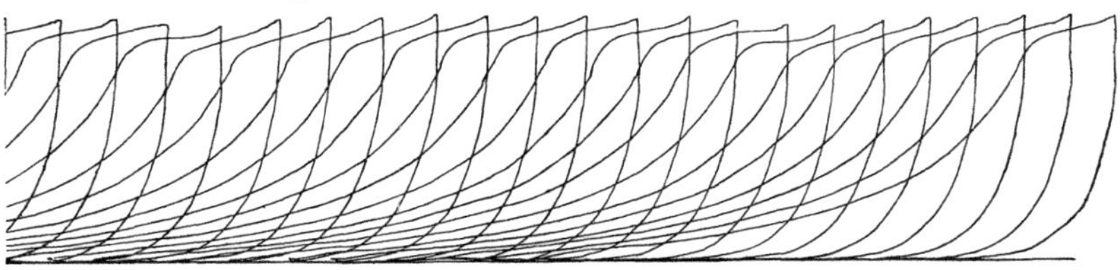

Fig. 64a. $^1/_2$ w. Gr., 200 Umdr. p. Min. Maihak-Indikator Gr. 1.

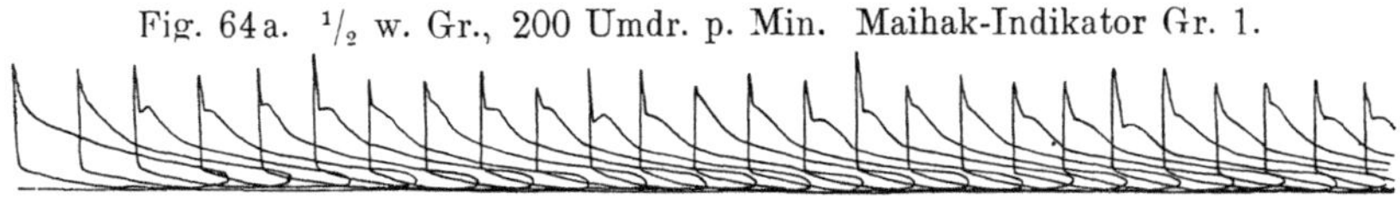

Fig. 64b. $^1/_2$ w. Gr., 800 Umdr. p. Min. Maihak-Indikator Gr. 3.

Drehung von Zahnrad z mit dem Finger, so wickelt sich der Papierstreifen auf *5* auf und spannt sich glatt um die Trommelwandung; diese Spannung sichert man durch Einrücken der Klinke *n*.

Wird in diesem Zustande die Papiertrommel bewegt, so verhält sich das Papier wie bei einer gewöhnlichen Trommel, da z^1 und die eingreifenden Teile sich mit der Trommel hin und her bewegen. Sobald Klinke *b* zum Eingriff mit der Sperrkrone z^2 gebracht wird, gleitet beim Schnurzug der Sperrzahn über die Zähne von z^2, und das Papier bleibt noch in Ruhe. Im Augenblick des Rückganges wird jedoch z^2 und mit ihm z^1 festgehalten, Rad z muß sich auf z^1 abwälzen und dreht sich mit Achse *5*, so daß der Papierstreifen ein entsprechendes Stück aufgewickelt bzw. auf der Trommel vorgeschoben wird. Beim nächsten Vorwärtsgange bleibt das Papier wieder in Ruhe, um sich beim Rückgange wieder vorzuschieben und so fort, es entsteht somit ein fortlaufendes Diagramm nach Fig. 64a und b.

Hierbei ist erkenntlich, daß der wichtigste obere Linienzug des Diagrammes in richtiger Länge (unverzerrt) gezeichnet wird.

Löst man Klinke *b* wieder aus, was während des Ganges geschehen kann, so findet ein Vorschub des Papiers nicht statt. Die Trommel arbeitet jetzt wie eine gewöhnliche Trommel, und es kann ein normales, geschlossenes Diagramm genommen werden. Wird dann *b* wieder für ein oder mehrere Hübe eingerückt und dann gleich wieder ausgerückt, so ist das Papier um ein entsprechendes Stück weitergeschoben, und es kann wieder ein Einzeldiagramm genommen werden. Es ist also auf diese Weise auch möglich, den ganzen Papierstreifen mit einer Reihe dicht aufeinanderfolgender Einzeldiagramme zu beschreiben (Fig. 65), ohne daß die Trommel in Ruhe gesetzt zu werden braucht. Das ist ein besonderer Vorzug dieser Einrichtung. Vor Abnahme der Diagramme wird die atmosphärische Linie durch den Schreibstift des Indikators gezogen, die Fortsetzung besorgt der an der Trommel angebrachte, mittels einer Schraube in richtiger Höhe einstellbare, leicht anfedernde Schreibstift *d*.

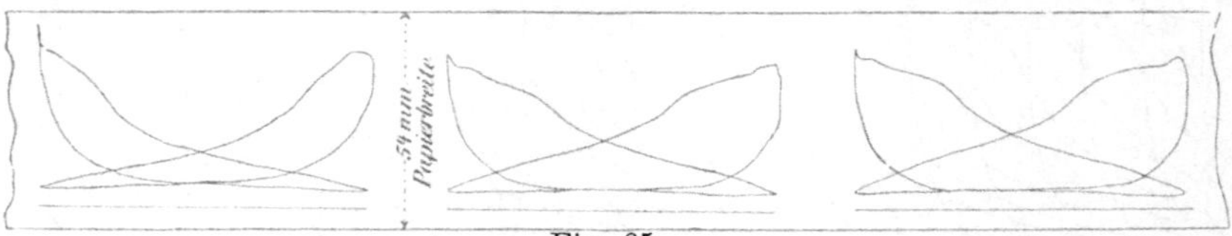

Fig. 65.

Ist die Trommel, wie in Fig. 61 gezeichnet, mit Anhaltevorrichtung nach Fig. 59—60 ausgerüstet, so betätigt man diese genau so wie oben beschrieben mit dem Knopfe *k*.

Die Trommelfeder befindet sich im Schutzrohr *f*.

Es ist klar, daß diese Trommel zwar nicht bis zu jenen hohen Tourenzahlen verwendet werden kann wie die einfachen Trommeln, aber trotzdem ist es mit den kleinen Ausführungen möglich, noch bei erheblicher Tourenzahl brauchbare Diagramme zu erhalten, wie Fig. 64b zeigt.

Die Trommeln sind wie die anderen auswechselbar, somit in Verbindung mit jedem Indikator zu verwenden. Über die Größe usw. gibt nachstehende Tabelle Auskunft.

Trommel für fortlaufende Diagramme	Für Indikator Größe	Durchmesser mm	Höhe mm	Papierbreite mm	Papierlänge m	Zahl der fortl. Diagramme ca.	Brauchbar bis Umdr. pro Min.
Größe 1	1	64	110	70	3	300	200
„ 1a . . .	2	64	90	54	3	300	400
Größe 2	2	54	90	54	$1^1/_2$	150	500 ohne 350 mit[1]
„ 2a . . .	3	54	70	40	$1^1/_2$	150	700
Größe Extra .	1	75	110	70	$4^1/_2$	450	200
	2	75	90	54	$4^1/_2$	450	250

[1]) Anhaltevorrichtung Fig. 60.

e) Die Indikatorfedern.

Mit verschwindenden Ausnahmen wird bei den Indikatoren aller Systeme die zylindrische Schraubenfeder bevorzugt. Während früher gewöhnlich eine einfach gewundene Feder gebraucht wurde, ist man hiervon seit dem Bekanntwerden der Crosby-Feder, die eine aus einem Stück bestehende, doppeltgewundene Feder darstellt, abgegangen und verwendet bei den neueren Instrumenten ausschließlich doppeltgewundene Federn. Allgemein besitzen Schraubenfedern vor den Federn anderer Gestalt, wie z. B. Platten- oder Zangenfedern den Vorzug, daß sie ihre Masse für die Federkraft am besten ausnutzen, daß sie also bei bestimmter Federkraft das geringste Eigengewicht besitzen. Die Federn sollen so gebaut sein, daß gleichgroßen Belastungsänderungen gleich große Federungen entsprechen. Das ist für jede Feder innerhalb gewisser Grenzen annähernd zu erreichen. Bei der Gestalt der Feder im spannungsfreien Zustand muß hierauf Rücksicht genommen werden; so müssen die Druckfedern der Crosby- und Thompson-Indikatoren so steil gewunden sein, daß ihre Windungen bei der größten vorkommenden Beanspruchung sich noch nicht ganz berühren, und die Zugfedern des Staus- und Maihak-Indikators sind so eng gewickelt, daß der Spielraum zwischen den Windungen gerade noch genügt um 1 at unter der Atmosphärenlinie angeben zu können.

Die Drahtenden der Federn sind in besonderen Teilen, den Federfüßen, befestigt. Die Crosby-Feder und die nach ihr gebaute Zugfeder des Staus- und Maihak-Indikators besitzt nur einen Federfuß, der unbeweglich unter oder über dem Indikatordeckel befestigt wird. Die Feder hat also außer ihrer eigenen Masse, wenn man von der kleinen Kugel an ihrem anderen Ende absieht, kein totes mitschwingendes Gewicht. Diesen Vorzug besitzt die Thompson-Feder nicht. Sie bedarf zweier Federfüße, wovon der eine, unmittelbar auf dem Kolben aufsitzend, dessen Gewicht unnötig vermehrt.

Von der Befestigung der Feder in ihrem Fuße hängt für die Proportionalität des Federmaßstabes, besonders beim Durchgang durch die Atmosphärenlinie, sehr viel ab. Als allgemein gültige Regel kann aufgestellt werden: Die Windungen sollen so im Fuß befestigt sein, daß die freie Windungslänge stets und besonders beim Druckwechsel dieselbe bleibt. Am besten entspricht dieser Bedingung die Zugfeder von Maihak. Bei älteren Crosby-Federn und auch bei manchen Thompson-Federn kann man finden, daß die freie Windungslänge für den Überdruck kleiner ist, als für den Unterdruck, so daß der Federmaßstab für die Überdrucke kleiner als für die Unterdrucke wird. Das Auswerten der mit solchen Federn aufgenommenen Diagramme ist etwas umständlich und genau nur auf Grund einer sorgfältigen Eichung möglich. Bei den neueren Federn wird dieser Mißstand vermieden.

Von besonderer Wichtigkeit ist der Einfluß der Wärme auf die Feder.

Mit zunehmender Temperatur nimmt der Elastizitätsmodul des Federmaterials ab, eine Feder wird sich also mit höherer Temperatur bei derselben Belastung mehr längen bzw. kürzen als bei Zimmertemperatur. Der Federmaßstab nimmt demnach zu mit wachsender Temperatur. Wird z. B. der bei Zimmertemperatur ermittelte Federmaßstab für die Berechnung der indizierten Leistung bei Diagrammen benutzt, die mit einem Indikator aufgenommen wurden, dessen Feder der Einwirkung der Wärme unterlegen ist, so wird die indizierte Leistung zu groß ausfallen. Die Größe des Wärmeeinflusses auf den Federmaßstab wurde durch eingehende Versuche von R. Schwirkus und dem Verfasser festgestellt. Die hauptsächlichsten Ergebnisse dieser Versuche sind in Fig. 66 graphisch aufgetragen.

Die Erkenntnis dieses ungünstigen Einflusses der Wärme auf den Federmaßstab war es, die zu der Konstruktion der Kaltfeder-Indikatoren geführt hat. Derartige Instrumente besitzen auch noch den Vorteil, daß die Federn den schädlichen Einflüssen von Dämpfen und Gasen entzogen sind und hierdurch nicht notleiden können.

Aus diesen Betrachtungen folgt, daß für genaue Indikatorversuche an Wärmekraftmaschinen stets solche Instrumente verwendet werden sollen, bei welchen wie beim Staus- und Maihak-Indikator die Feder vor Wärmeeinflüssen geschützt ist.

f) Die Anbringung des Indikators am Zylinder.

Zu den Verbindungsteilen zwischen Indikator und Maschine sind zu rechnen:

1. Die Verschraubung (Kuppelmutter) zwischen Instrument und Abschlußorgan.
2. Das Abschlußorgan (Hahn oder Ventil).
3. Die Verbindung zwischen Abschlußorgan und Maschinenzylinder.

1. Die Verschraubung.

Am unteren Ende des Indikator-Zylindermantels bzw. des Zylinders selbst sitzt der Verbindungskonus, der mit seiner konischen Fläche in eine entsprechende Bohrung des Abschlußorgans paßt. Zum Zusammenhalt beider Teile dient die Überwurfmutter, die durch einen Ansatz zwischen Zylindermantel und Konus im Kreise beweglich ist. Für das Anziehen der Mutter besaß diese bei den Ausführungen des Crosby-

Indikators zwei in sie eingeschraubte Dorne, welche später verstärkt und mit der Mutter in einem Stück hergestellt wurden. Diese mußten unmittelbar mit den Fingern angefaßt werden. Beim Thompson-Indikator trägt die Mutter nur kurze hohle Ansätze, in die ein besonderer Stahldorn paßt, der zum festen Anziehen dient. Auf diese Weise kann man auch leicht das heiße Instrument von seinem Sitz lösen, ohne ein Verbrennen der Finger befürchten zu müssen.

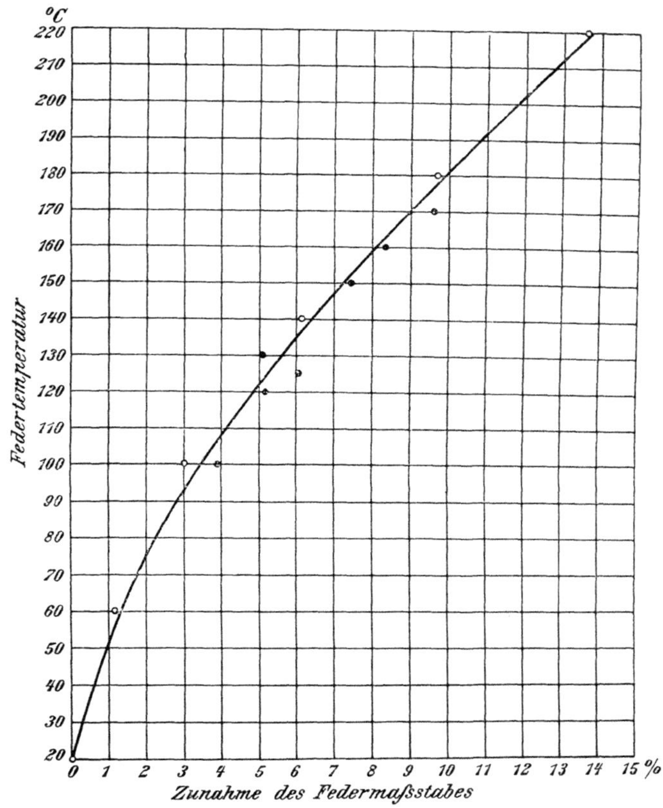

Fig. 66.

Die ursprüngliche Crosby-Verschraubung hatte ein feines Gewinde, weil sie mit den Fingern ohne besonderes Werkzeug angezogen werden mußte. Die mit dem Stahldorn anzuziehende Thompson-Verschraubung ist mit grobem Gewinde versehen.

Um einen festen Sitz und zugleich einen dichten Abschluß zu erzielen, muß der Konus am Instrument genau in die Bohrung des Abschlußorgans passen.

2. Das Abschlußorgan.

Als Abschlußorgan zwischen Indikator und zu indizierender Maschine wird bei geringen und mittleren Drucken ein Hahn, bei hohen Drucken ein Ventil benutzt.

Den normalen Indikatorhahn zeigt Fig. 67 mit Anschluß nach Crosby (i^1) und Fig. 68 mit Anschluß nach Thompson (i). Letzterer Hahn ist insofern universeller, als er auch für nahezu alle Indikatoren deutscher Herkunft paßt[1]). Die Bohrung beträgt für normale Fälle 10 mm, für höhere Drucke nur 6 mm. Der Hahnkörper ist aus Rotguß und mit seinem mit Gewinde versehenen Stahlschuh dampf- und gasdicht fest verschraubt. Der Stahlschuh ist außen als Sechskant ausgebildet, zu dem der beigegebene Schlüssel paßt. Der Hahnküken ist meistens auch aus Rotguß. Für Gasmaschinen werden die Küken aus Gußeisen angefertigt, das den Säuren besser widersteht. Für Ammoniakmaschinen muß der ganze Hahn aus Stahl oder Eisen sein.

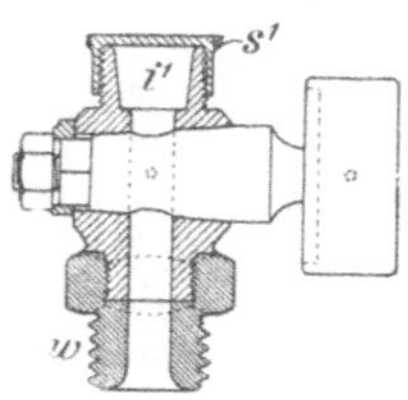

Fig. 67.

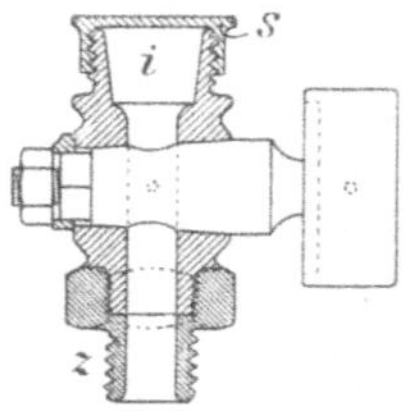

Fig. 68.

Der Handgriff wurde früher aus Holz, später auch aus Hartgummi hergestellt, jetzt aus schwarzem Hartfibre, das eine größere Haltbarkeit bei hoher Wärmeisolierfähigkeit besitzt.

Sitzt der Hahn ständig an den Maschinenzylindern, wogegen nur bei Gasmaschinen etwas einzuwenden ist, so ist es gut das Anschlußgewinde durch eine Schutzkappe *s* abzuschließen.

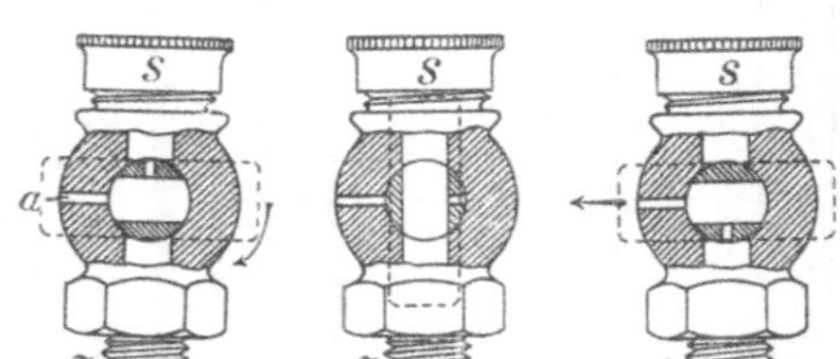

a b c

Fig. 69.

Die Drehung des Hahnkükens kann je nach Wahl des Anschlags um 90°, wie Fig. 69a und b, oder um 180° wie Fig. 69c erfolgen. Bei Stellung a schließt der Küken gegen die Maschine ab, der Indikatorzylinderraum steht mit der Atmosphäre durch die kleine dritte Bohrung in Verbindung, und der Schreibstift gibt die Lage der Atmosphärenlinie an.

Fig. 69b ist die Indizierstellung.

Fig. 69c zeigt den Küken auf Ausblasestellung, die nicht immer und

---

[1]) Es wäre dringend zu wünschen, daß die Indikatorfabrikanten sich über das Anschlußgewinde einigten. Das feine Crosby-Gewinde könnte man aufgeben und nur noch das Thompson-Gewinde verwenden, wofür allerdings genaue Normalien aufzustellen wären.

unbedingt notwendig ist. Erwünscht ist sie eigentlich nur bei Dampfmaschinen, um ev. das Kondenswasser aus der Leitung zu beseitigen.

Um auf Crosby-Hähnen (Fig. 67) auch mit anderen Indikatoren arbeiten zu können, benutzt man die Hahnpaßstücke Fig. 70a, zur Benutzung von Crosby-Indikatoren auf anderen Hähnen die Paßstücke Fig. 70b.

Fig. 70a u. b.

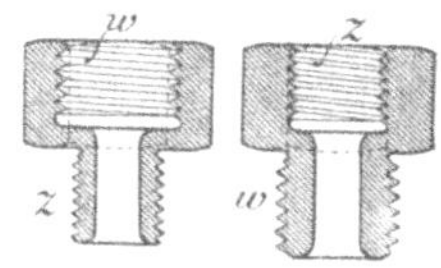

Fig. 71a u. b.

Der Stahlschuh trägt verschiedenes Gewinde. Am meisten gebräuchlich dürfte $^3/_4''$ Whitworth-Gewinde sein (*z*). Daneben findet sich auch häufig, besonders bei den ursprünglichen Crosby-Indikatoren, 1″ Whitw.-Gewinde (*w*). Bei Gasmaschinen ist auch $^1/_2$ und $^3/_4''$ Gasgewinde anzutreffen. Um nun an solchen Stellen, an denen ein anderes Gewinde als das Hahngewinde ist, den Indikatorhahn ansetzen zu können, hat man Zwischenstücke (Fig. 71a und b) aus Stahl, die einerseits das dem Stahlschuh entsprechende Innengewinde, andererseits das erforderliche Außengewinde tragen.

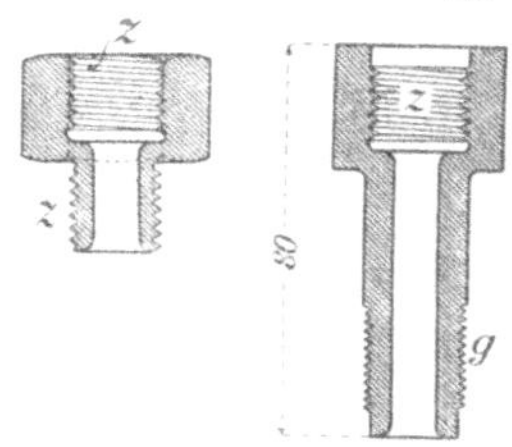

Fig. 72a u. b.

Ist es angezeigt, den Indikatorhahn nicht unmittelbar an die Maschine zu setzen, sondern ihn etwas weiter abzurücken, wie das z. B. bei Tandemmaschinen vorkommen kann, so nimmt man einfache oder verlängerte Zwischenstücke zu Hilfe (Fig. 72a und b), deren dicker Teil außen wieder das Sechskant trägt.

Will man die Zahl der abzudichtenden Stellen vermindern und außerdem die Festigkeit erhöhen, so lassen sich die verlängerten Zwischenstücke mit den Hähnen nach Fig. 73 und 74 zu verlängerten Hähnen ausgestalten.

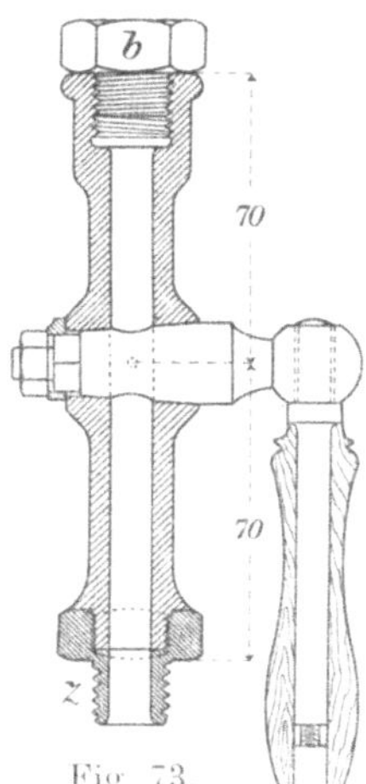

Fig. 73.

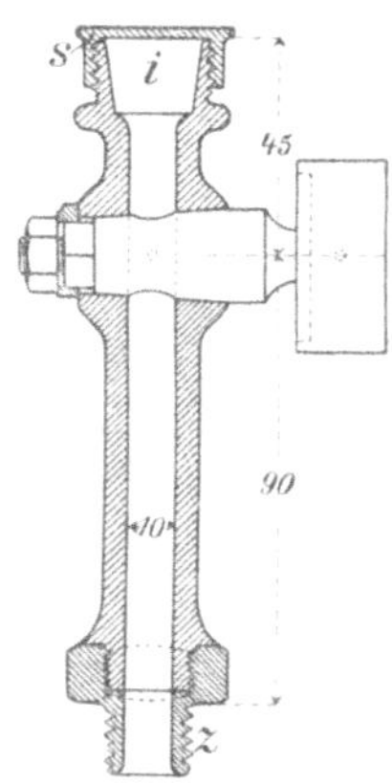

Fig. 74.

Legt man Wert auf die senkrechte Stellung des Hahns, so kann man entweder an die Maschine ein Winkelstück nach Fig. 75 oder auch an den Hahn nach Fig. 76 anbringen, mit deren Hilfe der Indikator dann die senkrechte Stellung einnimmt.

In ähnlicher Weise wie bei dem verlängerten Hahn läßt sich auch das Winkelstück mit dem Hahn zu einem verbinden, wobei der Hahn in dem horizontalen Ast nach Fig. 77, oder im vertikalen Ast nach Fig. 78 sitzt.

Bei all diesen Verbindungsstücken ist der Schuh, mit welchem sie an der Maschine sitzen, aus Stahl.

Wenn man die Kürze der Zeit berücksichtigt, in der der Indikatorhahn geöffnet ist und dann dem Gas oder Dampf den Zutritt zu dem Indikator gestattet, so ist es erklärlich, daß das Instrument zum überwiegend größten Teil durch die Wärmeleitung der metallischen Verbindungsteile heiß wird. Könnte man diese Wärmeleitung unterbrechen, gewissermaßen eine kalte Zone einschalten, so hätte man für Instrumente mit Innenfeder das erreicht, was die Instrumente mit Außenfeder durch die Lage der Feder erzielen: eine kalte Feder.

Diese kalte Zone läßt sich nach Fig. 79 durch ein gekühltes Stahlunterteil, oder auch nach Fig. 80 durch einen gekühlten Hahn erzielen. Die Kühlung erfolgt durch einen Wasserstrom. Selbstverständlich können diese Hilfsmittel nur bei permanenten Gasen oder bei Gasmotoren z. B. in Anwendung kommen, wo eine erhebliche Kondensation ausgeschlossen erscheint. Die erzielte Kühlung ist so gut, daß der Hahn vollständig kühl bleibt und ein Verziehen seines Körpers nicht eintritt, so daß auch der weitere Vorteil einer stets leichten Beweglichkeit des Kükens erreicht wird.

Bei hohen Drucken hält es schwer, die gewöhnlichen Hähne dauernd dicht zu halten. Zieht man die Kükenmutter zu fest, dann läßt sich der Küken nur schwer oder gar nicht von Hand drehen. Läßt man die Mutter etwas nach, dann hält der Hahn nicht mehr dicht. Diese Mißstände können trotz kleiner Hahnbohrung und damit erreichter großer Dichtungsfläche schon bei den modernen Gasmotoren mit ihren Verbrennungsdrucken von 30 und mehr Atmosphären eintreten. Hierfür eignen sich dann besser Ventile nach Fig. 81. Durch die Bohrung b gelangt der Druck bei geöffnetem Nadelventil zum Konus i. Während des Schreibens der Atmosphärenlinie öffnet man bei geschlossener Nadel die kleine Schraube c.

Eine etwas andere Ausführung eines solchen Ventils, bei der die Stopfbüchse nur während des Indizierens unter Druck steht, zeigt Fig. 82[1]). Bei der Handhabung dieser Ventile ist darauf zu achten, daß die Spindel genügend weit herausgeschraubt wird, damit keine Drosselung und damit ein falsches Diagramm entsteht.

Die bisher beschriebenen Hähne und Ventile setzen voraus, daß jedes Zylinderende einen besonderen Indikator besitzt. Der Vorzug dieser Anordnung ist die sehr kurze Rohrleitung zwischen Maschine und Indikator. Man kann sagen, daß man von dieser Anordnung eigent-

1) Nach einer von der Firma L. A. Riedinger in Augsburg zur Verfügung gestellten Zeichnung.

lich nicht abgehen sollte. Die nun zu besprechenden Dreiwegehähne mit ihren langen Verbindungsleitungen stammen noch aus einer Zeit, in der

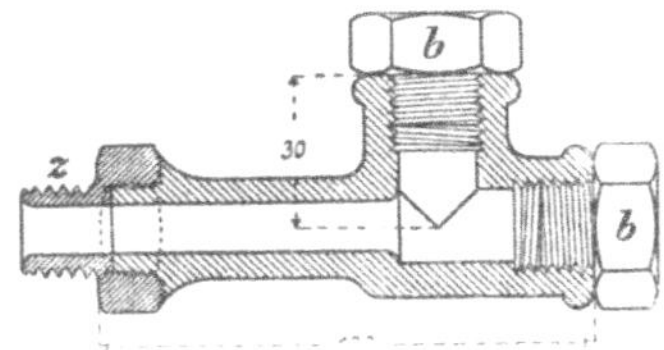

Fig. 75.

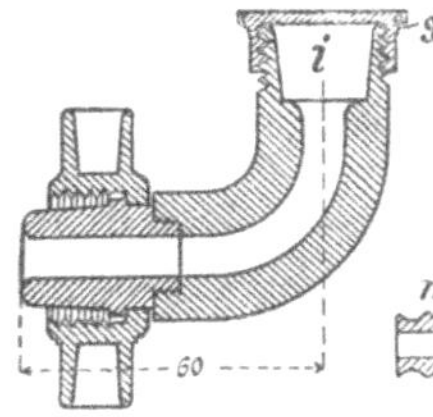

Fig. 76.

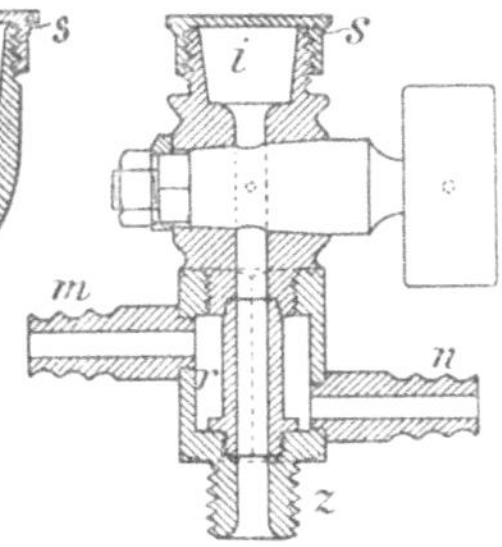

Fig. 79.

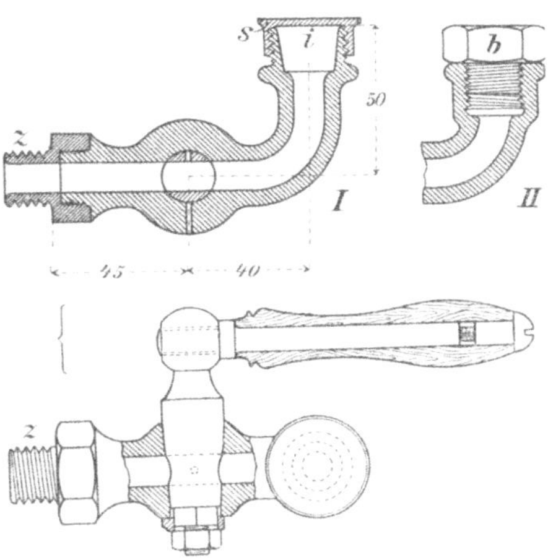

Fig. 77.

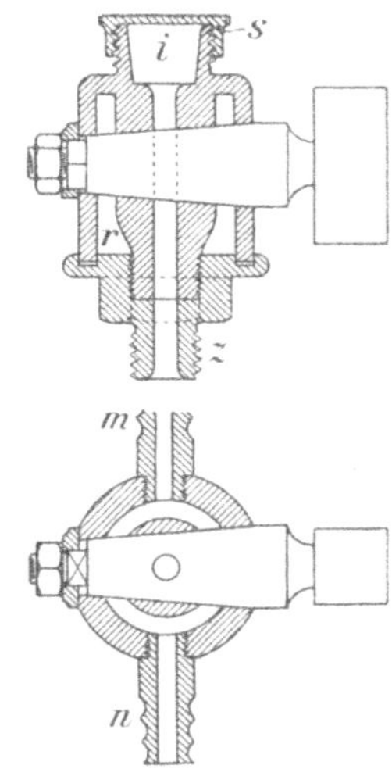

Fig. 80.

Maßstab $^1/_3$ w. Gr.

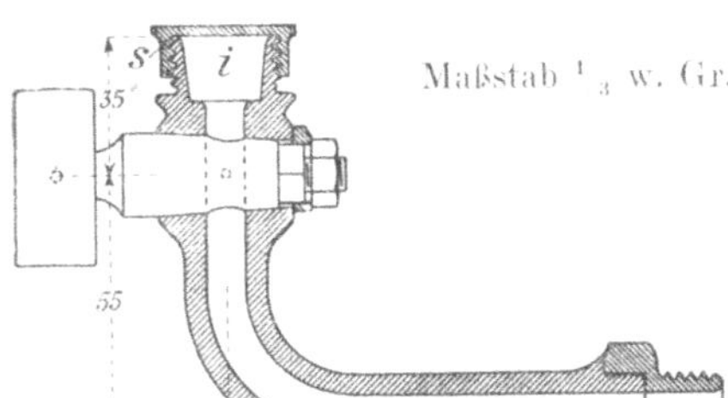

Fig. 78.

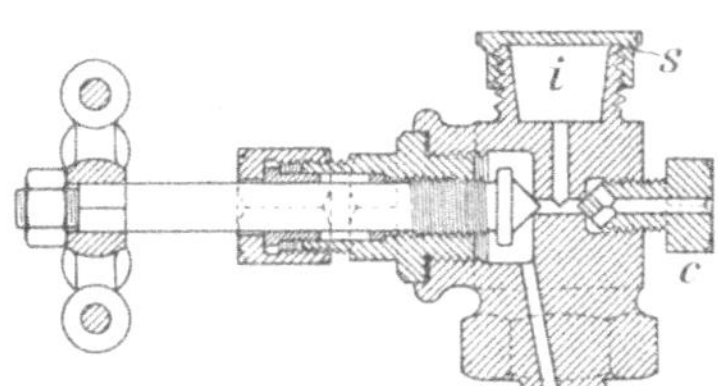

Fig. 81.

die Indikatoren teurer waren und man aus diesem Grunde mit e i n e m Instrument für b e i d e Zylinderseiten auszukommen trachtete.

Die Montierung einer solchen Indikatoranlage ist keineswegs einfacher als das Ansetzen je eines Indikators an jeder Zylinderseite, und die Rohrleitung selbst mit dem Dreiwegehahn verursacht nicht nur besondere Kosten, sondern man braucht auch, um für die verschiedenen Maschinenhübe auszukommen, noch eine ganze Reihe Rohrpaßstücke.

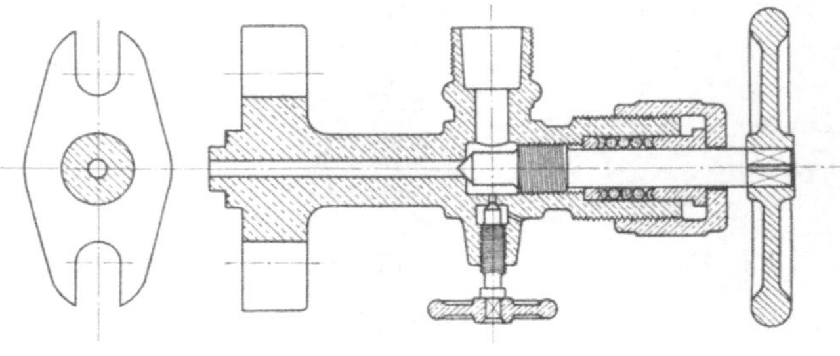

Fig. 82.

Fig. 83 zeigt die allgemeine Anordnung an der Maschine, den Dreiwegehahn und die Rohrleitung z. T. im Schnitt.

In die Bohrungen am Maschinenzylinder werden zunächst die Stutzen *K*, *K* dampfdicht eingeschraubt und an diese die Bogenrohre

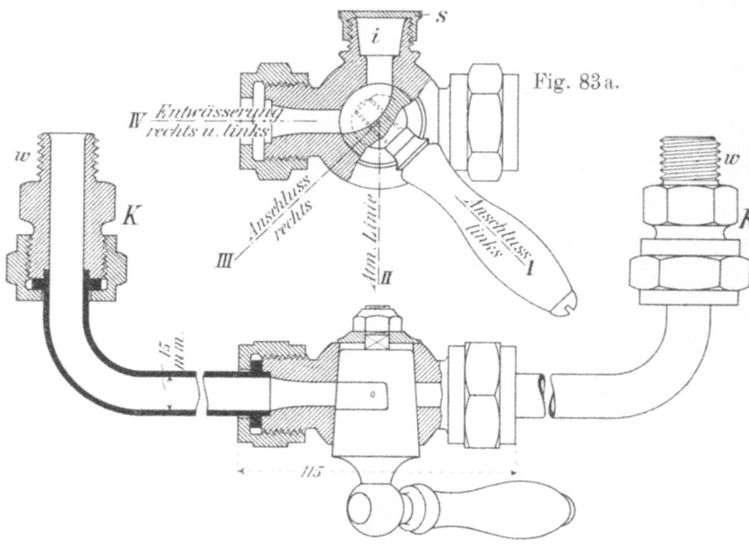

Fig. 83.

durch Überwurfmuttern angeschlossen, allenfalls unter Zuhilfenahme von Kompensationsmuffen. Bei *i* wird der Indikator aufgesetzt. Der Dreiwegehahn dient zugleich als Absperrhahn.

Die Hahnstellungen und ihre Wirkung sind aus Fig. 83a zu erkennen. Die Lagen *I* und *IV* sind durch Anschläge begrenzt, *II* und

III durch Marken gekennzeichnet. In der Lage *IV*, Hahngriff wagerecht nach links, erfolgt eine gleichzeitige Entwässerung beider Zylinderseiten. Die Führung der Bohrungen ist aus Fig. 84 zu ersehen, die eine etwas andere Ausführungsform des Hahns, mit Flanschen, zeigt. Verzichtet man darauf den Dreiwegehahn zugleich als Absperrorgan zu benutzen, so genügt der in Fig. 85 dargestellte einfache Dreiwegehahn. Hier muß man an Stelle der Verschlußschraube *b* zunächst einen gewöhnlichen Indikatorhahn aufsetzen, der seinerseits den Indikator trägt.

Eine etwas vollkommenere Ausführung sind die Stopfbüchs-Dreiwegehähne, Fig. 86 und Fig. 87, und zwar besitzt der erstere drei Anschlüsse, um bei Verbundmaschinen auch Receiverdiagramme (R, r) nehmen

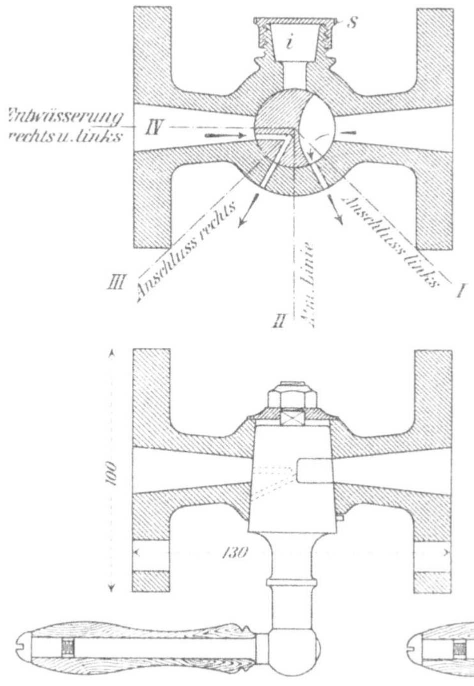

Fig. 84.

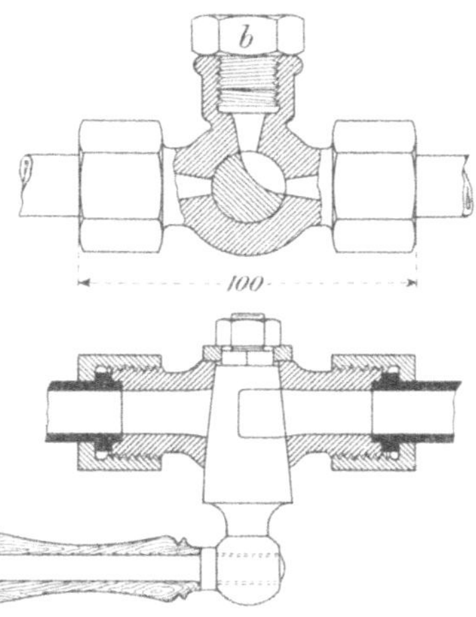

Fig. 85.

zu können. Die Entwässerung je einer Seite erfolgt in den Hahnstellungen *1* und *2* durch die Öffnung *a*. Ferner ist zu beachten, daß vor jeder Anstellung des Dreiwegehahns der Indikatorhahn, der an Stelle der Verschlußschraube *b* sitzt, geschlossen wird.

Je länger der Maschinenhub, um so länger müssen die Verbindungsrohre werden. Damit läßt aber die Stabilität der ganzen Anordnung sehr zu wünschen übrig. Diesem Mißstand soll der in Fig. 87 dargestellte Stopfbüchs-Dreiwegehahn mit Stützzapfen abhelfen. Bei diesem Hahn ist der Handgriff bei wagerechter Lage der Anschlußbogenrohre oben und der Indikator sitzt bei *b* unter Vermittlung eines Indikatorhahns wagerecht. Zur Erzielung eines leichten Ganges des Hahnkükens bei vollkommener Abdichtung dient die mit Gegenmutter versehene Schraube *c*. Die verschiedenen Stellungen *I*—*V* des Hahngriffes und ihre Wirkung sind aus Fig. 87 erkennbar.

Die langen Rohrleitungen geben naturgemäß zu einer starken Kondensation Veranlassung, daher sind sie vor der Abnahme eines Diagramms gründlich zu entwässern. Etwas mildern läßt sich dieser Miß-

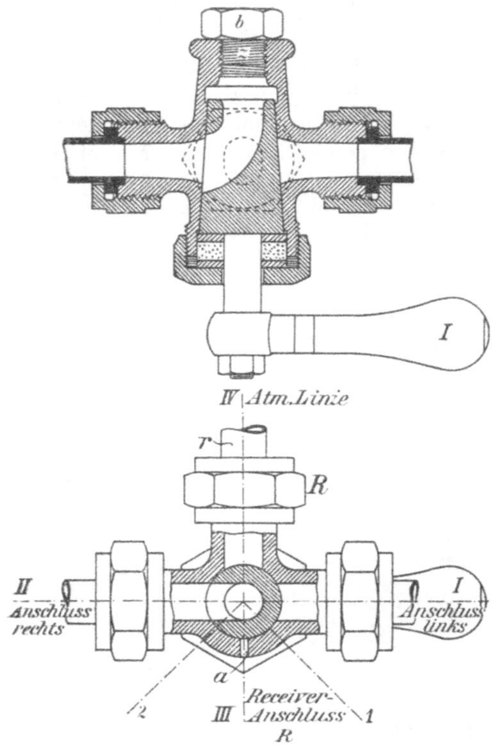

Fig. 86.

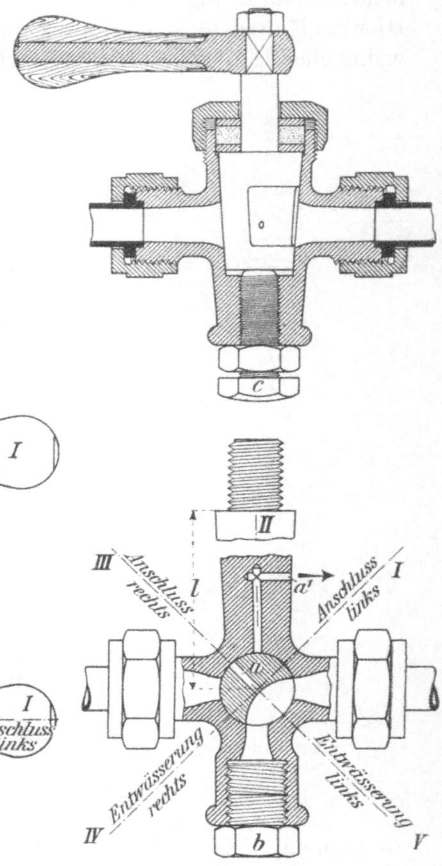

Fig. 87.

stand durch Umwickeln der Rohre mit einem Wärmeschutzmittel (Asbestschnur). Alles in allem genommen ist bei ortsfesten Maschinen von der Verwendung solcher Dreiwegehähne mit einem Indikator abzuraten, da in dieser Anordnung keine Vorteile, sondern nur Nachteile zu erblicken sind.

Eine Ausnahme von dieser Regel ist bei den verhältnismäßig kurzhubigen Lokomotiven zulässig, wo man aus anderen Gründen die Zahl der Instrumente und Hähne auf das Äußerste zu beschränken sucht und meist nur einen Indikator mit einem Dreiwegehahn benutzt.

g) Das Zubehör.

Zum Zubehör des Indikators sind alle diejenigen Teile zu rechnen, die zu seiner unmittelbaren Handhabung oder Instandhaltung nötig sind, einschließlich des den Indikator mit seinem Zubehör aufnehmenden Kastens.

Der Kasten soll stark gebaut, verschließbar und mit einem bequemen Handgriff für den Transport versehen sein. Er soll so groß sein, daß das Instrument und sein Zubehör bequem darin Platz finden, aber auch nicht zu groß. Denn wenn man mehrere Indikatoren mitzunehmen hat, so beanspruchen diese für sich allein schon ziemlich viel Platz. Ist der Kasten so klein gehalten, daß sein Raum bis auf das letzte ausgenützt ist, so hat man beim Einpacken, namentlich wenn es rasch gehen soll, oft seine liebe Not.

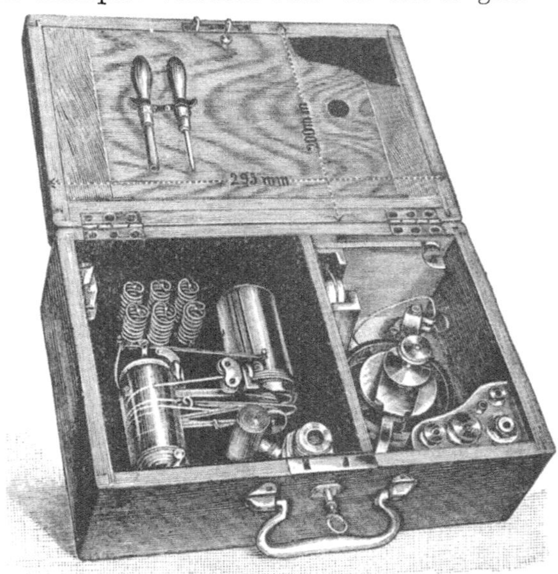

Fig. 88.

Eine bequeme und trotzdem kompendiöse Ausführung zeigten die Kasten der Crosby-Indikatoren. Die Instrumente wurden mit den Kuppelmuttern auf entsprechende Gewindestücke, die an der Seitenwand des Kastens befestigt waren, geschraubt, so daß das Instrument beim Transport festsaß (Fig. 88). Der Hahn wurde mit seiner Bohrung über einen Dorn gestülpt, hatte also auch seinen bestimmten Platz. Die Federn saßen ebenfalls auf kleinen Gewindestückchen am Boden fest. Steckschlüssel und Schraubenzieher hatten ihren Platz unter Haltefedern am Kastendeckel. Ein in einer Kastenecke durch einen Blechwinkel festgehaltenes Fläschchen mit Knochenöl vervollständigte die Ausrüstung. Der Raum unter dem Klappdeckel war für die Aufbewahrung von Indikatorschnur, Verbindungshaken, Kolbenwischer und Indikatorpapier bestimmt. Der in der Fig. 88 dargestellte Kasten nimmt links den Indikator, rechts einen vollständigen Rollenhubverminderer auf und beansprucht nicht mehr Platz als 20 × 30 cm Grundfläche. In ähnlicher Weise wurden auch Doppelkasten ausgeführt, die zwei Indikatoren mit Zubehör aufnahmen und eine Größe von 310/210/135 mm besaßen.

Fig. 89 zeigt die Lagerung eines Maihak-Indikators Größe 1 mit vollständigem Zubehör im Normaleinzelkasten. Der Indikator liegt lose in den mit Tuch gefütterten Holzlagern $z\,z_1$ und wird beim Schließen des Deckels durch Klotz *K* unverrücklich festgehalten. Jeder Teil hat seinen besonderen Platz, kann also nicht mit anderen Teilen durcheinander kommen. Der Hahn *h* hat noch eine besondere Sicherung seiner Lage durch eine auf den Haltedorn aufgeschraubte flache Mutter

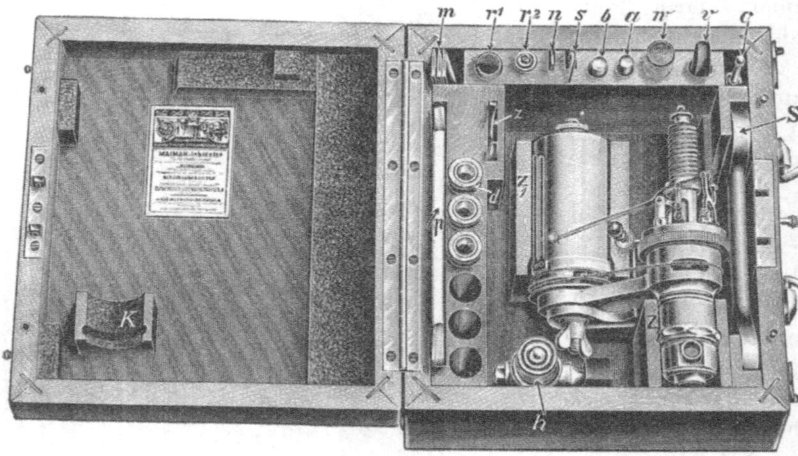

Fig. 89.

h Indikatorhahn, *d* Indikatorfedern, *p* Indikatorpapier, *m* Maßstäbe, r^1 Ersatz-Trommelfeder, r^2 Ersatz-Federschlußschraube, *n* Hakenschlüssel, *s* Schnurhaken, *b* Büchschen Schreibstifte, *a* Anzugdorn, *w* Zylinderwischer, *v* Schraubenzieher, *o* Ölkännchen.

erhalten. Als eine für die äußerliche gute Erhaltung des Sechskants am Indikator und Hahn sehr zweckmäßige Beigabe ist der Schlüssel *S* zu betrachten, wenn er auch das Gesamtgewicht nicht unerheblich vergrößert. Das Einpacken in einen solchen Kasten geht rasch und ohne Schwierigkeit vor sich. Diese bestand bei manchen Ausführungen darin, daß sich der Deckel nicht ganz schließen ließ, weil irgendein, meist schwer zu bestimmender Teil, über sein „Normalprofil" hinausragte.

Fig. 90 zeigt die Anordnung eines Doppelkastens für zwei Maihak-Indikatoren Größe 2 mit Rollen-Hubverminderer *R*; *r* sind die zu letzterem gehörigen Reduktionsröllchen, *k* zwei kleine Indikatorkolben (für hohen Druck), *z* die zugehörigen Zylinder und k^1 die Lager für die zwei großen Kolben, sobald die kleinen benutzt werden.

Einen nach einem englischen Vorbild gebauten Kasten stellt Fig. 91 dar, welcher die Annehmlichkeit besitzt, daß man das Instrument zur

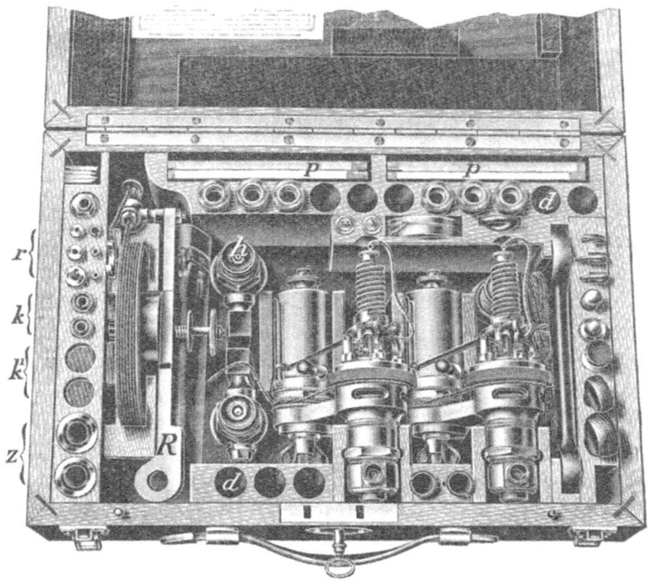

Fig. 90a.

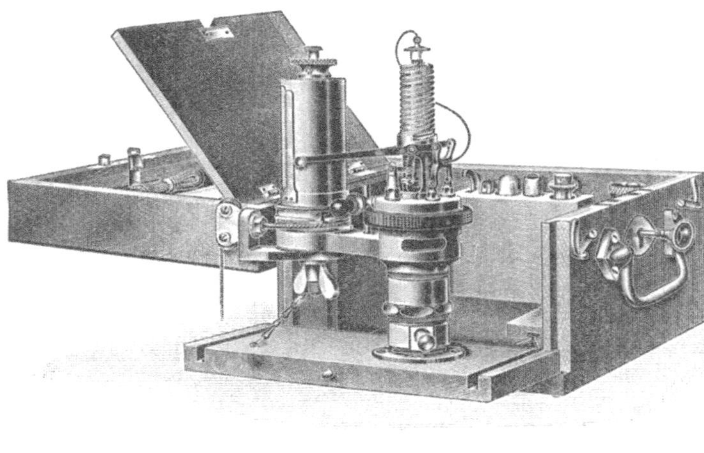

Fig. 91.

Untersuchung, Reinigung usw. aufrecht vor sich hinstellen kann. Dieser Kasten hat den einzigen Nachteil, daß er nicht so stabil gebaut werden kann, wie ein allseitig geschlossener Kasten. Er erträgt nicht die rauhe

Behandlung, die sich leider nur zu häufig die Instrumentenkästen auf dem Transport und — im Gebrauch gefallen lassen müssen.

Das Zubehör soll und kann auf die Mindestzahl beschränkt sein. Zur eigentlichen Bedienung des Maihak-Indikators z. B. genügen: der Schlüssel, der Schraubenzieher, der Dorn, das Büchschen Schreibstifte, der Hakenschlüssel, der Zylinderwischer und das Fläschchen Öl. Die Federmaßstäbe haben wenig Zweck; das Papier wird man meist in besonderer Packung mitnehmen müssen, wenn es sich um Versuche von einiger Ausdehnung handelt. Schnur und Schnurhaken gehören streng genommen nicht mehr zum Indikator, können aber doch noch bequem im Kasten untergebracht werden. Die Federn, die eigentlich nicht zum Zubehör zu rechnen sind, sind sehr übersichtlich so in Bohrungen einer Holzleiste eingesteckt, daß ihre Maßstäbe leicht zu lesen sind.

Die Frage, ob es zweckmäßig ist, mehrere Instrumente in einem Kasten unterzubringen, kann verschieden beantwortet werden. Verfasser hält es für gut nie mehr als höchstens zwei Instrumente in einem Kasten zu vereinigen, er zieht es sogar vor, jedem Instrument einen eigenen Kasten zu geben, weil hierdurch Verwechslungen und Vertauschungen am ehesten vorgebeugt wird. Auch der Vereinigung von Indikator und Hubverminderer in *einem* Kasten möchte er nicht das Wort reden.

Noch mehr als zwei Instrumente in einem Kasten machen diesen ob seines Gewichtes unhandlich. Schließlich ist die Platz- und Raumersparnis auch nicht so bedeutend, daß sich dadurch diese Mehrfachkästen rechtfertigen ließen.

6. Die elektrische Anrückvorrichtung und Schaltvorrichtung. Der Lokomotiv-Indikator.

Bei der Indizierung mehrzylindriger Dampfmaschinen ist es für genaue Untersuchungen notwendig, sämtliche Diagramme *gleichzeitig* zu entnehmen. Denn bei der Entnahme *nacheinander* hat man keine Sicherheit dafür, daß der Regulator inzwischen nicht die Füllung etwas verstellt hat, so daß die Diagramme eines ganzen Satzes nicht zueinander passen. Besonders wichtig ist die gleichzeitige Entnahme, wenn die Diagramme „rankinisiert" werden sollen. Meist wird man daher jeden Indikator durch eine besondere Person bedienen lassen müssen, wobei das Indizieren nach Kommando erfolgt. Näheres hierüber in Kapitel 11.

Man kann aber auch durch eine elektrische Einrichtung die Instrumente von einer Stelle aus gleichzeitig betätigen.

Die elektrische Anrückvorrichtung des Schreibzeugs.

Eine ältere, von *Kovarik* herstammende Vorrichtung dieser Art zeigt Fig. 92 und 93 in Verbindung mit dem Crosby-Indikator. An dem Arm *a* der das Schreibzeug tragenden Drehhülse ist der Eisenanker *A* befestigt, welcher mittels des Riegels *r* in einem kleinen Abstande von dem Elektromagneten *E* gehalten wird, wobei der Schreibstift das Papier noch nicht berührt. Wird jetzt bei *u* der durch Trockenelemente *T* erzeugte, mittels Polklemmen *k* eingeführte Strom geschlossen, so wird Anker *A* angezogen und mit ihm das Schreibzeug so gedreht, daß der Stift schreibt. Bei Unterbrechung des Stromes wird *A* durch Feder *f* wieder in seine alte Lage gebracht.

Die neuere Ausführung der elektrischen Anrückvorrichtung (Fig. 94) hat statt des einen Elektromagneten deren zwei, *A* und *B*, zwischen deren Polenden sich der mit der

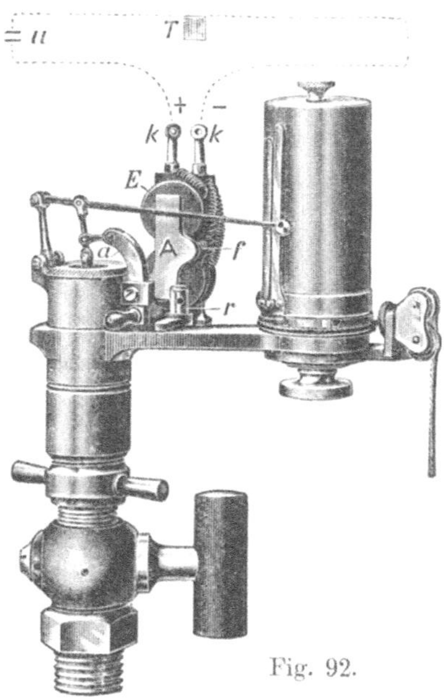

Fig. 92.

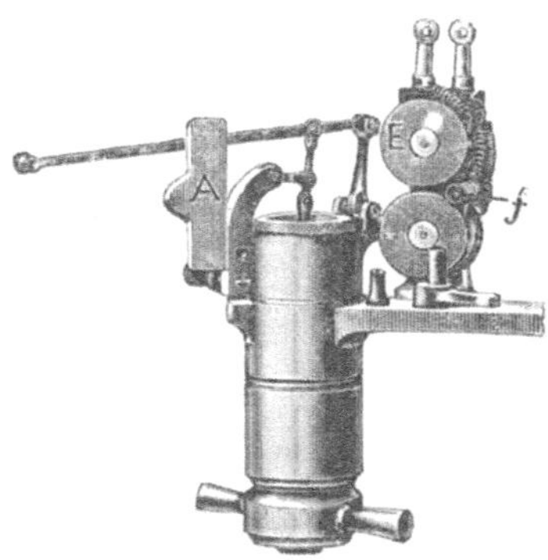

Fig. 93.

Drehscheibe *o* des Indikators verbundene Anker *a* bewegt. Der Schreibhebel wird an- bzw. abgerückt je nachdem man den Strom durch *A* oder *B* sendet. Die beiden Elektromagnete sind von Hartfibergehäusen ganz umschlossen, so daß ihre Wicklungen gegen Beschädigung, Nässe und Temperatureinflüsse möglichst geschützt sind und sitzen auf der Platte *t* des aus Magnalium bestehenden Trägers *S*, der seinerseits mit einer aufklappbaren Schelle an den Zylindermantel angeklemmt wird. Man kann also diese Vorrichtung jederzeit von dem Instrument abnehmen.

In dem Schaltungsschema Fig. 95 bedeuten *E* die aus größeren Trockenelementen oder Akkumulatoren bestehende Batterie, *S* den Umschalter, *A* und *B* die zu den Magneten *A* und *B* führenden Leitungen, *m* die gemeinsame Rückleitung, *a* die Anker der Indikatoren I^1, I^2 . . . .

Der Lokomotiv-Indikator.[1])

Der Wert dieser Anrückvorrichtungen tritt erst recht hervor beim Indizieren solcher Maschinenzylinder, die schwer zugänglich sind. Das

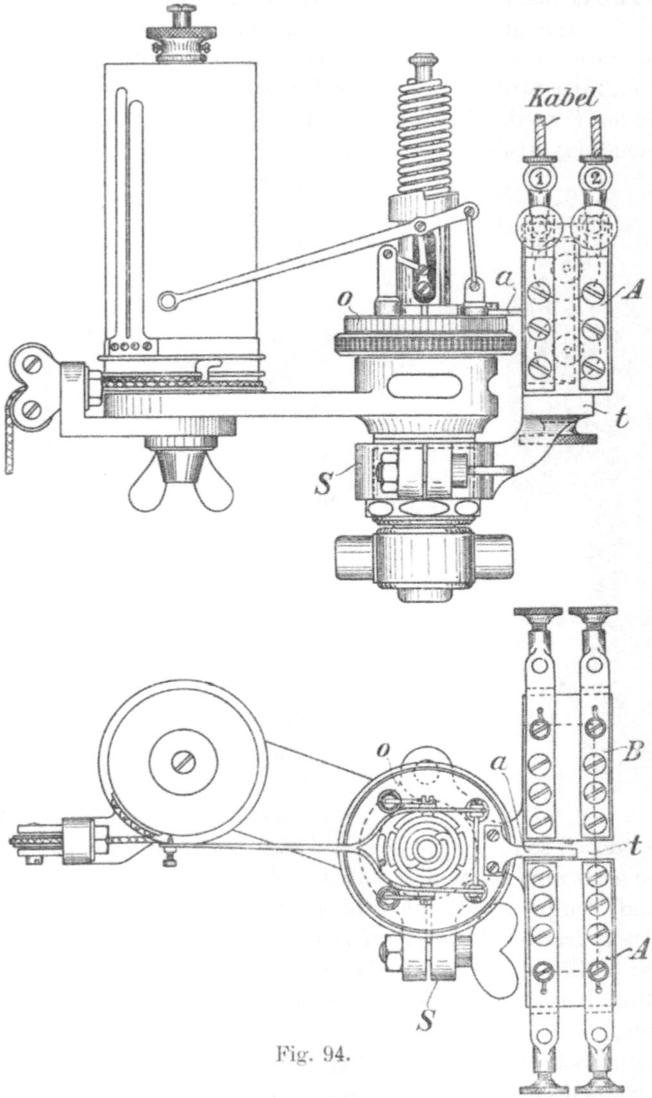

Fig. 94.

gilt hauptsächlich für die Lokomotiven. Auch oszillierende Zylinder, wie sie noch auf kleineren Dampfschiffen angetroffen werden, gehören

1) D. R. P.

hierher, denn bei diesen letzteren kommt noch als erschwerender Umstand hinzu, daß der Indikator selbst sich mit dem Zylinder hin- und herbewegt. Ist es also bei den Lokomotiven die unbequeme Lage der Instrumente, so ist es bei den oszillierenden Zylindern ihre Bewegung, die nicht nur die Betätigung des Schreibzeuges, sondern vornehmlich auch das Wechseln des Papiers auf der Trommel fast unmöglich machen. Früher war man in solchen Fällen meist gezwungen, den Papierzylinder ganz abzuziehen, ihn mit einem neuen Papier zu bestecken und dann wieder aufzusetzen. Es läßt sich denken, daß das Indizieren von Lokomotiven in voller Fahrt an die Geduld, Geschicklichkeit und Ausdauer nicht gewöhnliche Ansprüche stellte, ganz abgesehen davon, daß mit solchen Versuchen eine gewisse Gefahr verbunden war.

Für diese Zwecke hat sich die elektrische Anrückvorrichtung des Schreibzeugs in Verbindung mit der oben beschriebenen und gleich-

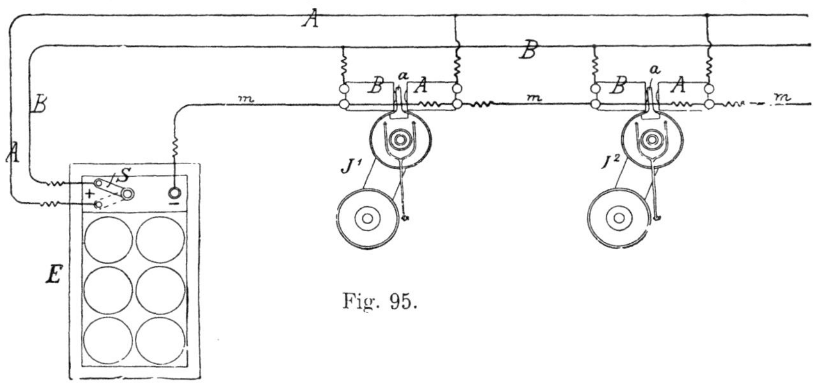

Fig. 95.

falls elektrisch betätigten Papiertrommel für fortlaufende Diagramme ganz besonders bewährt.

Dieses Instrument, allgemein als Fernschreib-Indikator System Maihak-Parish bezeichnet, ist in Fig. 96 in seinem äußeren Aufbau dargestellt, während Fig. 97 die Anordnung der Magnete im Aufriß und Grundriß angibt.

Der Indikator zeigt zunächst die Ausrüstung mit der elektrischen Anrückvorrichtung, wie oben beschrieben. Alsdann ist er mit einer Papiertrommel für fortlaufende Diagramme mit 3 m langem Papierstreifen versehen nach Fig. 61 Seite 50. Diese Papiertrommel ist nun ebenfalls für elektrische Fernbetätigung eingerichtet, indem der die Sperrklinke *r* aus- und einrückende Hebel *b* durch ein Zwischenglied mit einem Anker a^1 verbunden ist, der durch zwei am verstellbaren Träger t^1 befestigte Elektromagnete *C* und *D* beeinflußt wird. Diese entsprechen in Art und Wirkungsweise genau den Elektromagneten *A* und *B*.

Die Stromschaltung für CD ist genau die gleiche wie für AB und durch Fig. 95 erläutert, wobei ein zweiter Schalter, der S^1 genannt sei, zur Benutzung kommt.

Nach der auf Seite 51 gegebenen Beschreibung der Wirkungsweise der durch *b* bewegten Sperrklinke *r* zur Betätigung des Papiertransportes wird der einfache Vorgang zur Diagrammentnahme leicht erklärt.

Wenn die Indikatorschnur mit der Hubverminderungseinrichtung verbunden ist und die Trommel *T* schwingt, so schreibt man durch

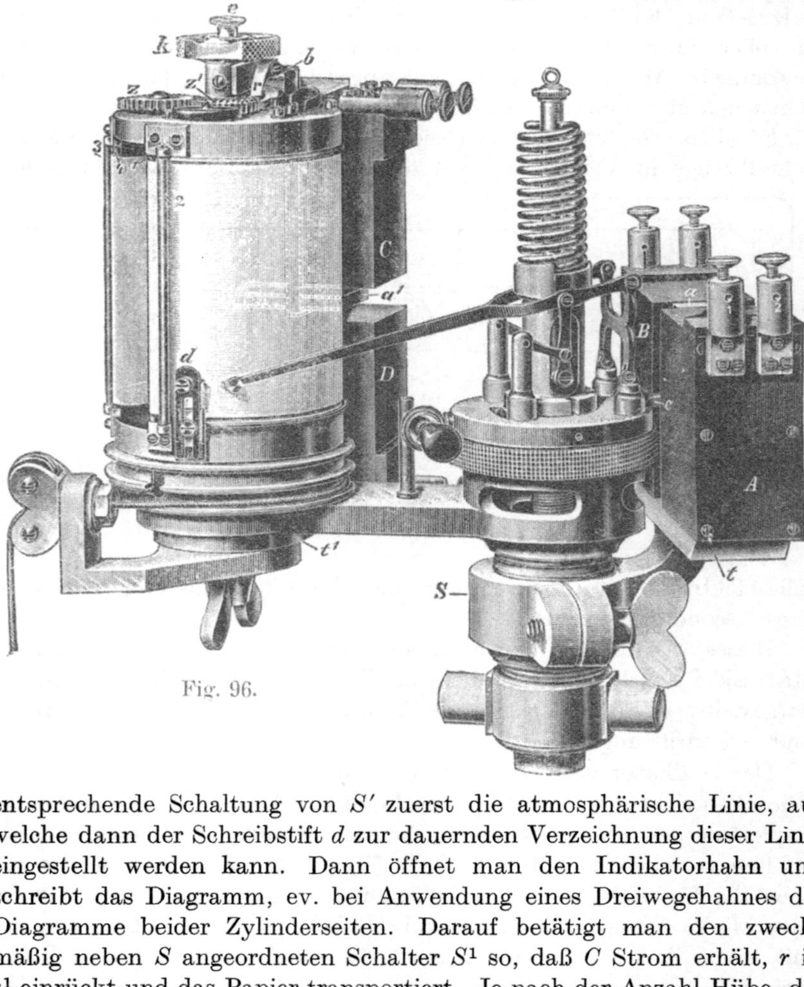

Fig. 96.

entsprechende Schaltung von *S'* zuerst die atmosphärische Linie, auf welche dann der Schreibstift *d* zur dauernden Verzeichnung dieser Linie eingestellt werden kann. Dann öffnet man den Indikatorhahn und schreibt das Diagramm, ev. bei Anwendung eines Dreiwegehahnes die Diagramme beider Zylinderseiten. Darauf betätigt man den zweckmäßig neben *S* angeordneten Schalter S^1 so, daß *C* Strom erhält, *r* in z^1 einrückt und das Papier transportiert. Je nach der Anzahl Hübe, die man gestattet, wird das Papier weitergeschoben. Gewöhnlich schaltet man nach ca. 8 bis 10 Hüben den Strom in *D*, wonach *r* ausgerückt

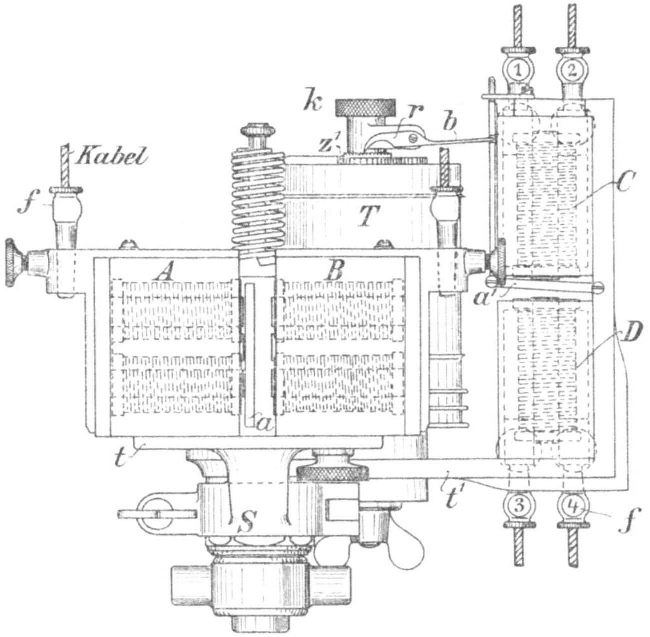

Fig. 97.

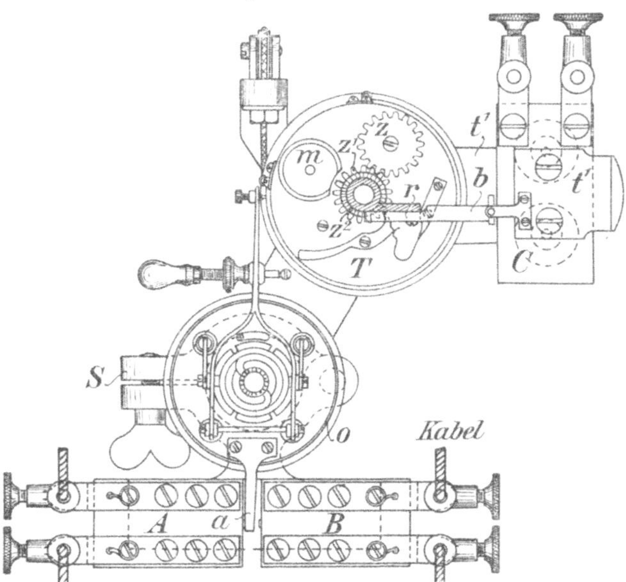

Fig. 98.

wird, der Papiertransport aufhört und für das nächstfolgende Diagramm freier Raum ist, das nun sofort oder in beliebiger Zeitfolge geschrieben werden kann, bis zu einer Gesamtzahl von ca. 40 Diagrammen, wenn sie ganz frei nebeneinander stehen sollen.

Die Betätigung der Instrumente, welche sich an den Zylindern von Lokomotiven befinden und mit den beiden Zylinderseiten durch einen entsprechend konstruierten Dreiwegehahn verbunden sind, erfolgt vom Führerstande aus, wo sich die zwei Schalter S und S^1 befinden.

Die vorstehend beschriebene Ausführung der Lokomotiv-Indikatoren hat in der allerletzten Zeit einige Verbesserungen erfahren, die sich beim Gebrauch als wünschenswert erwiesen.

Die Erschütterungen, denen ein Indikator auf der Lokomotive ausgesetzt ist, bedingen einen sehr sorgfältigen Zusammenbau der einzelnen Teile. Die Schraubenverbindungen sind auf die geringste zulässige Zahl zu beschränken oder ganz zu vermeiden. Aus diesem Grunde wird nicht mehr der normale Indikator benutzt, sondern ein besonderes Modell in der Größe von Nr. 2, bei welchem der Trommelträger, der Dampfmantel und der Anschlußkonus aus einem Stück hergestellt sind. Der Indikatorzylinder kann nach oben herausgenommen werden. Die Anschlußmutter wird nicht mit dem Dorn angezogen — entgegen den Abbildungen — sondern ist als stählerne Sechskantmutter mit Differentialgewinde ausgebildet, die mit einem Mutterschlüssel angezogen wird. Alle lösbaren Teile sind außerdem noch besonders gesichert. Da bei den Lokomotivindizierungen keine fortlaufenden Diagramme geschrieben werden, sondern nur geschlossene Einzeldiagramme, so wird das Papier auf der Trommel, abweichend von dem normalen Modell, mit dem Schnurzug vorwärts geschaltet.

Das Schaltungsschema Fig. 99 sieht zwei vollkommen getrennte Stromkreise für das Schreibzeug und die Trommel vor. Der Deutlichkeit wegen sind die Trommeln getrennt von den Indikatoren gezeichnet. Die Elektromagnete je eines Stromkreises sind hintereinander geschaltet. Als Stromquelle benutzt man eine nicht zu knapp zu bemessende Akkumulatorenbatterie, und rechnet für jeden Elektromagnet 4 Volt oder 2 Zellen.

Die erwähnten Schalter S und S^1 sind auf einer Schalttafel, Fig. 100, nebeneinander angeordnet. In der gezeichneten Mittelstellung sind beide Kreise stromlos. Wird der Schalter **„Schreibzeug“** auf **„An“** gestellt, so erhalten alle mit *4* bezeichneten Klemmen Strom, die Schreibstifte werden angedrückt. Stellt man den Hebel auf **„Ab“**, so fließt der Strom durch die Klemmen *3* und die Schreibstifte werden vom Papier entfernt. Das gleiche Spiel bewirkt bei den Papiertrommeln: **„Papiertransport“** und **„Papierband in Ruhe“**.

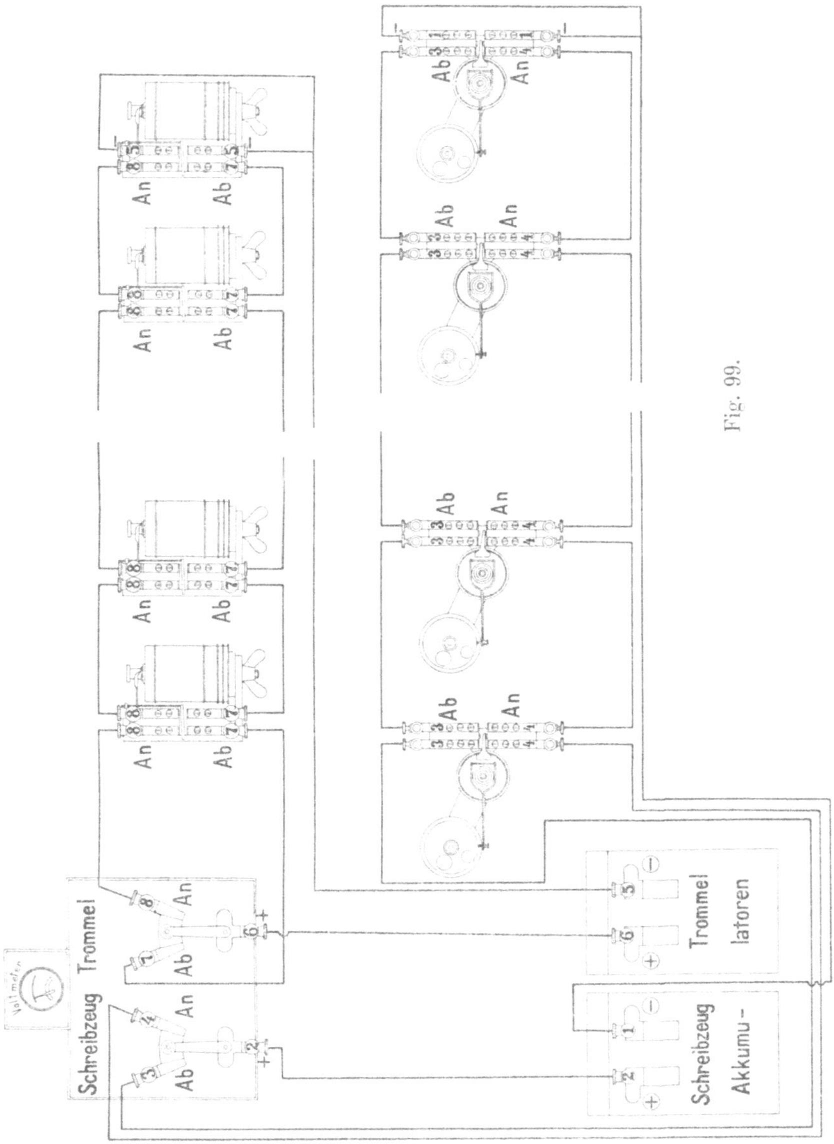

Fig. 99.

Die Schalttafel kann nach Fig. 99 auch mit einem Voltmeter oder einem Volt-Ampèremeter zur leichten Kontrolle der Akkumulatorenspannung verbunden werden.

Für die Leitungen werden gut isolierte, überflochtene Kabel verwendet, die an den Enden mit kräftig ausgebildeten Einsteckern *f*,

Fig. 97/98, armiert sind. Diese sowie die Kabelanschlußklemmen sind mit korrespondierenden Zahlen versehen, außerdem sind die Kabelenden und die Anschlußstellen durch gleichartige Farben kenntlich gemacht.

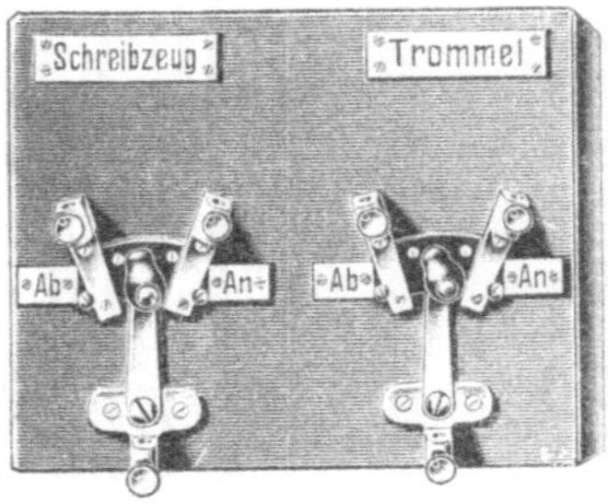

Fig. 100.

Wie auf diese Weise die Papierbewegung vollkommen auf elektrischem Wege vom Führerstand aus bedient wird, so muß, um jeden Zugang zu den Instrumenten während der Fahrt unnötig zu machen, auch der Indikatorhahn vom Führerstand aus betätigt werden können.

Hierfür gibt es einen rein mechanisch bewegten und einen elektrisch bewegten Hahn. Um die Zahl der Instrumente nach Möglichkeit zu beschränken, nimmt man, besonders bei dem mechanisch bewegten Hahn, einen Indikator für beide Zylinderseiten und verwendet einen mit Entwässerung versehenen Dreiwegehahn.

Der mechanisch bewegte Hahn.

Der mechanisch bewegte Hahn, Fig. 101, hat einen breiten Fuß, womit er an einer zweckentsprechenden Stelle des Zylinders befestigt wird. Die Verbindung zwischen Hahn und Zylinderende geschieht mit kupfernen Bogenrohren unter Vermeidung scharfer Krümmungen auf dem kürzesten

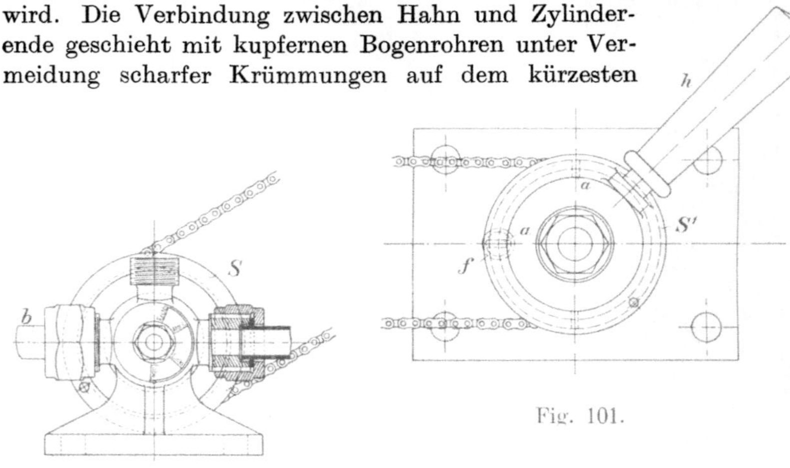

Fig. 101.

Wege; die Rohre selbst sind mit einem Wärmeschutz zu versehen. An dem Küken sitzt eine Kettenscheibe S, über die eine Gallsche Kette nach einer am Führerstande befindlichen Gegenscheibe S^1 führt, die mittels kräftigen Handhebels h bewegt wird. Zur richtigen Einstellung und Sicherung der verschiedenen Hahnstellungen greift die Nase eines in der Hülse f gelagerten federnden Stiftes in Vertiefungen a der

Kettenscheibe S^1 ein, deren Lage mit den Hahnstellungen bei S übereinstimmt.

Die Kettenleitung, deren freiliegende Teile durch Stahldraht ersetzt sein können, wird vom Hahn aus an der Lokomotive entlang bis zum Führerstande mittels geeigneter Führungsrollen verlegt und durch eingeschaltete Kettenspanner genügend straff gespannt erhalten.

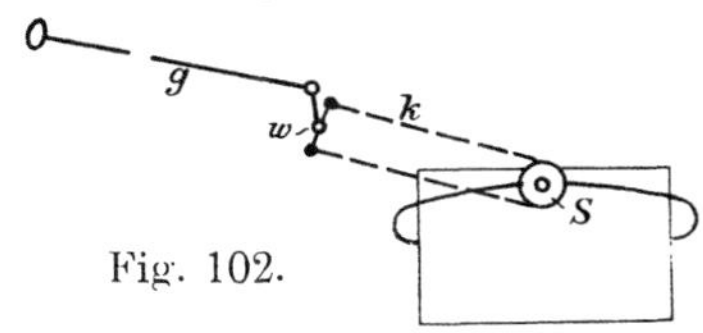

Fig. 102.

Da in solchem Kettenzug starke Schwingungen auftreten können, wird auch eine Vereinigung von Kettenleitung *k* und starrem Gestänge benutzt, wie Fig. 102 andeutet. Achse *w* ist durchgeführt zur anderen Seite der Lokomotive. Das Gestänge *g* wird vom Führerstande aus in Bewegung gesetzt.

Diese Anordnung entspricht einer Ausführung des königl. Eisenbahnzentralamtes, Berlin, das sich um die Durchbildung dieser Versuchseinrichtung zur Lokomotivindizierung große Verdienste erworben hat.

Der elektrisch betätigte Hahn.

Die Ketten, Zugstangen und Gelenke des mechanisch bewegten Hahnes fallen bei dem elektrisch bewegten Hahn fort. Dafür muß man jedoch eine größere Anzahl Drähte und Kontaktstellen in Kauf nehmen. Fig. 103 gibt ein Bild des elektrisch gesteuerten Hahns, während aus Fig. 104 seine Wirkungsweise ersichtlich ist.

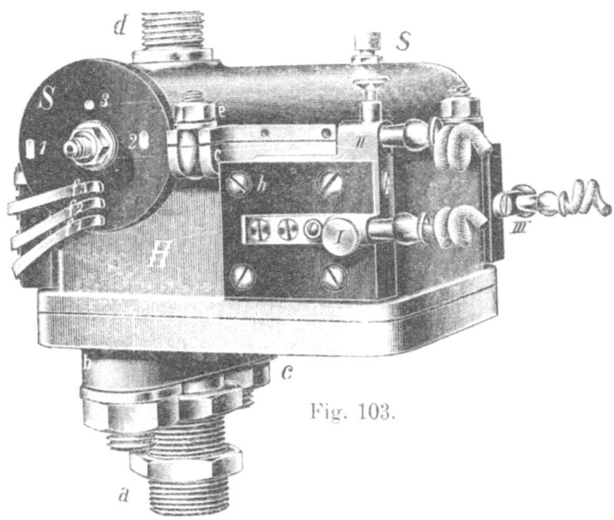

Fig. 103.

Der Indikator ist bei *d* aufzusetzen. Der der leichteren Beweglichkeit wegen zylindrisch gestaltete Küken *a* dreht sich nur in einer Richtung und trägt an beiden Enden Schalträder *b*, in welche die Klinken *c* eingreifen. Diese sind durch Hebel *r* mit dem Anker *e* eines Elektromagneten verbunden, bei dessen Erregung die Klinken den Küken weiterschalten. Das Abheben des Ankers erfolgt durch einen Federstift *i*. Man kann nun durch aufeinanderfolgende Stromstöße den Hahn in jede gewünschte Stellung bringen, die dann am Standorte des Beobachters mit Hilfe einer Kontaktscheibe *S* und einer Reihe von Signalklappen angezeigt wird.

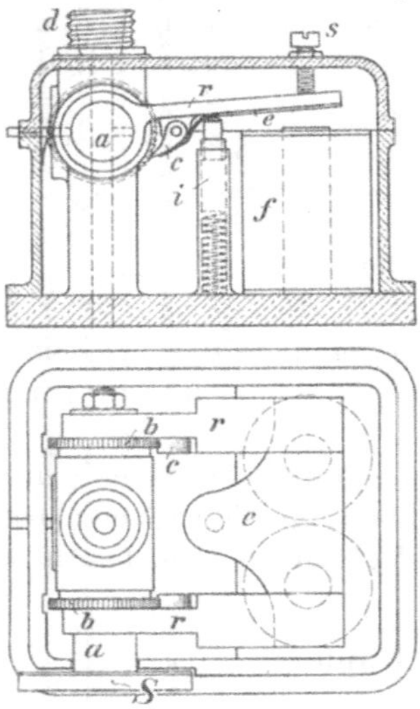

Fig. 104.

Der Hahn (Fig. 103) ist durch ein Metallgehäuse *H* mit durch Klappschrauben *e* fest verschließbarem Deckel vor allen äußeren Einflüssen geschützt.

Das zugehörige Schaltbrett zeigt Fig. 105, das Schaltungsschema wird durch Fig. 106 verdeutlicht.

Die Stromstöße werden durch Drehen der Kurbel *r* gegeben. Die Kurbel dreht unter Zwischenschaltung einer Übersetzung ins Langsame einen mit zwei Schleiffedern versehenen Kontakt über eine Reihe von Metallsegmenten, die in eine im Gehäuse *K* sich drehende Kontaktscheibe S^1 eingelassen sind. Die Stellung des Kontaktes ist am Zeiger *Z* zu erkennen; wenn eine der auf S^1 befindlichen Marken *m* sich mit *Z* deckt, so ist der Hahn stromlos.

Es erübrigt jetzt noch die Stellung des Hahnkükens auf das im Führerstand untergebrachte Schaltbrett zu übermitteln. Zu diesem Zweck ist auf der Hahnachse eine Scheibe *S* aus isolierendem Material mit drei Kontakten *1*, *2* und *3* befestigt, die ihrerseits auf die Schleiffedern f^1, f^2, f^3 treffen, wenn der Hahn für Ausblasen (*1*), atmosphärische Linie (*2*), Diagramm (*3*) richtig steht. Jede dieser Stellungen ist durch Fallen der entsprechenden Klappe in dem zu dem betreffenden Stromkreis gehörigen Klappenkasten *K* am Schaltbrett sichtbar (Fig. 105).

Fig. 105.

Bei Verwendung dieses Hahnes hat jede Zylinderseite einen besonderen Indikator.

Das Schaltbrett Fig. 105 zeigt die Einrichtung für zwei Zylinder, wovon jede Seite je mit einem Hahn und je einem Indikator besetzt ist. Jeder dieser vier Indikatoren hat seinen Klappenkasten K_I bis K_{IV}, ferner besitzt jede Leitung je einen Ausschalter *I* bis *IV*, um die Hähne einzeln auszuschalten bzw. betätigen zu können zur Einjustierung und eventuellen Nachregelierung im Betriebe.

Die Betätigung der Indikatoren selbst, d. h. das An- und Abrücken der Schreibzeuge, und das Weiterschalten des Papierstreifens erfolgt von einem besonderen Schaltbrett aus, genau in der Weise wie es oben beschrieben wurde.

Die Hähne sollen in der Ruhestellung gegen den Zylinder geschlossen sein, so daß der Schreibstift am Indikator die Stellung „atmosphärische Linie" einnimmt. Ebenso soll das Papierband so weit geschaltet sein, daß es für die Aufnahme eines neuen Diagramms bereit ist.

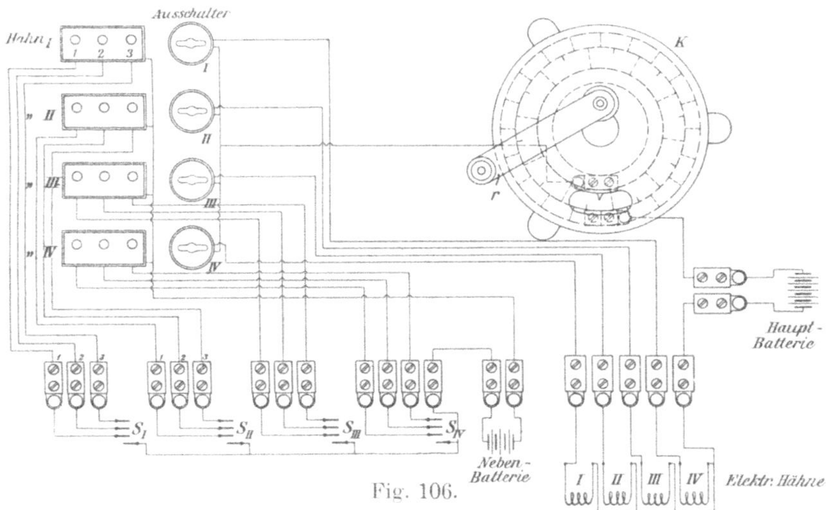

Fig. 106.

Bei einer Diagrammabnahme sind also folgende Operationen nacheinander vorzunehmen.

a) Vorbereitung.

Beide Hebel der Indikatorschalttafel (Fig. 100) auf **„Ab"** stellen und die Schalter *I* bis *IV* einschalten. Die Klappen sollen in der Ruhelage *2* stehen.

b) Ausblasen der Leitungen.

Kurbel *r* des Drehschalters so lange drehen bis die Klappen *1* fallen. Zwischendurch wird Stellung *3* passiert und die Indikatoren machen zur Anwärmung einige Kolbenspiele.

c) Ziehen der Atmosphärenlinie.

Kurbel *r* weiterdrehen bis die Klappen *2* fallen. Den Hebel **„Schreibzeug"** kurz auf **„An"** und gleich wieder auf **„Ab"** stellen.

d) Diagrammabnahme.

Kurbel *r* weiterdrehen bis die Klappen *3* fallen und damit der Hahn ganz geöffnet ist. Den Hebel **„Schreibzeug“** kurz auf **„An“** und gleich wieder auf **„Ab“** zurück.

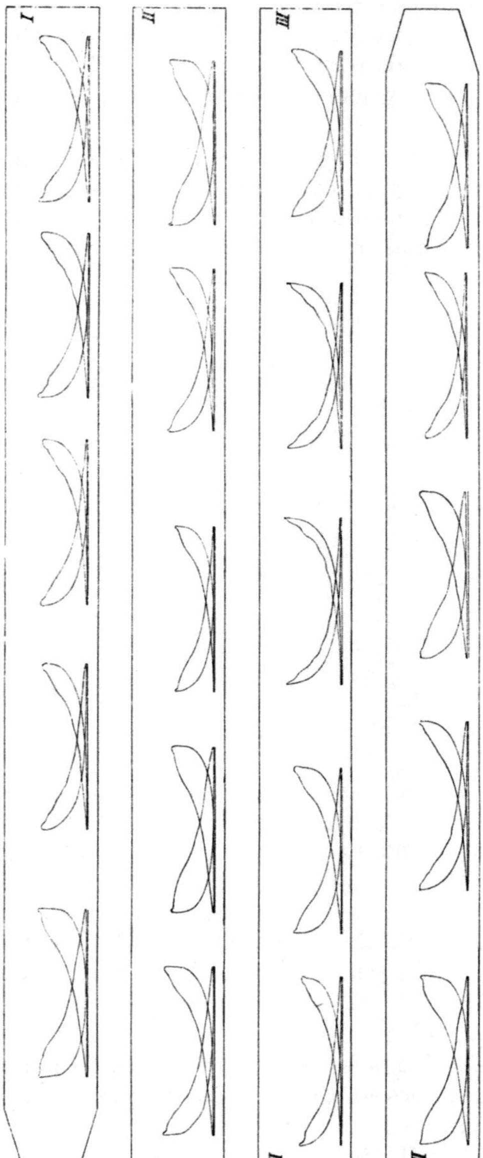

Fig. 107.

e) Schließen der Hähne.

Kurbel *r* solange weiterdrehen bis die Klappen *2* fallen. (Die Stellungen für Hahnschluß und Atmosphärenlinie sind gleich.)

f) Weiterschalten des Papiers.

Schalter **„Trommel“** 6—8 Kolbenspiele lang auf **„An“**, dann zurück auf **„Ab“**.

Es ist unerläßlich, daß vor dem Antritt einer solchen Indizierfahrt sämtliche Einzelheiten der Versuchseinrichtung auf das peinlichste durchgesehen und geprüft werden. Die Schraubenverbindungen, soweit sie nicht gesichert werden können, müssen vollkommen festgezogen sein. Alle notwendigen Schnurverbindungen müssen sorgfältig abgelängt sein und aus tadellosem Material bestehen. Der Indikatorkolben, die Gelenke des Schreibgestänges, insbesondere die Achse der Papiertrommel sind mit entsprechendem Öl zu versehen. Der Schreibstift ist sorgfältig (nicht zu spitz, damit er nicht einreißt) zu schärfen, festzuschrauben und sein Druck gegen das Papier richtig einzustellen.

Die elektrischen Leitungen sind genau nach den Schaltungsschemata zu verlegen und die einzelnen Stromkreise auf richtiges Funktionieren zu prüfen.

Auf einem 3 m langen Diagrammpapier lassen sich, wie an Fig. 107 zu sehen, bequem 20—30 Einzeldiagramme unterbringen, eine Anzahl, die auch für eine längere Fahrtdauer ausreicht. Das Auswechseln der Papierstreifen wird dann während des Haltens auf der Station vorgenommen.

Über Indikatorantrieb an Lokomotiven siehe Kapitel 11 „Trommelantrieb".

7. Prüfung der Indikatoren.

Die Prüfung der Indikatoren hat sich in der Hauptsache auf folgende Punkte zu erstrecken:

1. Dichtheit des Kolbens und leichter Gang des Schreibzeugs.
2. Toter Gang im Schreibgestänge.
3. Proportionalität des Schreibgestänges.
4. Genauigkeit der Geradführung.
5. Parallelismus zwischen Indikatorzylinder und Papiertrommel.
6. Rundlaufen der Papiertrommel.

1. Dichtheit des Kolbens und leichter Gang des Schreibzeugs.

Zur Prüfung der Dichtheit des Kolbens und des Ganges des Schreibzeugs setzt man das Instrument ohne Feder zusammen, nachdem sämtlichen sich reibenden Teilen, wie Kolben, Kolbenstangenführung und Drehpunkten der Gelenke, etwas dünnflüssiges Öl, am besten Knochenöl, gegeben wurde. Nun nehme das man Instrument in die eine Hand und halte zugleich mit einem Finger dieser Hand die untere Öffnung des Zylinders luftdicht zu. Man kann auch hierzu einen gut passenden Kork oder Gummistopfen verwenden. Wenn man jetzt das Schreibzeug mit der anderen Hand an dem Schreibstift anzuheben versucht, so wird sich ein gewisser Widerstand durch die Luftverdünnung unter dem Kolben bemerkbar machen. Je größer der Widerstand, um so dichter der Kolben. Hält man den ursprünglich in der tiefsten Lage befindlichen Schreibstift dauernd in der höchsten Lage, so wird entsprechend dem Eindringen von Luft unter dem Kolben zwischen diesem und der Zylinderwandung hindurch der Widerstand allmählich verschwinden. Läßt man dann den Schreibstift los, so sinkt das ganze Schreibzeug langsam wieder in die tiefste Lage zurück, wenn der Kolben genügend dicht ist. Wie vorhin die Größe des Widerstandes, so ist jetzt die Schnelligkeit, mit der das Schreibzeug herabsinkt, ein Maß für die Kolbendichtigkeit. Fällt das Schreibzeug schnell herunter, so ist der Kolben zu undicht. Bleibt das Schreibzeug losgelassen an irgendeinem Punkt hängen, so ist in dieser Lage irgendwo eine unzulässige Reibung vorhanden. Ob diese in den Schreibhebeln oder im Kolben liegt, kann nach Entfernung des letzteren entschieden werden. Ein Schreibzeug mit Kolben ist in Ordnung, wenn es auf der unter dem Kolben eingeschlossenen Luft „tanzt“: man drückt hierzu den etwa in mittlerer Lage befindlichen Kolben am Schreibhebel nach unten und schnellt ihn los; er muß dann um diese mittlere Lage vibrieren.

2. Toter Gang im Schreibzeug.

Der tote Gang wird sich in jedem Schreibzeug mit der Zeit mehr oder weniger stark bemerkbar machen. Wenn auch im neuen Zustand bei voller Beweglichkeit der Gelenke keine Spur von totem Gang vorhanden ist, so wird er sich trotzdem allmählich infolge der natürlichen Abnützung beim Gebrauch einstellen. Es ist daher schon aus diesem Grunde ein Gebot der Erhaltung des Instruments, sämtliche Gelenke gut in Öl zu halten.

Um die Größe des toten Ganges zu erkennen, bringe man zwischen Kolben und Deckel einen festen Anschlag, ein Röhrchen oder ein zusammengebogenes Blech usw., mit Hilfe dessen man den Kolben gegen den Deckel drückt, so daß das Schreibzeug sich etwa in mittlerer Höhe befindet. Man kann dann sofort durch Bewegen des Schreibstiftes die Größe des toten Ganges feststellen und durch genaues Beobachten der einzelnen Gelenke sehen, wo am meisten „Luft“ ist. Weiter kann man auf diese Weise das Schreibzeug in verschiedener Höhenlage auf toten Gang hin untersuchen. Beträgt der tote Gang am Schreibstift gemessen mehr als etwa 1% des größten Schreibstifthubes, so erscheint es angezeigt das Instrument zur Reparatur zu geben.

3. Proportionalität des Schreibzeugs.

Zur Prüfung der Proportionalität des Schreibzeugs — nicht der Feder — bedarf es besonderer Vorrichtungen. Sie wird so untersucht, daß der Kolben um unter sich genau gleiche Teile gehoben und dann jeweils mit dem Schreibstift auf dem um die Trommel gelegten Papier ein Strich gezogen wird. Besteht vollkommene Proportionalität zwischen Kolbenhub und Schreibstiftweg, so haben auch die Linien auf dem Papier unter sich genau gleiche Abstände.

Das Anheben des Kolbens um genau gleiche Teile kann in verschiedener Weise geschehen. Eine einfache Vorrichtung zeigen Fig. 108 und 109. Im wesentlichen besteht sie aus einer Mikrometerschraube, die von unten in den Indikator eingeführt durch die Kuppelmutter mit ihm fest verbunden wird. Durch besondere Verlängerungsstücke *1*, *2*, *3*, die je nach der Baulänge des Zylinders zu wählen sind, erreicht man, daß der Indikatorkolben in seiner tiefsten Lage bei annähernd zurückgezogener Mikrometerschraube sich gerade auf das Ende des Verlängerungsstückes stützt.

Man stellt nun die Schraubhülse des Mikrometers auf Null und zieht mit dem Schreibstift eine Linie, indem man die Trommel mittels der Indikatorschnur bewegt. Nach einer ganzen Umdrehung der Schraubhülse hebt sich der Kolben genau um 1 mm, der Schreibstiftweg soll dann bei Übersetzung von z. B. 1 : 6 genau 6 mm sein, was durch Ziehen der betr. Linie festgestellt wird. Dies setzt man fort bis zur höchsten Schreibstiftlage und führt ev. zur Kontrolle die Prüfung nochmals rückwärts durch, wobei die Berührung von Kolben und Schraube $s\,s^1$ durch leichten Druck auf den Schreibhebel sicherzustellen ist.

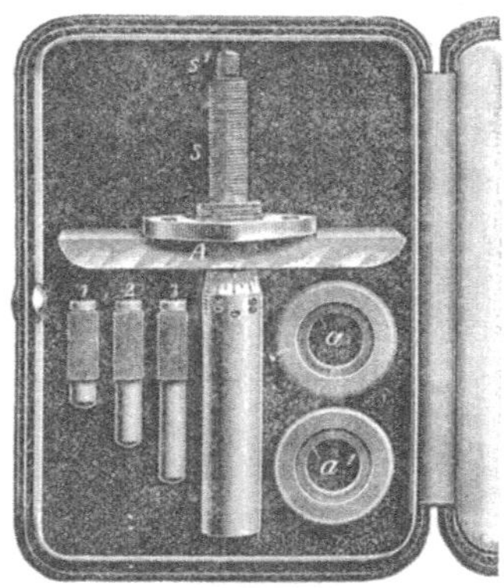

Fig. 108.

Zur bequemen Handhabung dieses Mikrometers dient das in Fig. 109 dargestellte Stativ, dessen Benutzung ohne weiteres klar ist. Will man die Genauigkeit der Prüfung, sofern sie nicht von Fehlern in der Schraube abhängt, soweit als möglich treiben, so bedarf es einiger kleiner Vorsichtsmaßregeln. Zunächst muß der Schreibstift möglichst gut und zwar zentrisch gespitzt sein, was man am besten auf der Drehbank mit einer feinen Schlichtfeile erreicht. Sodann soll der Druck, mit dem sich der Kolben auf die Mikrometerschraube stützt, in jeder Lage gleich groß sein. Bei dem Staus- und Maihak-Indikator wird man das leicht durch Belastung des obersten Kolbenstangenendes mit einem entsprechenden Gewicht erzielen können. Bei den Innenfeder-Indikatoren empfiehlt es sich eine ganz schwache Schraubenfeder zwischen Kolben und Deckel einzusetzen, die man sich leicht auf der Drehbank aus dünnem Stahldraht wickeln kann. Beide Belastungsweisen, die mit Gewicht oder Feder, bezwecken nur einen möglichst konstanten Kraftschluß zwischen Kolben und Mikrometerschraube. Ferner sollte die Fläche am Kolben, gegen die sich das Ende der Schraube bzw. des Verlängerungsstückes stützt, eine Ebene senkrecht zur Zylinderachse sein. Bei genauen Untersuchungen genügen daher die Schrauben, die zum Festhalten des Kolbens auf der Stange dienen, nicht, sondern müssen durch besondere, mit den erforderlichen Endflächen versehene ersetzt werden. Schließlich muß man bei dem Bewegen der Trommel mit der Indikatorschnur darauf achten, daß man stets genau in derselben Richtung zieht, am vorteilhaftesten in Richtung des Instrumentenarmes, um diesen nicht zu verbiegen und dadurch die Trommelachse in verschiedene Lage zu bringen. Die Ausmessung der so erhaltenen Diagramme muß auf dem weiter unten besprochenen Feinmeßapparat (Fig. 120 auf S. 99) erfolgen.

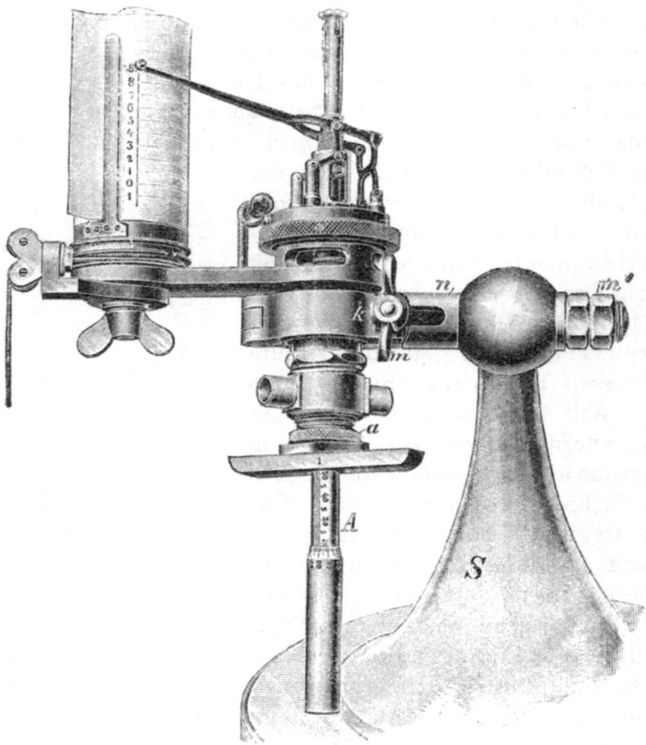

Fig. 109.

4. Die Geradführung.

Die Geradführung läßt sich verhältnismäßig einfach prüfen. Man bewegt den Kolben innerhalb seiner Bewegungsgrenzen und läßt gleichzeitig den Schreibstift seine Bahn auf einem Papier auf der Trommel aufzeichnen, indem man das Schreibzeug vorsichtig an die stillstehende Trommel führt. Innerhalb des nutzbaren Schreibstifthubes soll nun die so erhaltene Linie tunlichst gerade sein, was man mit einem guten Lineal feststellt. Die Abweichungen innerhalb der erwähnten Grenzen sollen nicht mehr als etwa 0,2 mm betragen.

5. Parallelismus zwischen Indikatorzylinder und Papiertrommel.

Die Zylinderachse und die Trommelachse müssen genau parallel zueinander sein, und zwar muß dieser Parallelismus nicht nur in der Hauptansicht, sondern auch in der Seitenansicht vorhanden sein.

Sind die beiden Achsen in der Hauptansicht nicht para le dann steht die vom Schreibstift bei stillstehender Trommel beschriebene Gerade nicht senkrecht zur Atmosphärenlinie. Es ist also zu prüfen, ob der Winkel zwischen diesen beiden Linien genau 90° beträgt.

Ist der Parallelismus zwar in der Hauptansicht, nicht aber in der Seitenansicht vorhanden, dann ist der Druck, mit dem der einmal eingestellte Schreibstift schreibt, in verschiedener Höhenlage verschieden groß. Die Folge davon wäre, daß ein mit einem derartigen Instrument geschriebenes Diagramm entweder nur teilweise vorhanden wäre oder in der Strichstärke wechselte. Dieser Fehler macht sich sofort bemerkbar. Die Prüfung auf Parallelismus erfolgt so, daß man den Schreibstift in tiefster Lage auf ganz schwache Berührung mit dem Papier auf der Trommel einstellt und nun die Kolbenstange hochdrückt oder zieht, je nachdem es ein Innen- oder Außenfeder-Indikator ist. Die von dem Schreibstift gezogene Linie soll durchweg gleichstark sein.

6. Rundlaufen der Trommel.

Das Unrundlaufen der Trommel bewirkt ebenfalls eine wechselnde Strichstärke. Ein gröberes Unrundlaufen der Trommel ist bereits mit freiem Auge festzustellen, indem man mit der Schnur die Trommel rasch hin und her bewegt und dabei den Umfang der Trommel beobachtet. Nicht unmittelbar sichtbare Fehler lassen sich auch wieder mit dem auf schwache Strichstärke eingestellten Schreibstift nachweisen, ähnlich wie unter 5, nur mit dem Unterschied, daß jetzt nicht das Schreibzeug sondern die Trommel bewegt wird.

Die Prüfung des Indikators auf die unter 1—6 besprochenen Eigenschaften ist von Zeit zu Zeit zu wiederholen, damit man eine Kontrolle für den Zustand des Instrumentes besitzt und Mängel, die sich nach und nach einstellen sollten, rechtzeitig beseitigen lassen kann. Insbesondere sollte diese Prüfung dann vorgenommen werden, wenn ein Instrument oder ein Teil von ihm einem Stoß, Fall oder Ähnlichem ausgesetzt war.

8. Federeichung.

Die Federeichung ist für den Benutzer von Indikatoren eine der wichtigsten Arbeiten, da sich erst auf Grund der Federeichung die mit dem Indikator zu ermittelnden Leistungen in der wünschenswerten und möglichen Genauigkeit angeben lassen.

Die Federeichung bezweckt die Ermittlung des Federmaßstabes, d. i. jene Zahl, die angibt, um wieviel Millimeter oder Zentimeter sich der Schreibstift bewegt, wenn sich der Druck unter dem Kolben um eine Atmosphäre, d. i. 1 kg/qcm, ändert. In dieser Definition ist unmittelbar der bei der Federeichung einzuschlagende Weg angedeutet. Es gibt eine ganze Reihe von Methoden zur Federeichung, die alle auf mehr oder weniger umständlichem Wege mit größerer oder geringerer Genauigkeit zum Ziele führen.

Der Verein deutscher Ingenieure hat im Einvernehmen mit der Physikalisch-Technischen Reichsanstalt im Jahre 1906 Bestimmungen über die Feststellung der Maßstäbe für Indikatorfedern herausgegeben, die in der Z. d. V. d. I. in Nr. 18 vom Jahr 1906, S. 709f. veröffentlicht sind. Diese „Bestimmungen" und ihre Erläuterungen sind nachstehend wiedergegeben.

Bestimmungen über die Feststellung der Maßstäbe für Indikatorfedern.

Im Einvernehmen mit der Physikalisch-Technischen Reichsanstalt aufgestellt vom Verein deutscher Ingenieure.

A. Bestimmungen.

1. Jeder Indikator, dessen Federn geprüft werden sollen, ist vorher auf seinen Zustand, insbesondere hinsichtlich Kolbenreibung, Dichtheit und auf toten Gang des Schreibzeuges zu untersuchen.
2. Die Indikatorfedern sind durch Gewichtsbelastung zu prüfen.
3. Die Federn sind in Verbindung mit dem Schreibzeug zu prüfen.
4. Jede Feder, die beim Gebrauch des Indikators höhere Temperaturen annimmt, ist im allgemeinen kalt und warm, und zwar bei etwa 20° C (Zimmertemperatur) und bei 100° C zu prüfen.
5. Die Federn sind mit mehrstufiger Belastung zu prüfen, und zwar in mindestens 5 Stufen oberhalb der atmosphärischen Linie und in wenigstens 3 Stufen unterhalb derselben. In den Prüfschein sind alle Einzelwerte der Untersuchung aufzunehmen.
6. Der Durchmesser des Indikatorkolbens wird bei Zimmertemperatur gemessen.

B. Erläuterungen zu den vorstehenden Bestimmungen.

Zu 1.

Es ist unerläßlich, daß der Indikator vor Eintritt in die Federprüfung auf seinen Zustand untersucht wird, um etwa vorhandene Mängel aufzudecken. Hierbei wird es in erster Linie darauf ankommen, die Punkte festzustellen, in denen das Verhalten des Instrumentes von demjenigen guter Indikatoren abweicht. Die aufgefundenen Mängel werden sich im allgemeinen nur zu einem Teil zahlenmäßig ausdrücken lassen. Bei Beurteilung des Zustandes des Indikators wird zu beachten sein, daß der Anspruch auf vollkommene Dichte und auf vollständig reibungsfreien Gang des Kolbens nicht erhoben werden darf.

Zu 2.

Für die Bestimmung der Maßstäbe der Indikatorfedern kamen bisher vorwiegend folgende Verfahren in Anwendung:

a) Belastung der Feder durch Dampf- oder Flüssigkeitsdruck und Ermittelung des Druckes mit Feder- oder Quecksilbermanometern;

b) Belastung der Feder durch Flüssigkeitsdruck, welcher durch einen mit Gewichtsscheiben belasteten Kolben erzeugt wird (Kolbenpresse) und Berechnung des Druckes aus der Gewichtsbelastung und dem Querschnitt des Kolbens;

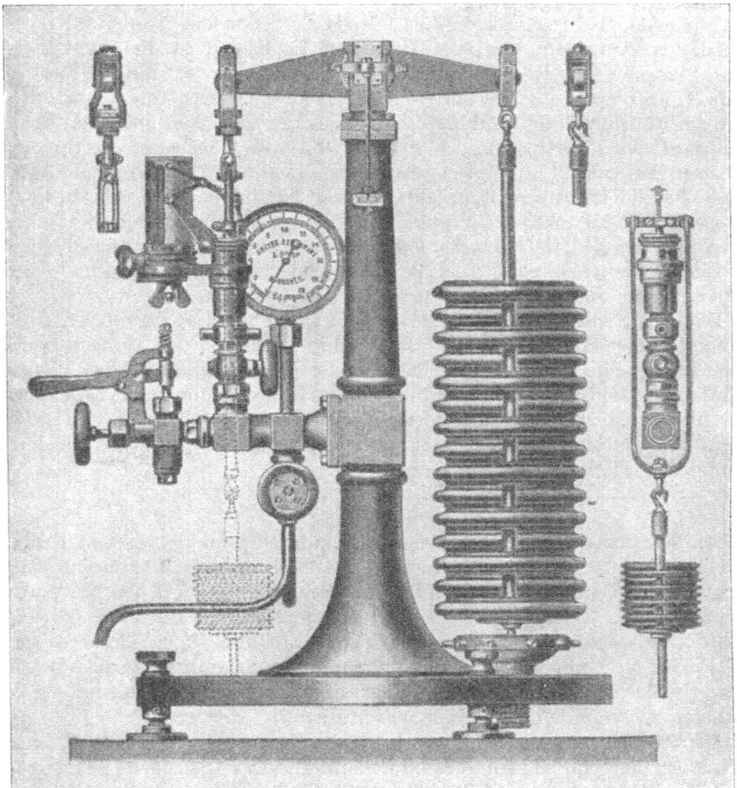

Fig. 110.

c) Belastung der Feder durch Gewichte.

Bei dem Verfahren a) unter Anwendung von Dampfdruck ist es nicht möglich, die Feder auf einer beliebigen Temperatur zu halten; sie wird vielmehr während der Prüfung eine Temperatur annehmen, die von dem Dampfdrucke, der Dichtheit des Indikatorkolbens und der Dauer der Belastung abhängt.

Das Verfahren b) Belastung der Feder durch Flüssigkeitsdruck (Kolbenpresse) liefert nach den Versuchen der Physikalisch-Technischen Reichsanstalt einwandfreie Ergebnisse nur unter gewissen Voraussetzungen und nur für stärkere Federn, sowie bei Belastungen von mehr als etwa 2 kg/qcm. Bei geringeren Drücken beeinflußt die Flüssigkeitsreibung die Genauigkeit zu erheblich.

Mit Rücksicht hierauf erschien es geboten, von den Verfahren a) und b) abzusehen und nur das Verfahren c) in die Bestimmungen aufzunehmen. Für die Durchführung desselben kann insbesondere der Apparat von Rosenkranz, Fig. 110, empfohlen werden. Er gestattet die Druck- und Vakuumprüfung in der gleichen Stellung des Indikators und ermöglicht bei Anwärmung des Indikators die leichte Abführung des Dampfwassers. Auch der Apparat von Strupler, Fig. 111, liefert, wenn dem letzteren Punkte genügende Beachtung geschenkt wird, einwandfreie Ergebnisse. Wenn die Feder nur kalt und nur auf Überdruck geprüft werden soll, kann auch der Bollinckxsche Bügel, Fig. 112, verwendet werden.

Bei der Benutzung des Indikators zum Indizieren ist die Feder Erschütterungen ausgesetzt, wodurch bei guten Instrumenten der Einfluß der Reibung auf die Kolbenbewegung vermindert wird. Bei der Federprüfung empfiehlt es sich, zur Herbeiführung eines ähnlichen Zustandes vor dem Schreiben der Belastungslinien die Feder in Schwingungen zu versetzen und danach das Instrument zu erschüttern. Bei guten Indikatoren genügt zum Erschüttern ein schwaches Anschlagen an das Gestell des Prüfungsapparates, um den Einfluß der Reibung auf das Ergebnis unschädlich zu machen. Von diesem Einfluß auf die Prüfung kann man sich dadurch überzeugen, daß man die Feder bei Be- und bei Entlastung prüft. Decken sich beide Ergebnisse, so ist die Reibung bei der Prüfung ausgeschaltet gewesen, sofern von der elastischen Nachwirkung abgesehen werden darf.

Die Unsicherheit, welche die Kolbenreibung in die Ergebnisse der Federprüfung bringen kann, läßt sich durch Herausnehmen des Kolbens vermeiden. Nachdem verschiedene Arbeiten, insbesondere auch diejenigen der Physikalisch-Technischen Reichsanstalt gezeigt haben, daß die Prüfung der Federn mit und ohne Indikatorkolben gleiche Federmaßstäbe ergibt, wenn im ersteren Falle der Einfluß der Reibung ausgeschaltet wird, erscheint es berechtigt, bei der Federprüfung den Kolben herauszunehmen.

Zu 3.

Bei den Schreibzeugen sehr vieler Indikatoren besteht zwischen Kolben- und Schreibstifthub nur in unvollkommenem Maß Proportionalität; deshalb ist bei der Prüfung einer Feder auch der Einfluß des Schreibzeuges auf den Maßstab mit zu berücksichtigen. Wohl gibt es neuere Indikatoren, deren Schreibzeuge genügende Proportionalität zwischen Kolben- und Schreibstifthub zeigen; für diese wäre auch eine Prüfung der Feder unabhängig von ihrem Schreibzeug zulässig. Zur Gewinnung eines Maßstabes ist dann aber außerdem noch die Feststellung des Verhältnisses zwischen Kolben- und Schreibstifthub erforderlich.

Die Ausdehnung der Prüfung auf die Untersuchung des Schreibzeuges wird empfohlen; insbesondere sollte bei Beschaffung neuer Instrumente eine genügende Proportionalität zwischen Kolben- und Schreibstifthub gefordert werden, um auf eine Verbesserung dieser Verhältnisse hinzuwirken.

Zu 4.

Der Maßstab einer Feder ist von der Temperatur abhängig, welche sie bei der Indizierung besitzt[1]). Während die Temperatur der „außen liegenden“ Feder

[1]) Die Temperatur, welche die Feder während der Indizierung besitzt, kann durch Thermoelement oder Thermometereinsatz gemessen werden. Zur Abschließung des Federraumes ist der beim Indizieren verwendete Indikatorkolben zu benutzen, da die Temperatur des Federraumes und der Feder von der Dichtheit des Kolbens abhängt.

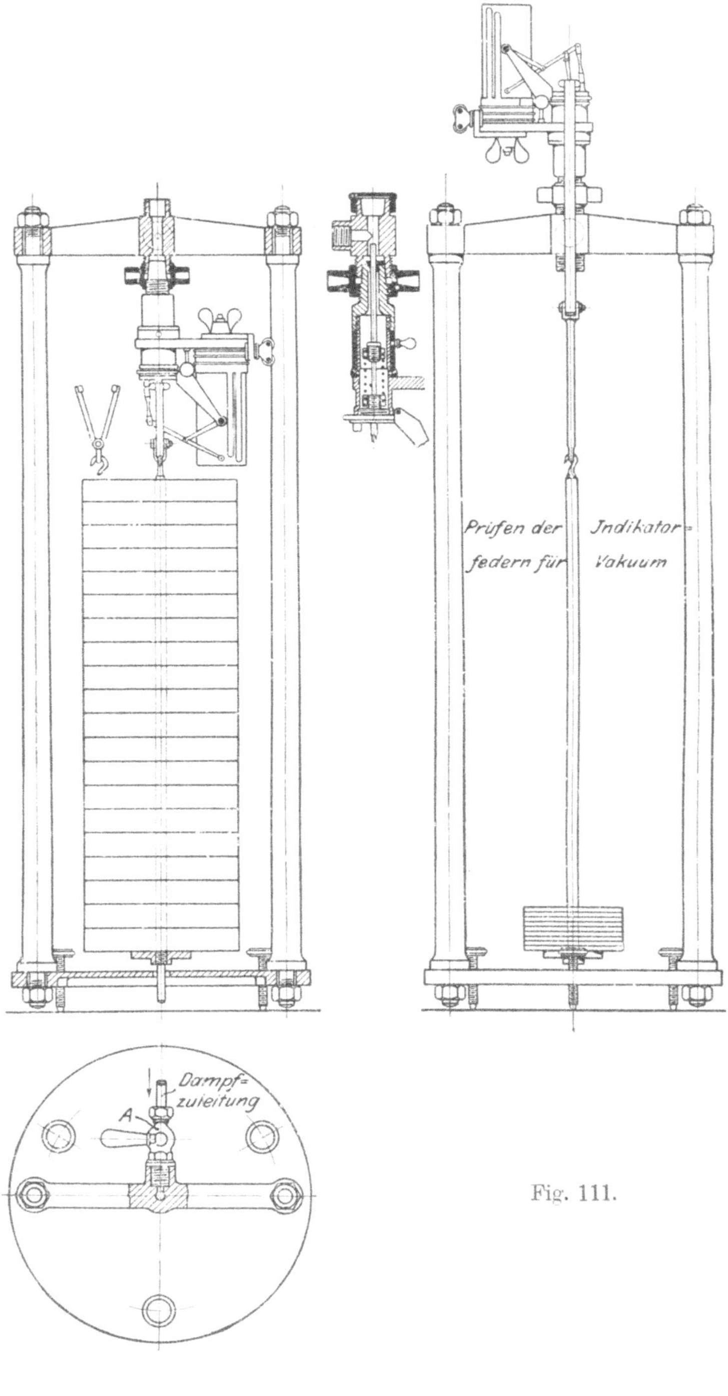

Fig. 111.

durch die Arbeitsflüssigkeit wenig beeinflußt wird, ist dies bei der innen liegenden Feder in hohem Maße der Fall. Für die Berücksichtigung des Einflusses der Temperatur auf den Federmaßstab kommen zwei Wege in Betracht, und zwar:

a) Prüfung der kalten Feder und Berechnung des Maßstabes für eine beliebige andere Temperatur mit Hilfe des „Temperaturkoeffizienten".

b) Prüfung der Feder bei verschiedenen Temperaturen.

Das Verfahren a) würde zweifellos das einfachere sein; dasselbe kann jedoch nicht allgemein empfohlen werden, da zahlreiche Versuche, insbesondere auch die Arbeiten der Physikalisch-Technischen Reichsanstalt ergeben haben, daß der Temperaturkoeffizient nicht für alle Federn gleich ist, sondern scheinbar in weiten Grenzen, bei starken Federn etwa zwischen 0,0003 und 0,0005, für schwache Federn etwa zwischen 0,0003 und 0,0006 schwankt. Auch wächst er mit zunehmender Temperatur.

Im allgemeinen muß sonach auf die Benutzung des Temperaturkoeffizienten verzichtet und dafür zu einer Prüfung jeder Feder bei mehreren Temperaturen übergegangen werden, wodurch der Einfluß der Temperatur auf den Federmaßstab für jede Feder festgestellt werden kann. Nachdem zahlreiche Versuche ergeben haben, daß bei sehr vielen Indizierungen die Temperatur der innen liegenden Feder 100 °C nicht erheblich überschreitet, ist als obere Prüfungstemperatur 100 ° C gewählt worden.

Die für Indizierungen bei Temperaturen zwischen 20 und 100 ° C oder außerhalb dieses Gebietes erforderlichen Maßstäbe können mit mehr oder minder großer Annäherung durch Inter- bzw. Extrapolation bestimmt werden. Man nahm davon Abstand, in diesen „Bestimmungen" noch mehr Prüfungstemperaturen vorzusehen, da die hierdurch für den Einzelfall zu erreichende Steigerung der Genauigkeit die erwachsende Mehrarbeit im allgemeinen nicht mehr rechtfertigt.

Berechnet sich aus den Ergebnissen der Prüfung einer Feder bei den beiden angegebenen Temperaturen mit Benutzung der Beziehung

$$f_2 = f_1 \{1 + \alpha (t_2 - t_1)\}$$

ein Wert α, welcher größer ist als 0,0005, so ist anzunehmen, daß die Änderung des Maßstabes nicht allein durch die Temperatur, sondern auch durch andere Umstände, wie fehlerhafte Befestigung der Federenden usw. herbeigeführt wurde. Solche Federn sollten von wichtigen Untersuchungen ausgeschlossen werden.

Zur Erlangung der für die Prüfung erforderlichen Federtemperatur gibt es verschiedene Möglichkeiten. So kann die Temperatur hergestellt werden, indem die Warmprüfung bei herausgenommenem Kolben durchgeführt und die Feder mit Dampf von etwa Atmosphärendruck, also auf rund 100 ° C angewärmt wird; auch die Anwärmung im Ölbade läßt den Zweck erreichen. Der Prüfende wird sich durch Stichproben zu überzeugen haben, daß die Federn bei dem von ihm angewendeten Verfahren auch die gewünschten Temperaturen während der Prüfung besitzen. Zur Temperaturmessung können Thermoelemente oder Thermometereinsätze empfohlen werden.

Zu 5.

Durch verschiedene Untersuchungen, insbesondere auch diejenigen der Physikalisch-Technischen Reichsanstalt, wurde nachgewiesen, daß die Anzahl der Zwischenstufen den Federmaßstab nicht merklich beeinflußt. Die Prüfung bei Zwischenstufen ist erforderlich, um die Proportionalität des Federmaßstabes kennen zu lernen und außerdem die Möglichkeit zu geben, für ein mit Feder von mangelhafter Proportionalität gewonnenes Diagramm den mittleren Federmaßstab zu bestimmen. Da erfahrungsgemäß die Federmaßstäbe sich in der Nähe der Atmosphärenlinie am stärksten ändern, empfiehlt es sich, die Belastungsstufen nicht gleichmäßig auf das Meßgebiet zu verteilen, sondern in der Nähe der Atmosphärenlinie geringere Abstände zu wählen.

Ein Verfahren für die Verwendung der bei der Prüfung erlangten Zahlenwerte zur Ermittelung eines mittleren Federmaßstabes bei mangelnder Proportionalität ist unter C angegeben[1]).

Zu 6.

Der Einfluß der Temperatur auf die Änderung des Kolbenquerschnittes und damit auch auf den Federmaßstab ist so gering, daß er fast immer gänzlich vernachlässigt werden darf. Es wird daher als genügend erachtet, den Durchmesser des Kolbens nur bei Zimmertemperatur zu messen.

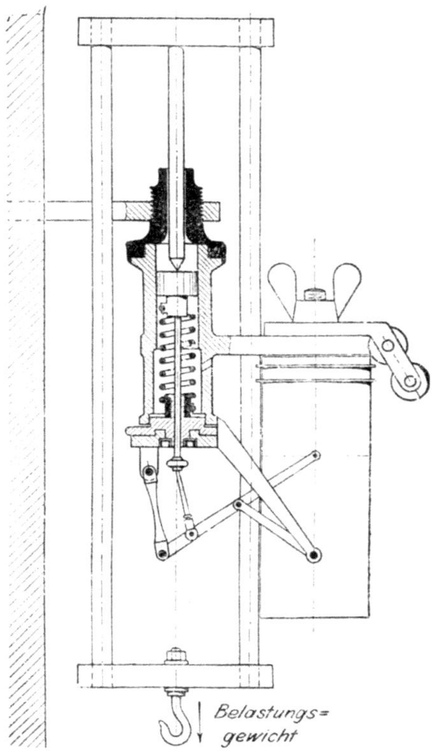

Fig. 112.

Zu diesen Bestimmungen und Erläuterungen ist noch einiges zu bemerken:

Die Bestimmung 1 ist in vorliegendem Buche in Kapitel 7 ausführlich behandelt.

Für die Durchführung der Bestimmung 2 gibt es außerdem noch einige andere Apparate und Verfahren, die weiter unten aufgeführt sind. Grundsätzlich ist folgendes zu sagen: Die Belastungsgewichte des Rosenkranz-Apparates sind für die Rosenkranz-Indikatoren abgestimmt, deren Kolbendurchmesser 2,00 cm beträgt. Die Gewichte des später beschriebenen Maihak-Apparates sind für einen Kolbendurchmesser von 2,027 cm bemessen. Würde man also einen Maihak-Indikator auf einem Rosenkranz-Apparat prüfen, oder einen Rosenkranz-Indikator auf einem Maihak-Apparat, so führte das zu der Unbequemlichkeit, daß die Eichlinien nicht den ganzen, halben usw. Atmosphären entsprächen. Das gleiche gilt auch, wenn die Kolbendurchmesser der Indikatoren bezw. ihre Flächen von den durch die Fabrikanten gewählten Normalien abweichen. Es ist aber aus rein praktischen Gründen wünschenswert, daß die Federeichung in solchen Stufen erfolgt, daß die Eichlinien mit den ganzen Atmosphären zusammenfallen oder, wenn eine feinere Abstufung zweckmäßig erscheint, die Zwischenstufen echte Brüche sind. Denn es

[1]) Abschnitt C der „Bestimmungen" ist hier nicht wiedergegeben, da sein Inhalt einen Teil von Kap. 9, S. 99 u. f. bildet.

ist häufig angezeigt die Indikatordiagramme auf Grund der Eichdiagramme einzuteilen, sei es nun, um ohne weitere Umrechnung bestimmte Drucke im Diagramm abzumessen, oder sei es, um mit dem Eichdiagramm den mittleren Federmaßstab zu berechnen, worüber Näheres in Kapitel 9 zu finden ist. Daher erscheint es in jedem Falle empfehlenswert, die Eichlinien für die ganzen, halben usw. Atmosphären zu ziehen, d. h. die Belastungsgewichte für die entsprechenden Kolbendurchmesser abzustimmen. Bei den Apparaten von Rosenkranz, Strupler und Maihak ist es mit der heutigen Ausführung der Gewichte nicht möglich in allen Fällen diesem Wunsche zu entsprechen. Wohl aber ließen sich die Gewichte so einrichten, daß ein verschließbarer Hohlraum in ihnen vorgesehen wäre, der jeweils eine solche Füllung mit Bleischrot etwa erhielte, daß nunmehr dieses Gewicht dem Kolbenquerschnitt entspräche.

Eicht man mit der Federprüfvorrichtung von Bollinckx (Fig. 112), eine Vorrichtung, die wegen ihrer Einfachheit und Billigkeit sehr empfohlen werden kann und dabei den anderen fertig erhältlichen Eichapparaten an Genauigkeit in den Ergebnissen durchaus gleichwertig ist, oder nach der weiter unten angegebenen Brauerschen Methode, so lassen sich hierbei die Belastungsgewichte stets so wählen, daß die Eichlinien den ganzen, halben usw. Atmosphären entsprechen.

Die Bestimmung 4 erscheint nach der heutigen Verbreitung der Außenfeder-Indikatoren nicht mehr zeitgemäß. Da die Temperatur der Indikatorfeder beim Indizieren großen Schwankungen unterworfen sein kann, ihr Einfluß sich daher zahlenmäßig nicht sicher angeben und bei der Auswertung der Diagramme berücksichtigen läßt, so sollten für solche Versuche, bei denen die größte Genauigkeit angestrebt werden muß, grundsätzlich nur Außenfeder-Indikatoren verwendet werden. Die Erfüllung dieser Bedingung erübrigt alsdann die Eichung des Indikators bei höherer Temperatur.

Ist man auf Innenfeder-Indikatoren angewiesen, so muß man eine gewisse Unsicherheit in dem Ergebnis in Kauf nehmen. Man kann den Betrag dieser Unsicherheit verkleinern, wenn man die Temperatur der Feder beim Versuch auf irgendeine Weise mißt oder schätzt und dann nach der in Kapitel 5, Abschnitt „Die Indikatorfeder", angegebenen Vergrößerung des Federmaßstabes durch den Einfluß der Wärme einen Zuschlag zu dem mit der kalten Feder erhaltenen Federmaßstab macht. Dieses Ergebnis wird mindestens so genau sein, als wenn man die Federn bei 20° und 100° prüft, wie es die Bestimmungen vorschreiben.

Die Bestimmung 5 verlangt, daß die Federn in mindestens fünf Stufen oberhalb und wenigstens drei Stufen unterhalb der atmosphärischen Linie zu prüfen sind. In dieser Fassung verlangen die Bestimmungen zum Teil mehr, zum Teil weniger als wünschenswert ist. Es hat z. B. keinen Zweck, eine Feder mit kleinem Maßstab, die fast ausschließlich für Überdrucke benutzt wird, in drei Stufen unter der Atmosphärenlinie zu prüfen. Auch hier scheinen für die Fassung der Bestimmungen noch die Erfahrungen mit den älteren Indikatorfedern ausschlaggebend gewesen zu sein, wie dies auch in den Erläuterungen zu dieser Bestimmung ausgesprochen ist. Die neueren Federn, insbesondere die Maihakschen Zugfedern, zeigen diese großen Unterschiede beim Durchgang durch die Atmosphärenlinie nicht mehr. Es genügt daher in normalen Fällen, wenn man sich an die Stufen hält, wie sie am Schluß der Beschreibung des Maihakschen Federprüfungsapparates empfohlen sind.

Außer den unter den Bestimmungen empfohlenen Prüfungsvorrichtungen sind noch die zwei folgenden zu erwähnen. Bei ihrer Beschreibung soll gleichzeitig auf die Einzelheiten hingewiesen werden, die bei der Eichung zu beachten sind, und die sinngemäß auch für die Apparate von Rosenkranz, Strupler und Bollinckx gelten.

Für die praktische Durchführung der Eichung mögen einige allgemeine Weisungen dienen.

Vor allem ist zu betonen daß eine Feder stets mit dem Indikator zu eichen ist, mit welchem sie zum Indizieren benutzt wurde. Ferner ist darauf zu achten, daß bei Instrumenten, die ein Höher- oder Tieferlegen der Atmosphärenlinie zulassen, diese bei der Eichung wieder genau dieselbe Lage einnimmt, wie beim Indizieren, damit Fehler in der Proportionalität von Schreibgestänge oder Feder so festgestellt werden können, wie sie das Diagramm beeinflußten.

Beim Ziehen der Eichlinien muß der Schreibstift besonders sorgfältig und zwar zentrisch gespitzt sein, damit die einzelnen Striche in möglichster Schärfe erscheinen.

Streng genommen sollte die Lage des Indikators bei der Eichung dieselbe sein wie bei seiner Verwendung. Diese Bedingung läßt sich häufig nicht erfüllen. Fehler, die sich durch Nichterfüllung dieser Bedingung bei der Eichung bemerkbar machen könnten, sind bei den stärkeren Federn verschwindend; bei den schwachen Federn wird sich die Lage der Atmosphärenlinie infolge des Gewichts von Kolben und Schreibzeug etwas ändern, wenn das Instrument z. B. stehend gebraucht und hängend geeicht wurde. Doch ist auch hier dieser Einfluß von untergeordneter Bedeutung, zumal Schwachfederdiagramme weniger zur Ermittlung von Leistungen, als vielmehr zur Erkenntnis von Druckänderungen in kleinen Grenzen dienen.

Im übrigen ist der Indikator genau in derselben Weise und mit der gleichen Sorgfalt für die Eichung zusammenzusetzen, wie das auch für die Indizierung verlangt werden muß.

Die zur Eichung von Federn durch Gewichtsbelastung fertig erhältlichen Apparate eignen sich nicht ohne weiteres für alle Indikatorsysteme. Man ist häufig gezwungen, sich noch besondere kleine Hilfseinrichtungen wie Zangen, Klammern oder Bügel anzufertigen oder zu beschaffen, um allen vorkommenden Fällen genügen zu können.

Der Federprüfungsapparat von Maihak.

Dieser Federprüfungsapparat (Fig. 113) ist in erster Linie für die oben beschriebenen Außenfeder-Indikatoren, Bauart Staus und Maihak, bestimmt. Der Indikator wird in hängender Stellung mit der Traverse *t* des Prüfungsapparates verbunden. Ist eine Feder nur auf Überdruck zu eichen, so zieht man zunächst die Atmosphärenlinie mit dem in normaler Weise zusammengesetzten Instrument, nachdem man durch leichtes Klopfen mit einem Holzhammer an das Gestell des Apparates den Einfluß der Reibung auf die Gelenke, den Kolben usw. beseitigt hat. Um sich gleichzeitig über die Größe dieser Reibungseinflüsse ein Urteil zu verschaffen, drücke man den Schreibhebel einmal sanft nach unten und einmal sanft nach oben und ziehe jedesmal eine kurze Linie, ohne den Apparat zu erschüttern. Der Abstand dieser beiden Linien von der zuerst gezogenen Atmosphärenlinie wird um so größer, je größer die Reibung des Indikators ist. Er soll nicht mehr betragen, als 1—2% des nutzbaren Schreibstifthubes, bei guten Instrumenten wird er meist kleiner, häufig gleich Null sein.

Jetzt wird an Stelle des Schlußschräubchens das Gewichtsgestänge $r^1 f$ angeschraubt, das bei *k* kugelig aufgehängt ist. Als erstes Belastungsgewicht kommt auf die Platte des Gestänges das kleinste der mitgegebenen Hartbleigewichte *G*. Dieses mit dem Gestänge zusammen wiegt genau so viel wie eines der übrigen, die so bemessen sind, daß sie einer Atmosphäre Druck unter dem Kolben entsprechen. Da der Kolbenquerschnitt 2,027 cm beträgt, so müssen die Gewichte je 3,228 kg wiegen. Nun zieht man die betreffende Linie, legt das zweite Gewicht auf, zieht wieder die entsprechende Linie usf. bis zu der für die Feder zulässigen Belastungsgrenze, wobei man stets vor dem Ziehen der Linien den Apparat durch leichte Schläge wie erwähnt erschüttert.

Will man die Eichlinien für die Be- und Entlastung aufnehmen, so empfiehlt es sich für die eine Belastungsweise die Linien bis etwas über die Hälfte des Trommelhubes zu ziehen und für die andere etwa von der Mitte des Trommelweges ab bis zum Ende, so daß sich beide Liniensysteme in der Mitte etwas überschneiden. Hierdurch kann man Unregelmäßigkeiten oder elastische Nachwirkungen rasch erkennen. Man vergesse nie, bevor man das Papier mit den Eichlinien von der Trommel zieht, zu prüfen, ob die Atmosphärenlinie sich nicht vielleicht verschoben hat. Ist eine merkbar andere Lage der Atmosphärenlinie zu erkennen, so ist der Ursache dieser Erscheinung nachzugehen. Manchmal ist sie in einer Verschiebung der Trommel oder des Papiers auf ihr zu finden.

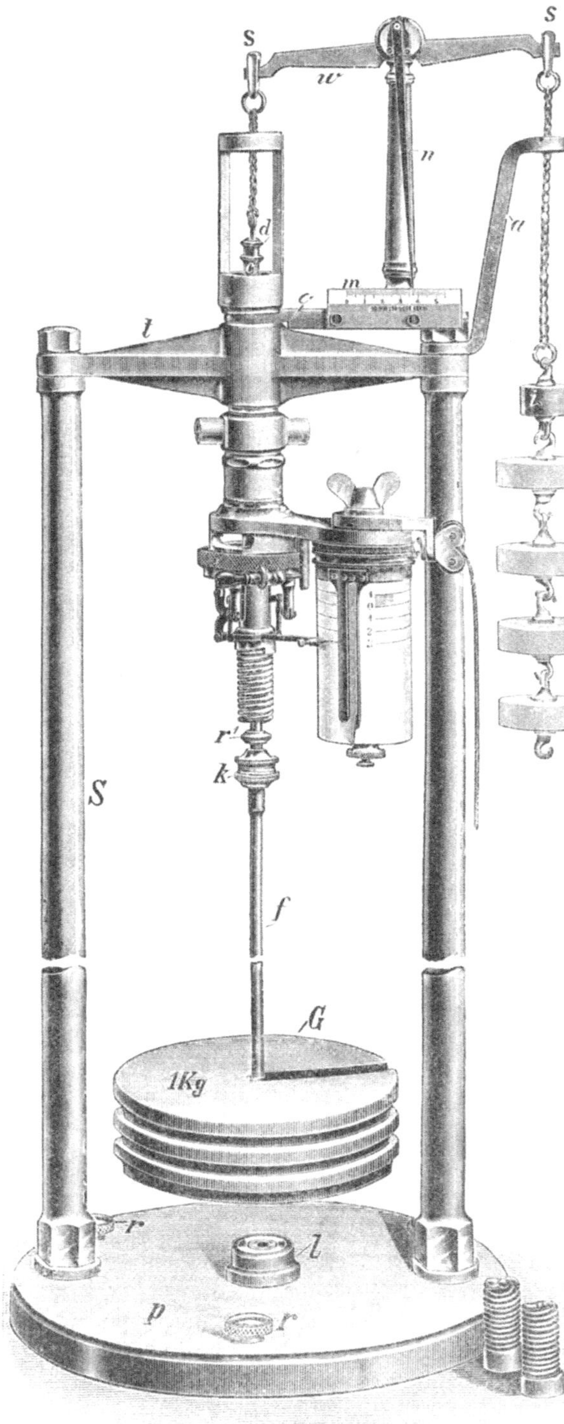

Fig. 113.

Ist eine Feder gleichzeitig auf Unterdruck zu prüfen, so wird vor dem Anschrauben des Indikators an Stelle des Kolbenschräubchens das Gestänge *c d* eingeschraubt, an dem der Wagebalken *w* zur Druckbelastung der Feder angreift. Zum Ausgleich des Gestängegewichtes von *c d* dient das kleine Gewicht *i*. Jetzt werden an die untere Öse von *i* die erforderliche Zahl der Einzelgewichte *g* angehängt, die je 0,1 at entsprechen. Auf diese Weise erhält man die Überdruck- und Unterdrucklinien auf ein und dasselbe Papier.

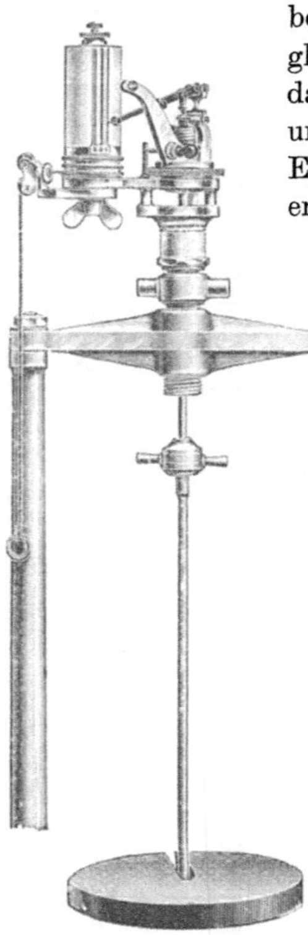

Fig. 114.

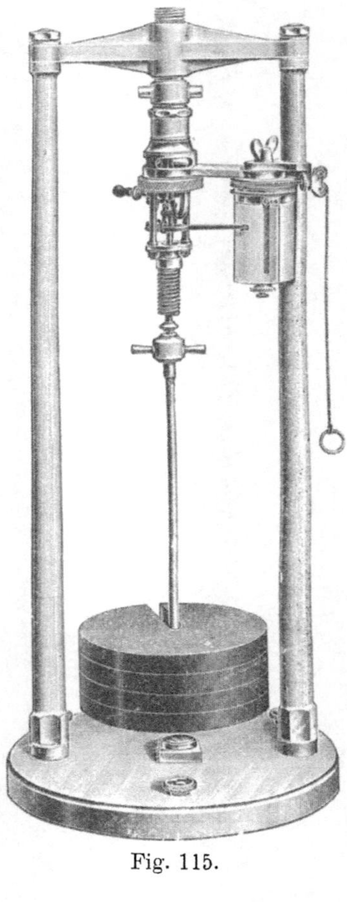

Fig. 115.

In normalen Fällen genügt es, wenn Federn mit einem Maßstab bis etwa 8 mm von ganzen zu ganzen Atmosphären geeicht werden; zwischen 8 und 16 mm Federmaßstab ziehe man auch noch die Linien der halben Atmosphären. Für Federn bis zu 30 mm für 1 at eiche man von $^1/_5$ zu $^1/_5$ at, für noch schwächere Federn gehe man von $^1/_{10}$ zu $^1/_{10}$. Das soll nur im allgemeinen ein Anhalt sein, für besondere Zwecke wird man seine Wahl auch besonders treffen.

Es ist noch zu erwähnen, daß das Gewicht des Gestänges *k f* dem eines Einzelgewichtes *g* entspricht. Es läßt sich also jede beliebige Belastung von $^1/_{10}$ zu $^1/_{10}$ at nicht nur für die Unterdrucke sondern auch mit den kleinen Gewichten *g* für die Überdrucke herstellen.

In vielen Fällen genügt die einfachere Prüfungseinrichtung Fig. 114 und 115, bei welcher der Indikator für die Druckprobe bei der Zugfeder (für Vakuum) auf den Gewindestutzen oberhalb der Brücke in aufrechter Stellung aufgeschraubt wird, Fig. 114, nachdem vorher eine Zugstange zur Verbindung mit dem Gewichtsgestänge in den Indikatorkolben (an Stelle von dessen Befestigungsschraube) eingeschraubt wurde. Die Prüfung auf Zug (entsprechend Druck unter dem Kolben) geschieht nach Fig. 115 und bedarf nach Vorstehendem wohl keiner weiteren Erläuterung.

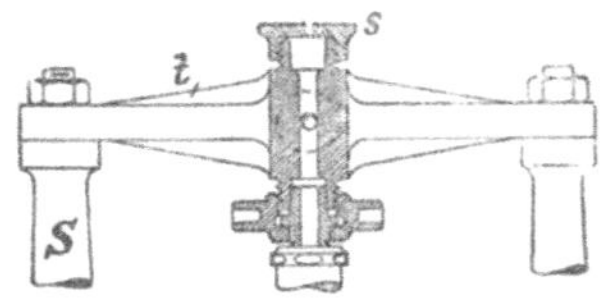

Ist es hierbei erwünscht, den Indikator durch Dampf anzuwärmen, so wird die Brücke *t* nach Fig. 116 eingerichtet, bei der mittels Stutzens t^1 eine durch den kleinen Hahn *h* absperrbare Dampfleitung angeschlossen werden kann. Der obere Gewindestutzen wird durch Schraubkappe *s* geschlossen.

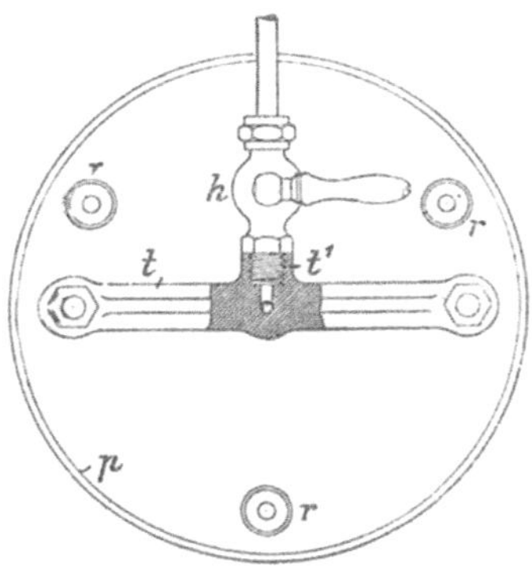

Fig. 116.

Federeichung nach E. Brauer.

Bei den Vorrichtungen mit direkter Gewichtsbelastung bedarf es stets beträchtlicher Gewichte. Für eine 15 kg-Feder z. B. sind nahezu 50 kg Bleigewichte notwendig. Zweifellos ist die Federeichung mit den für den Kolbendurchmesser jeweils abgestimmten Belastungsgewichten bequem, sehr rasch durchzuführen, und Fehler, die durch eine irrtümliche Wahl der Gewichte vorkommen können, sind ausgeschlossen. Die nachstehend beschriebene, von Brauer angegebene Vorrichtung zur Indikatorfederprüfung besitzt zwar diesen Vorzug nicht, ihre Benutzung erfordert etwas größere Aufmerksamkeit, sie kann dafür aber mit geringem Kostenaufwand hergestellt werden und liefert bei einiger Sorgfalt allen Anforderungen genügende Ergebnisse. Zugleich ermöglicht sie Indikatoren von verschiedenem Kolbendurchmesser und verschiedener Herkunft zu eichen.

Die Vorrichtung (Fig. 117) besteht aus einer Kiste, an die ein A-Bock aus Flacheisen (50 × 10) angeschraubt ist, der als Halter für den

Indikator dient. Der Indikator wird aufrecht befestigt, in welcher Stellung das Instrument nicht nur für Überdrucke, sondern auch mit einer kleinen Vorbereitung für Unterdrucke geeicht werden kann.

Fig. 117.

Auf der Kiste steht eine Dezimalwage, deren Brücke mit Hilfe einer Spannschraube und eines Stahlstäbchen den Druck auf den Indikatorkolben übertragen kann. Es ist also hierdurch nur ein Zehntel derjenigen Belastungsgewichte notwendig, die bei der direkten Gewichtsbelastung vorhanden sein müßten.

In Fig. 118 ist die Spannschraube besonders skizziert. Die eigentliche Schraube findet in der langen Mutter eine sichere Führung und läßt sich durch die Gegenmutter feststellen. Um die senkrechte Stellung

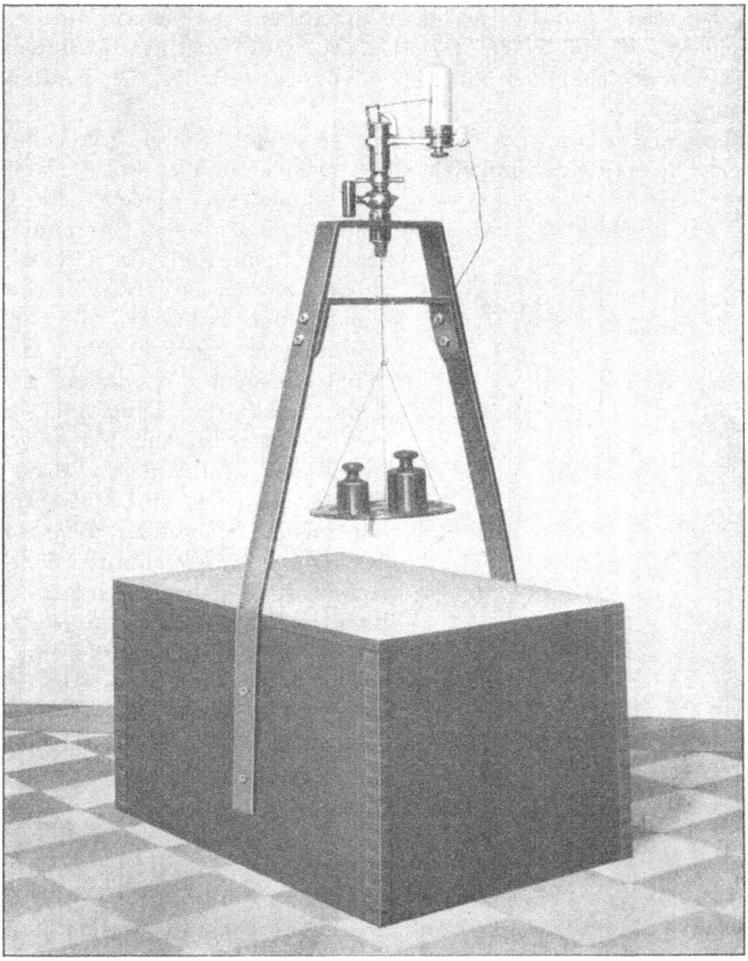

Fig. 119.

des Druckstiftes beurteilen zu können, hat er 3—4 mm Spiel in dem Loch der Traverse des Bockes.

Die Eichung einer Feder geht nun in folgender Weise vor sich: Mit einem Mikrometer wird der Durchmesser des Indikatorkolbens gemessen, damit die Fläche in qcm ausgerechnet, die zugleich die für

1 kg/qcm notwendige Belastung angibt. Für p kg/qcm hat man die zuerst gefundene Zahl mit p zu multiplizieren. Nachdem die zu prüfende Feder sorgfältig eingesetzt ist, alle Gelenke und der Kolben mit dünnflüssigem Öle versehen sind, wird der Indikator auf dem Gestell befestigt. Darauf legt man Spannschraube nebst Mutter und Druckstift auf die Wage, tariert diese und beseitigt durch Klopfen mit einem Holzhammer an die Seiten des Gestelles den Einfluß der Reibung.

Jetzt erst führt man den scharf gespitzten Schreibstift behutsam an den Papierzylinder und zieht die Atmosphärenlinie. Für die weiteren Drucklinien sind zunächst die Laufgewichte einzustellen. Sodann setzt man das eine Ende des Druckstiftes in den Körner des Spannschraubenkopfes und schraubt die Spannschraube so weit heraus, bis die Wage einspielt. Wiederum ist vor dem Ziehen der Drucklinie jedesmal die Reibung durch Klopfen zu beseitigen. Am unteren Ende des Druckstiftes ist ein Querstäbchen angebracht, das dazu dient, beim Drehen der Spannschraube den Stift festzuhalten, damit sich keine Drehung auf den Indikatorkolben übertragen und die Feder losschrauben kann. Während für die Überdrucke wegen der verhältnismäßig großen Kräfte die Dezimalwage bequemer ist als direkte Belastung, ist diese für Unterdrucke vorzuziehen. Zu diesem Zweck wird an den Kolben eine Wagschale gehängt, deren Gewicht ein Teil der notwendigen Belastung ist (Fig. 119).

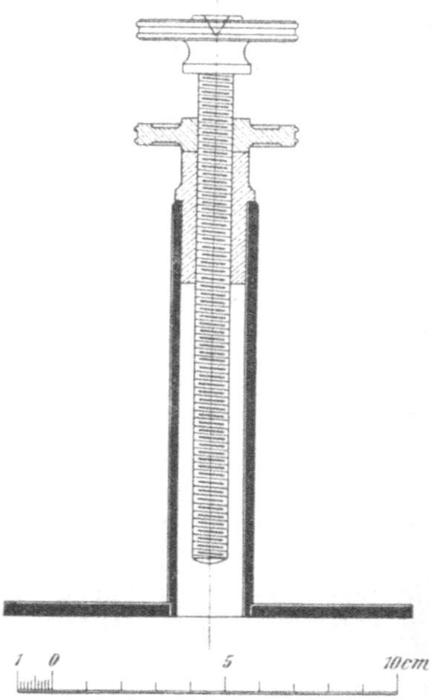

Fig. 118.

Damit die Indikatoren auf diese Weise geprüft werden können, muß der Kolben durch Einsetzen eines Schräubchens, das im Kopfe einen zentralen Körner und eine Querbohrung erhält, vorgerichtet werden. Bei dem Crosby- und dem Thompson-Indikator mit Crosby-Feder kann die untere Druckschraube gegen ein solches Hilfsschräubchen ausgetauscht werden. Bei Federn, die auf Über- und Unterdruck geprüft werden sollen, empfiehlt es sich, vor dem Einsetzen des Schreibzeuges den Bindfaden einzuziehen, welcher die Wagschale tragen soll. Man bekommt alsdann, ohne den Indikator wegnehmen oder das Schreibzeug herausschrauben zu müssen, die Über- und Unterdrucklinien in gegenseitig richtiger Lage auf einem Blatt[1]).

9. Ausmessung der Eichdiagramme und Ermittelung des Federmaßstabes.

Zur Ermittelung des Federmaßstabes müssen zunächst die nach einer der zuvor beschriebenen Methoden erhaltenen Eichdiagramme ausgemessen, d. h. der senkrechte Abstand der einzelnen Eichlinien bestimmt

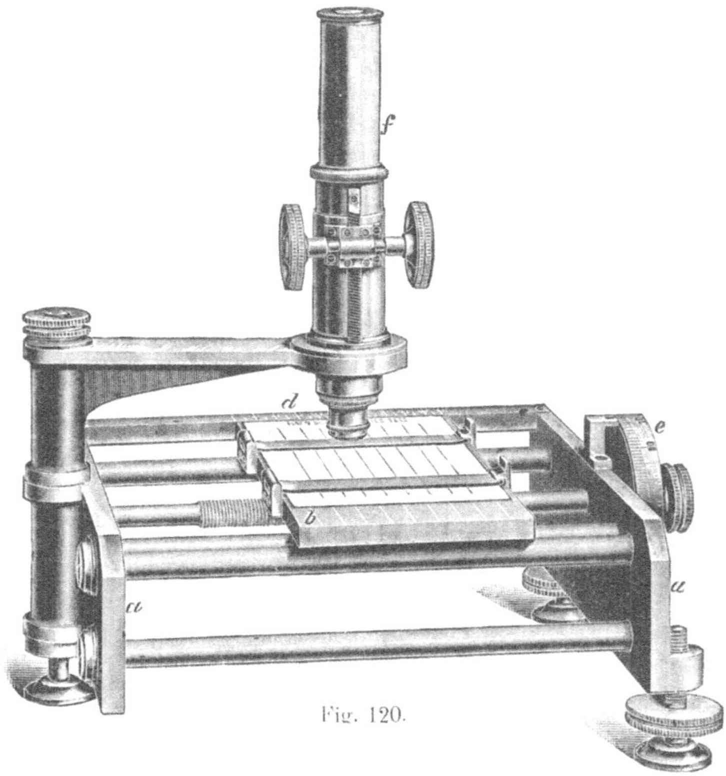

Fig. 120.

werden. Man zieht eine zu den Linien genau senkrecht stehende Linie mit hartem, spitzem Bleistift, legt an diese einen in Millimeter genau geteilten Maßstab so an, daß der Nullpunkt der Skala mit der untersten Eichlinie — der Atmosphärenlinie oder der absoluten Nullinie — zusammenfällt, und mißt hierauf die Lage der Linien ab, wobei die Zehntel

[1]) Zeitschrift für Dampfkessel und Maschinenbetrieb. 1904. Nr. 29.

Millimeter noch zu schätzen sind. Die Werte trägt man in ein Schema ein, das außerdem die Bezeichnung des Instrumentes, der Feder, des verwendeten Prüfungsapparates, das Datum und die Unterschrift des Experimentators enthält.

Indikatorfedereichung.

Bez. und Nr. des Indikators . . .	Maihak-Indikator Nr. 2813
Kolbendurchmesser in mm	20,27
Bez. der Feder	„3 mm“ „16 kg“
Eichapparat	Maihak
Datum der Eichung	17. Nov. 1908

Belastung	Abstand der Eichlinien von der Null-Atm.-Linie: Zunehmende Belastung		Abnehmende Belastung		$\frac{\Delta_1 + \Delta_2}{2}$
		Δ_1		Δ_2	
at	mm	mm	mm	mm	mm
0	0		0		
1	3,0	3,0	3,1	3,1	3,05
2	6,1	3,1	6,2	3,1	3,10
3	9,2	3,1	9,3	3,1	3,10
4	12,2	3,0	12,3	3,0	3,00
5	15,2	3,0	15,4	3,1	3,05
6	18,3	3,1	18,5	3,1	3,10
7	21,4	3,1	21,6	3,1	3,10
8	24,5	3,1	24,6	3,0	3,05
9	27,6	3,1	27,7	3,1	3,10
10	30,6	3,0	30,8	3,1	3,05
11	33,7	3,1	33,9	3,1	3,10
12	36,7	3,0	36,9	3,0	3,00
13	39,8	3,1	39,9	3,0	3,05
14	42,8	3,0	42,9	3,0	3,00
15	45,8	3,0	45,9	3,0	3,00
16	48,8	3,0	48,8	2,9	2,95

Zur genaueren Ausmessung von Eichdiagrammen dient der Meßapparat von Staus. Der Apparat (Fig. 120) besteht aus zwei Wangen *a a*, die durch vier Bolzen miteinander verbunden sind. Die zwei oberen Bolzen dienen gleichzeitig als Führung für den Meßtisch *b*, auf welchen das Eichdiagramm so aufgelegt wird, daß die Eichlinien parallel mit den längeren Kanten des Meßtisches oder mit den auf seine Oberfläche eingravierten Linien parallel laufen. Das Papier selbst wird durch zwei Federn flach auf dem Meßtisch festgehalten. An die Unterseite des Meßtisches ist eine nachstellbare Mutter angeschraubt, welche durch die in der Figur sichtbare Mikrometerschraube bewegt wird. Die Schraube hat genau 1 mm Steigung, so daß einer Umdrehung eine Längsbewegung des Tisches um 1 mm entspricht. Die ganzen Millimeter sind an dem Maßstab *d*, die Bruchteile, Zehntel und Hundertstel, an der auf der verlängerten Schraube sitzenden großen Meßtrommel *e* abzulesen. Durch Schätzung könnten schließlich auch noch die Tausendstel Millimeter bestimmt werden, doch genügen für den in Frage kommenden Zweck die ganzen Hundertstel.

Die Einstellung der Eichlinien erfolgt mit dem Mikroskop *f*. Da diese Linien selbst bei der geringen Vergrößerung von linear 25fach bereits eine bedeutende Dicke zeigen, so ist statt eines einfachen Fadenkreuzes im Okular ein System von vier parallelen Fäden angeordnet (Fig. 121), wodurch die genaue Einstellung auf die Mitte, selbst bei ziemlich verschwommen erscheinenden Linien, sehr erleichtert wird. Zur scharfen Einstellung ist ein Trieb mit Zahnstange vorhanden, und außerdem ist die dem Auge zunächst liegende Linse des Okulars für sich etwas verstellbar, so daß es möglich ist, das Fadenkreuz so einzustellen, daß es genau in der Bildebene der zu messenden Linie liegt, mit dieser also gleichzeitig scharf und unverrückbar erscheint, wenn man den Kopf hin und her bewegt (Vermeidung von Parallaxe). Außerdem können durch Drehung des Okulars die vier Parallelfäden auch parallel zu den Linien gebracht werden.

Fig. 121.

Der ganze Apparat ruht auf drei Punkten, wovon zwei durch Schrauben verstellbar sind, um den Apparat in annähernd horizontale Lage zu bringen.

Zum Gebrauch stellt man den Apparat mit der Meßtrommel zur Rechten vor sich hin. Das Eichdiagramm legt man so, daß die unterste Linie — Atmosphären- oder absolute Nullinie — ebenfalls rechts liegt. Dann stellt man zunächst diese unterste Linie ein und liest ihre Stellung ab, die ganzen Millimeter an dem Maßstab, die Bruchteile an der Trommel. Stets führe man den Meßtisch in demselben Sinne bis zur genauen Einstellung durch das Fadenkreuz, am besten von links nach rechts, was der Drehung der Schraube im Uhrzeigersinne entspricht, den Apparat von rechts gesehen. Dadurch vermeidet man Fehler, die durch allenfalls vorhandenen toten Gang verursacht sein können. Hat man zu weit gedreht, so schraube man genügend zurück und führe von neuem den Meßtisch mit der betreffenden Linie genau unter das Fadenkreuz.

Die Lage des Okulars, der Millimeterteilung und der Meßtrommel sind so gewählt, daß zur Einstellung der Linien und zur Ablesung der Stellung des Meßtisches der Kopf kaum bewegt zu werden braucht.

Die abgelesenen Werte trägt man in folgendes Schema ein. (Für das folgende Beispiel wurde das gleiche Eichdiagramm wie oben benutzt.)

Bez. und Nr. des Indikators . . .	Maihak-Indikator Nr. 2813
Kolbendurchmesser in mm	20,27
Bez. der Feder	„3 mm“ „16 kg“
Eichapparat	Maihak
Datum der Eichung	17. Nov. 1908

Belastung	Zunehmende Belastung		Abnehmende Belastung		$\frac{\Delta_1 + \Delta_2}{2}$
	Ablesung	Δ_2	Ablesung	Δ_1	
at	mm	mm	mm	mm	mm
0	93,87		93,84		
		3,06		3,08	3,070
1	90,81		90,76		
		3,07		3,14	3,105
2	87,74		87,62		
		3,08		3,11	3,095
3	84,66		84,51		
		3,10		3,08	3,090
4	81,56		81,43		
		3,11		3,10	3,105
5	78,47		78,33		
		3,08		3,09	3,085
6	75,39		75,24		
		3,08		3,10	3,090
7	72,31		72,14		
		3,05		3,05	3,050
8	69,26		69,09		
		3,10		3,06	3,080
9	66,16		66,03		
		3,06		3,04	3,050
10	63,10		62,99		
		3,04		3,07	3,055
11	60,06		59,92		
		3,02		3,01	3,010
12	57,04		56,91		
		3,07		3,05	3,060
13	53,97		53,86		
		3,01		2,96	2,985
14	50,96		50,90		
		3,00		3,02	3,010
15	47,96		47,88		
		3,01		2,95	2,980
16	44,95		44,93		

Ermittelung des Federmaßstabes.

Die Federeichung und das ausgemessene Diagramm geben die Grundlage ab zur Ermittelung des Federmaßstabes.

Es wird sich nur höchst selten eine Feder finden, die vollkommene Proportionalität zwischen Belastung und Schreibstifthub ergibt. Meist finden sich mehr oder weniger große Unterschiede für die Abstände der einzelnen Belastungsstufen. Sind diese Unterschiede gering, d. h. sind die Abweichungen in den Differenzen gleich oder kleiner als etwa $\pm 2\%$ von ihrem Mittelwert, so wird es in den meisten Fällen genügen als Federmaßstab den Mittelwert aus den Differenzen zu nehmen. Der hierdurch in dem Ergebnis der indizierten Leistungen bedingte Fehler

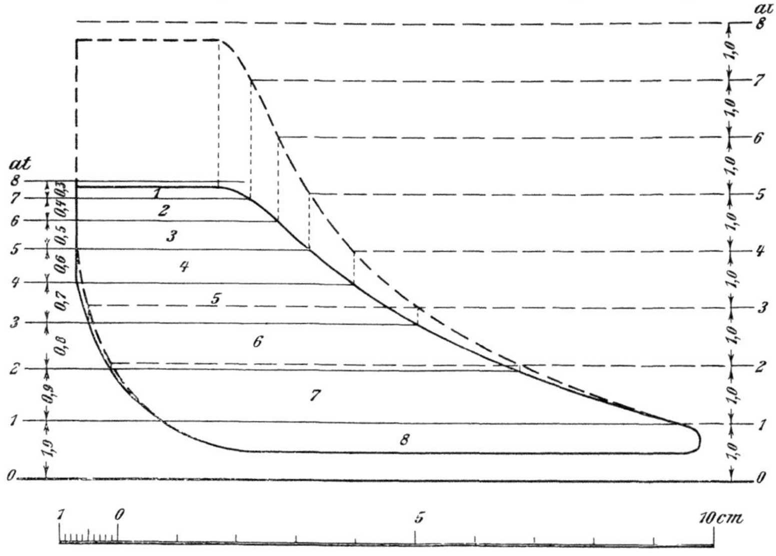

Fig. 122.

ist geringfügig. Man kann häufig diese Fehlergröße noch dadurch herabsetzen, daß man zur Ermittelung des Federmaßstabes nur denjenigen Teil des Eichdiagramms benutzt, der für die auszuwertenden Diagramme in Frage kommt.

Nicht so einfach liegen die Verhältnisse, wenn das Eichdiagramm eine sehr ungleichmäßige Teilung ergeben hat. Hier muß für eine genaue Auswertung der Indikatordiagramme bei der Ermittelung des Federmaßstabes auf die Form des Diagramms Rücksicht genommen werden.

Es gibt verschiedene Methoden, mit deren Hilfe es möglich ist, solche Diagramme richtig zu berechnen. Man kann sich eines vorwiegend zeichnerischen oder eines mehr rechnerischen Verfahrens bedienen. Die Grundlage ist stets das Eichdiagramm, in welchem die

Eichlinien, wie empfohlen, so gezeichnet sind, daß sie den ganzen, halben usw. Atmosphären entsprechen.

Für beide Verfahren muß man zuerst das Eichdiagramm auf das Indikatordiagramm übertragen. Man befestigt hierzu die beiden Diagramme auf einem Reißbrett dicht nebeneinander so, daß die Atmosphärenlinien sich genau auf derselben Höhe befinden, und überträgt die Teilung des Eichdiagramms auf das Indikatordiagramm mit haarscharfen, parallelen Linien.

Bei der vorwiegend zeichnerischen Behandlung wird das Indikatordiagramm in ein anderes mit konstantem Federmaßstab umgezeichnet (Fig. 122). Für den neuen Federmaßstab wählt man zweckmäßigerweise ganze Millimeter. Da die Diagrammlänge beibehalten werden kann, so braucht man nur die Schnittpunkte der Linien des Indikatordiagrammes mit den Eichlinien senkrecht auf diejenigen Linien zu ziehen, die dem konstanten Federmaßstab entsprechen, wie in Fig. 122 angedeutet. Das Indikatordiagramm und das umgezeichnete Diagramm werden planimetriert, ihr Inhalt sei F bzw. F_c, ihre Länge l. Bedeutet ferner i_m den gesuchten mittleren Federmaßstab für das Indikatordiagramm und i_c den für die Umzeichnung gewählten konstanten Federmaßstab, so gilt, da für beide Diagramme sich derselbe mittlere Druck p_i ergeben muß,

$$p_i = \frac{F}{l \cdot i_m} = \frac{F_c}{l \cdot i_c},$$

woraus

(1) $$i_m = \frac{F}{F_c} i_c .$$

Bei dem mehr rechnerischen Verfahren planimetriert man die einzelnen Flächenstreifen, in welche das Indikatordiagramm durch die Eichlinien zerlegt wurde, berechnet für jeden Flächenstreifen den mittleren indizierten Druck als Quotienten aus seiner mittleren Höhe, bezogen auf das Gesamtdiagramm, und aus dem für den betreffenden Flächenstreifen geltenden Federmaßstab. Der mittlere Federmaßstab ist alsdann der Quotient aus der Summe der mittleren Höhen und aus der Summe der mittleren Drucke der einzelnen Flächenstreifen. (Verfahren von Eberle.)

Mathematisch wäre das folgendermaßen auszudrücken.

Wenn $F_1, F_2, F_3, \ldots F_n$ der Inhalt der einzelnen Flächenstreifen $1, 2, 3, \ldots, n$; $i_1, i_2, i_3, \ldots, i_n$ die entsprechenden Federmaßstäbe bedeuten, so ist unter Beibehaltung der bereits oben gewählten Bezeichnungen der mittlere indizierte Druck p_i in at

$$p_i = \frac{F_1}{l \cdot i_1} + \frac{F_2}{l \cdot i_2} + \frac{F_3}{l \cdot i_3} + \ldots + \frac{F_n}{l \cdot i_n}$$

$$= p_{i1} + p_{i2} + p_{i3} + \ldots + p_{in} = \frac{F}{l \cdot i_m},$$

woraus

(2) $$i_m = \frac{F : l}{p_{i1} + p_{i2} + p_{i3} + \ldots + p_{in}}.$$

Da im Zähler und Nenner l sich wegheben läßt, so vereinfacht sich die Gleichung (2) zu

(3) $$i_m = \frac{F}{\frac{F_1}{i_1} + \frac{F_2}{i_2} + \frac{F_3}{i_3} + \ldots + \frac{F_n}{i_n}}.$$

Dadurch wird die numerische Behandlung etwas kürzer.

Die beiden Verfahren sind nachstehend an dem gleichen willkürlich angenommenen Indikatordiagramm erläutert. Die ebenfalls angenommene Federeichung möge folgende übertrieben ungleichmäßige Teilung ergeben haben.

Belastung at	Abstand von der Nullinie cm	Differenzen cm
0	0,00	
		1,00
1	1,00	
		0,90
2	1,90	
		0,80
3	2,70	
		0,70
4	3,40	
		0,60
5	4,00	
		0,50
6	4,50	
		0,40
7	4,90	
		0,30
8	5,20	

1. Nach dem graphischen Verfahren erhält man nach Gleichung (1): Flächeninhalt des Indikatordiagramms

$$F = 26{,}00 \text{ qcm}.$$

Flächeninhalt des umgezeichneten Diagramms

$$F_c = 36{,}25 \text{ qcm},$$

wobei der Federmaßstab zu 1,0 cm/at gewählt wurde. Hiermit berechnet sich der mittlere Federmaßstab zu

$$i_m = \frac{26{,}25}{36{,}50} \cdot 1{,}0 = 0{,}719 \text{ cm/at}.$$

2. Nach dem ungekürzten Verfahren von Eberle nach Gleichung (2):

Nummer des Streifens	Inhalt qcm	Mittlere Höhe cm	Federmaßstab cm/at	Mittlerer Druck at
1	0,50	0,048	0,30	0,160
2	1,30	0,124	0,40	0,310
3	1,85	0,176	0,50	0,352
4	2,63	0,250	0,60	0,417
5	3,62	0,345	0,70	0,493
6	5,00	0,476	0,80	0,595
7	7,03	0,670	0,90	0,743
8	4,32	0,411	1,00	0,411
	26,25	2,500		3,481

$$i_m = \frac{2,500}{3,481} = 0,718\ .$$

3. Nach der einfachen Gleichung (3) erhält man folgende Tabelle:

Nummer des Streifens	Inhalt qcm	Federmaßstab cm/at	$\frac{\text{Inhalt}}{\text{Federmaßstab}}$
1	0,50	0,30	1,667
2	1,30	0,40	3,250
3	1,85	0,50	3,700
4	2,63	0,60	4,383
5	3,62	0,70	5,171
6	5,00	0,80	6,250
7	7,03	0,90	7,811
8	4,32	1,00	4,320
	26,25		36,552

$$i_m = \frac{26,25}{36,55} = 0,718\ \text{cm/at}.$$

Beide Verfahren führen also zum praktisch gleichen Ergebnis. Es ist zu beachten, daß beim Übertragen der Eichlinien, wie auch beim Umzeichnen und Planimetrieren peinlich genau gearbeitet werden soll.

Da bei größeren Versuchen die Flächen der Indikatordiagramme mitunter stark wechseln, so müßte man streng genommen nach einem der angegebenen Verfahren ebensoviele mittlere Federmaßstäbe bestimmen, als unterschiedliche Diagramme vorhanden sind, immer hierbei eine Feder mit sehr ungleicher Teilung vorausgesetzt. Will man sich diese etwas zeitraubende Arbeit abkürzen, so kann man sämtliche Diagramme in wenige Gruppen teilen, die unter sich ähnliche Gestalt besitzen, und für ein mittleres Diagramm dieser Gruppe den Federmaßstab bestimmen, der dann für die ganze Gruppe gilt. Sind die Indikatordiagramme überhaupt nur wenig voneinander verschieden, so wähle man ein mittleres Diagramm aus, bestimme mit diesem den Federmaßstab und lege diesen den weiteren Berechnungen zugrunde.

Über Planimetrieren siehe Kapitel 12.

10. Trommelantrieb.

In den meisten Fällen ist der Hub der zu indizierenden Maschine größer als der Umfang der Schnurrolle, so daß eine Hubverminderung durch ein Zwischengetriebe vorgenommen werden muß. Immer ist dabei der Hub in möglichst proportionaler Weise auf ein solches Maß zu verringern, daß die Papiertrommel weniger als eine volle Umdrehung zurücklegt.

Bei ganz kleinem Hub kann auch ein Hubvergrößerer erforderlich werden.

Man kann die große Zahl ausgeführter Hubverminderer in drei Gruppen einteilen:

a) in Hubverminderer mit Schnurrollengetriebe,

b) in Hubverminderer mit Hebelgetriebe,

c) in Hubverminderer mit Kurbelgetriebe.

Außerdem gibt es noch solche Ausführungen, welche die beiden ersten Gruppen teilweise vereinigen.

Jedes dieser Systeme hat Vorzüge und Nachteile. Rollenhubverminderer sind als Universalinstrumente ausgeführt worden, die für kleine und große Hübe brauchbar, meist kompendiös in ihrer Bauart, rasch und bequem bei verschiedenen Maschinen anzuordnen sind. Sie erfordern aber zu ihrer Bedienung eine gewisse Geschicklichkeit und Aufmerksamkeit, weil sie sonst leicht in Unordnung geraten. Besonders zum Einhängen der Mitnehmer bei höheren Tourenzahlen gehört große Übung. Für ganz hohe Tourenzahlen sind die Rollenhubverminderer ungeeignet, Fehler durch Schnurdehnungen sind nicht ausgeschlossen.

Die Hebelhubverminderer sind in jedem Falle dort am Platze, wo es auf äußerste Genauigkeit ankommt. Sie lassen sich bei großer Zuverlässigkeit auch von Ungeübten sehr leicht bedienen, sind sehr unempfindlich gegen rauhe Behandlung und bei einigermaßen zweckmäßiger Ausbildung geradezu unverwüstlich. Sie lassen sich bei jeder Geschwindigkeit verwenden. Ihr Bau ist jedoch meist sperrig; nur selten ist eine Ausführung bei verschiedenen Maschinen brauchbar, häufig werden sie in neuerer Zeit als Zubehörteil mitgeliefert.

Für Ingenieure, die bald hier bald dort Maschinen zu indizieren haben und die Hubreduktion selbst stellen müssen, empfehlen sich daher die Rollengetriebe. Wird dagegen bei Versuchen auf größte Genauigkeit Wert gelegt, so ist ein Hebelgetriebe vorzuziehen.

Während die Rollenhubverminderer in verschiedenen nachstehend zu beschreibenden Ausführungsformen käuflich zu haben sind, müssen die Hebelhubverminderer meist von Fall zu Fall entworfen und hergestellt werden.

Die Hubverminderer mit Kurbel sind besonders im Gasmaschinenbau sehr beliebt. Sie sind in bestimmten Ausführungen einfach und billig herzustellen, nicht unbequem zu bedienen und geben bei Befolgung gewisser Vorsichtsmaßregeln eine genügend genaue Papierbewegung.

Neben den drei genannten Systemen, welche die weitaus überwiegende Zahl aller Hubverminderer umfassen, gibt es noch andere Möglichkeiten, die jedoch nur vereinzelt zu Sonderzwecken gebaut und

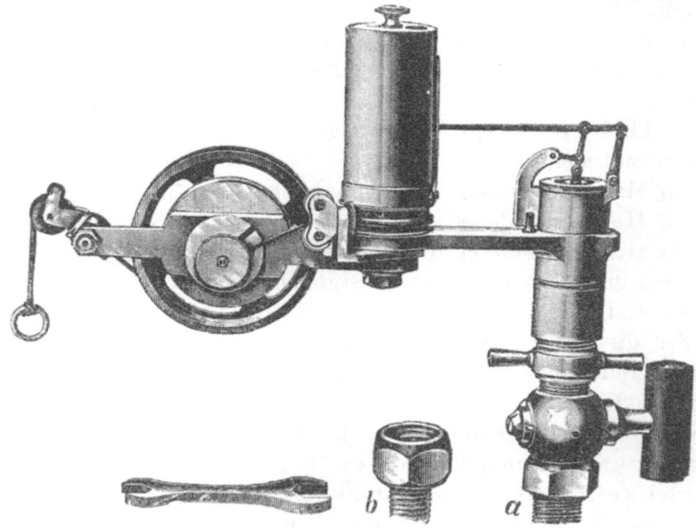

Fig. 123.

verwendet werden. So hat man z. B. bei Lokomotiven eine Zahnstange mit Zahnrad benutzt, man hat auch schon die Verwendung einer steilgängigen Schraube vorgeschlagen, doch haben diese Einrichtungen bis jetzt eine allgemeinere Anwendung nicht gefunden.

a) Hubverminderer mit Schnurrollengetriebe.

Rollenverminderer in Verbindung mit dem Indikator und mit eigener Rückdrehfeder.

Fig. 123 zeigt eine sehr gebräuchliche Ausführungsform dieses Modells in Verbindung mit einem Crosby-Indikator. Seine Konstruktion und Wirkungsweise geht aus Fig. 124 hervor. An dem Arm *c*, der mit einer besonderen Befestigungsschraube *b* am unteren Ende der Trommelachse *a* des Indikators befestigt wird, sitzt auf einer Achse *e* die große

Rolle *d*, auf welcher sich die Schnur aufwickelt, die mit der Kolbenstange der Maschine in Verbindung gebracht wird. Je nach der Hub-

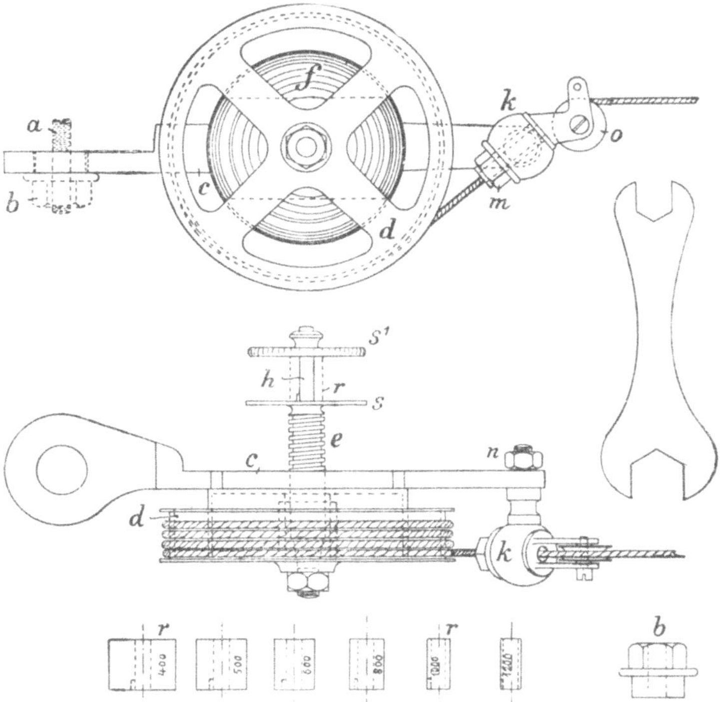

Fig. 124.

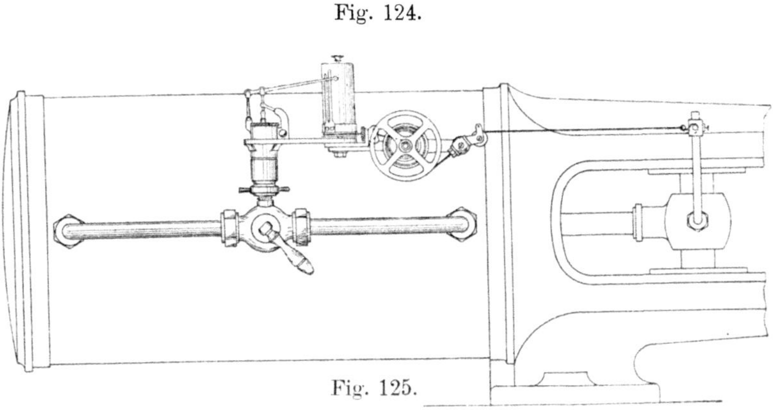

Fig. 125.

länge dreht sich diese Trommel ein oder mehrere Male um sich selbst, wobei sie gleichzeitig bei jeder Umdrehung noch eine axiale Verschiebung um das Maß der Schnurdicke erfährt. Zu diesem Zweck ist ein Gewinde auf die Welle *e* geschnitten, die in einer entsprechenden als Lager dienenden Mutter läuft. Zur Rückdrehung der Trommel dient eine starke Uhrfeder *f*, die eine solche Spannung besitzen muß, daß die Antriebsschnur stets straff bleibt. Auf das freie Ende *h* der Schraubenwelle *e* können nun entsprechend dem Hub der Maschine oder der gewählten Diagrammlänge Rollen *r* von verschiedenem Durchmesser gesetzt werden. Eine kleine Nase befestigt die Rolle *r* auf der Welle. Von dieser Rolle *r* aus geht nach dem Indikator eine Schnur, die einmal um das Röllchen gelegt und dann mittels eines Knotens in einen Schlitz der Scheibe *s* eingehängt wird.

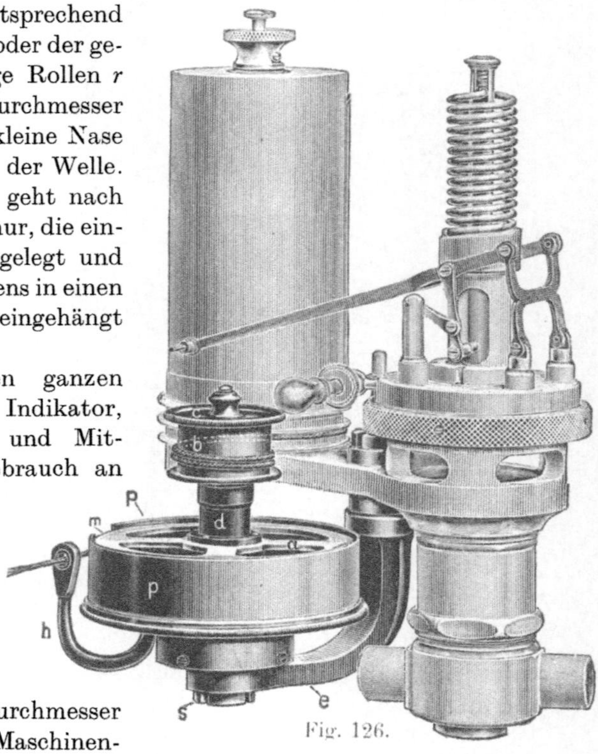

Fig. 126.

Fig. 125 zeigt den ganzen Zusammenhang von Indikator, Rollenhubverminderer und Mitnehmerstange beim Gebrauch an einer Dampfmaschine.

Dieser Rollenhubverminderer wird in drei Größen[1]) ausgeführt, die je nach den Durchmessern der großen Rolle, der Röllchen und dem Trommeldurchmesser des Indikators für einen Maschinenhub von 100 bis 2400 mm nach der folgenden Tabelle zu gebrauchen sind.

Größe 1, bis 2400 mm Maschinenhub.

Papiertrommel 38 und 50 mm Durchmesser, für:
1000 — 1400 — 1800 — 2000 — 2200 und 2400 mm Hub.

Größe 2, bis 1800 mm Maschinenhub.

Papiertrommel 38 und 50 mm Durchmesser, für:
600 — 800 — 1000 — 1200 — 1400 und 1800 mm Hub.

Größe 3, bis 1200 mm Maschinenhub.

Papiertrommel 30 mm Durchmesser, für:
100 — 200 — 300 — 400 und 500 mm Hub.
Papiertrommel 38 und 50 mm Durchmesser, für
400 — 500 — 600 — 800 — 1000 und 1200 mm Hub.

[1]) Entsprechend den drei Indikatorgrößen.

Sind Zylinder mit noch längerem Hub zu indizieren, so kann man durch Einschalten einer losen Rolle den Gesamthub zunächst auf die Hälfte reduzieren und die Reduktionsrolle dann mit der losen Rolle verbinden.

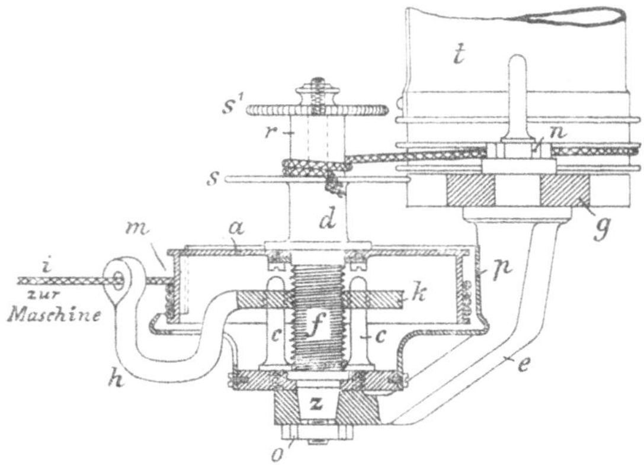

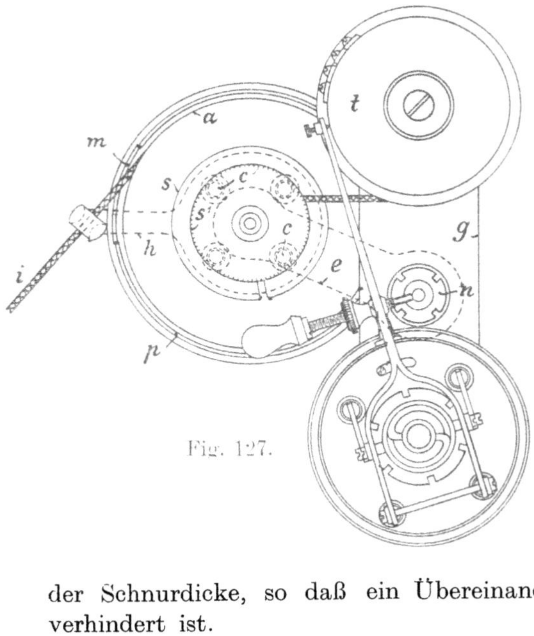

Fig. 127.

Die Maihak-Rolle.

Der schwache Punkt des zuvor beschriebenen Hubverminderers ist seine Uhrfeder, die beim Reißen der Schnur z. B. leicht brechen kann. Diesem Mangel soll die federlose Maihak-Rolle abhelfen (Fig. 126 und 127). Die Rückdrehung übernimmt die Papiertrommelfeder, deren Bruch, selbst bei plötzlichem Loslassen in ganz gespanntem Zustand, ausgeschlossen ist.

Der Winkelarm *e* ist am freien Teile des Trommelträgers *g* durch Mutter *n* verstellbar befestigt und trägt mittels des senkrechten Drehzapfens *z* die mit der Drehhülse *d* verbundene Aluminiumschnurtrommel *a*. Der reibungslose, genaue Lauf ist durch geeignete Lagerung gesichert.

Hülse *d* ist mit der Scheibe *k* des Schnurführungsarmes *h* mittels Gewindes *f* verbunden. Da *k* durch Stifte *c* senkrecht geführt ist, so verschiebt sich Arm *h* bei Drehung von *d* um das Maß der Schnurdicke, so daß ein Übereinanderlaufen der Schnur sicher verhindert ist.

Die Schnur *i* verläßt die Rolle *a* tangential durch einen Schlitz *m* der Schutzkapsel *p*, welche mit Arm *h* nach Lösung der Mutter *o* im Kreise verstellt werden kann.

Die Teile *s*, *r* und s^1 sind die gleichen wie bei Fig. 123 und 124, es wickelt sich hier jedoch die Trommelschnur unmittelbar, also ohne

Verwendung der Schnurführungsrollen, geradlinig und auf kürzestem Wege auf die Reduktionsröllchen *r*. Beim Einpassen der Trommelschnur können kleine Differenzen der Schnurlänge durch Annäherung oder Entfernung der Rollenachse von der Trommelachse (nach Lösung von *n*) ausgeglichen werden.

Dies ergibt die Brauchbarkeit der federlosen Rolle für sehr hohe Tourenzahlen in Verbindung mit den normalen Papiertrommeln. Für die verschiedenen Tourenzahlen und Maschinenhübe werden die Maihak-Rollen nach folgender Tabelle in drei Größen gebaut.

Größe 1, bis ca. 400 Touren pro Minute brauchbar.
Papiertrommel 50 mm Durchmesser, für:
600 — 800 — 1000 — 1200 und 1400 mm Hub.

Größe 2, bis ca. 600 Touren pro Minute brauchbar.
Papiertrommel 38 und 50 mm Durchmesser, für:
200 — 400 — 600 und 800 mm Hub.

Größe 3, bis ca. 1000 Touren pro Minute brauchbar.
Papiertrommel 30 und 38 mm Durchmesser, für
100 — 200 — 300 und 400 mm Hub.

Selbständige Rollenhubverminderer. Hubverminderer nach Stanek.

Das noch viel benutzte Rollengetriebe nach Stanek ermöglicht eine sehr vielseitige Verwendung an Kolbenmaschinen und eine rasche Zurichtung des ganzen Indikatorantriebes. Was aber in den einleitenden Worten über Rollenhubverminderer ganz allgemein gesagt wurde, gilt besonders von diesem System. In geschickten Händen wird er sehr gut arbeiten, bei ungeschickter Behandlung gerät er leicht in Unordnung, wenn es nicht gar zum Federbruch kommt. Denn auch er besitzt die empfindliche Uhrfeder.

Er besteht, ebenso wie die besprochenen, aus einer großen Rolle *d* (Fig. 128), auf der sich die zur Maschine gehende Schnur aufwickelt, und einer kleinen, zu dem Maschinenhub und der gewünschten Diagrammlänge passend gewählten, auswechselbaren Rolle *r*. Die Maschinenschnur wird über die in *k* drehbare und mit *m* feststellbare Leitrolle *o*, die Indikatorschnur, die mit einem Knoten *e* bei *s* eingehängt wird, über die Leitrollen *u* und *n* zum Indikator geführt. Das ganze Rollensystem hängt an der Hülse *c*, an der Stange *a* längsverschiebbar und um sie drehbar. Mit der Schraube *t* wird die Hülse *c* in der gewünschten Lage festgehalten. Die Stange *a* sitzt mit Gewinde und Gegenmutter fest in dem Klemmring *b*, der mittels der drei Schrauben *i*, *i*, *i* an eine zweckentsprechenden Mutter der Maschine festgeschraubt wird.

Bei der Montage dieses Hubverminderers beginne man mit dem Befestigen des Klemmringes *b*. Bei liegenden Maschinen z. B. mit Bajonettrahmen wird sich eine der vorderen Muttern am Gestell, die ungefähr in Höhe der Zylinderachse ist, als geeignet erweisen. Die Ebene des Klemmringes steht dann senkrecht zur Zylinderachse. Je nach Wahl der Sechskantseiten kann man die nun horizontal liegende Stange in die erforderliche Höhe bringen. Auch durch exzentrische Lage des Ringes *b* zur Mutter *h* lassen sich noch kleine Höhenunterschiede in der Lage der Stange erreichen. Die Schrauben *i* sind unwandelbar fest anzuziehen, desgleichen die Gegenmutter auf der Stange *a*. Erst wenn man sich davon überzeugt hat, schiebe man die Hülse *c* auf die Stange mit den Rollen und klemme sie in der geeigneten Lage fest. Durch Drehung um die Stange muß sich eine Lage finden lassen, in der die Maschinenschnur parallel mit der Kolbenstange läuft, wenn sie in den an der Kolbenstange oder dem Kreuzkopf befestigten Mitnehmer eingehängt ist. Selbstverständlich muß man, und das gilt ganz allgemein, vor dem Einhängen der Maschinenschnur in die laufende Maschine, stets zuerst prüfen, ob die auf der großen Trommel befindliche Schnurlänge für den Maschinenhub ausreicht, indem man mit der Hand den Einhängehaken von der inneren zu der äußeren Totpunktlage des Mitnehmers führt. Ist das in Ordnung, so kann man auch die Indikatorschnurleitung herrichten.

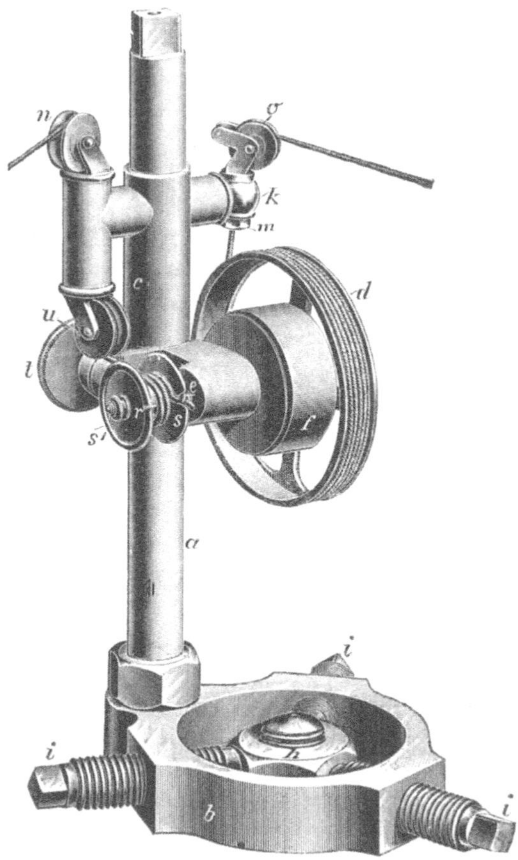

Fig. 128.

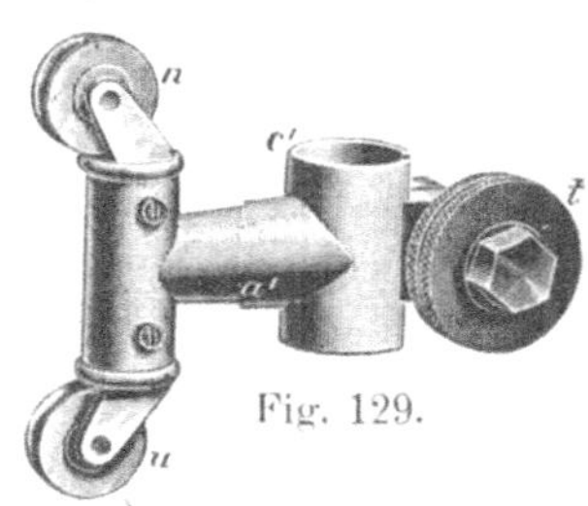

Fig. 129.

An einen Hubverminderer sollten womöglich nicht mehr als zwei Indikatoren gehängt werden, die unter sich gekuppelt sind. Hat man, wie z. B. bei Tandemmaschinen, vier Instrumente hintereinander anzutreiben, dann empfiehlt sich der Doerfelsche Hilfsarm (Fig. 129), der gleichfalls auf die Stange *a*, zwischen die Hülse *c* und den Klemmring *b* geschoben und mit der Klemmschraube *t* befestigt wird. Der Arm trägt dieselben drehbaren Leitrollen *n* und *u*, wie sie der Hauptapparat besitzt, die Schnur wird entsprechend darüber und auf die Rolle *r* des Reduktors geleitet.

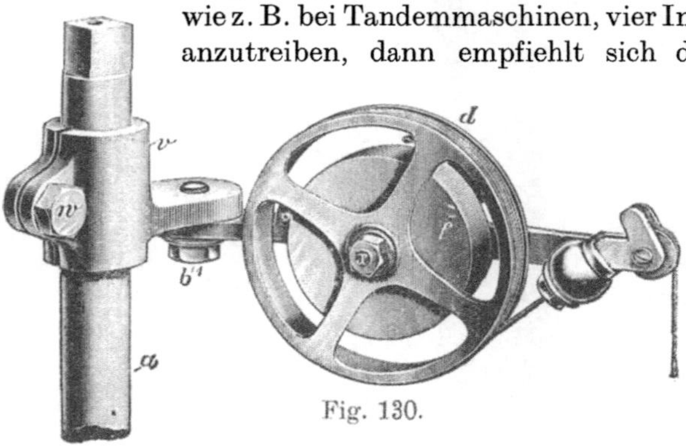

Fig. 130.

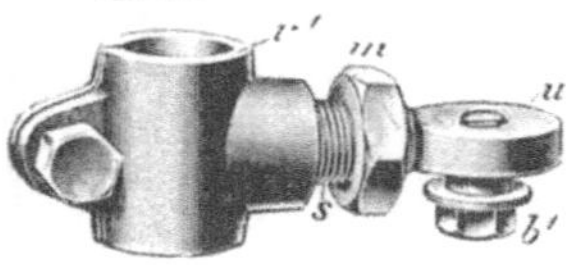

Fig. 131.

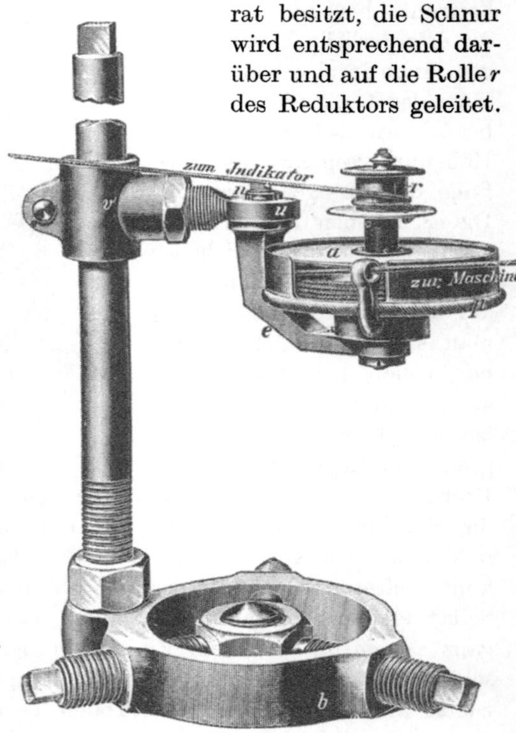

Fig. 132.

Hierbei erhält auch Scheibe s^1 den gleichen Schlitz wie *s*, in den die Schnur mittels Knotens so eingehängt wird, daß sich dann immer die Schnur des einen Indikators aufwickelt, während sich die andere abwickelt. Dies aus dem Grunde, damit die Breite der kleinen Rolle ausreicht. Beim Aufwickeln im gleichen Sinne würden die Schnuren sich übereinander legen, was durchaus unzulässig ist.

In ähnlicher Weise wie der Stanek-Hubverminderer lassen sich auch der normale Rollenhubverminderer und die Maihak-Rolle verwenden unter Benutzung des Dreischraubenklemmringes mit der Stange und einer besonderen Klemmhülse. Fig. 130 zeigt eine einfache Klemmhülse, die eine Drehung des Hubverminderers nur in einer Ebene zuläßt. Eine etwas vielseitigere Klemmhülse ist in Fig. 131 dargestellt, bei welcher der den Hubverminderer tragende Ansatz u nicht fest, sondern im Ge-

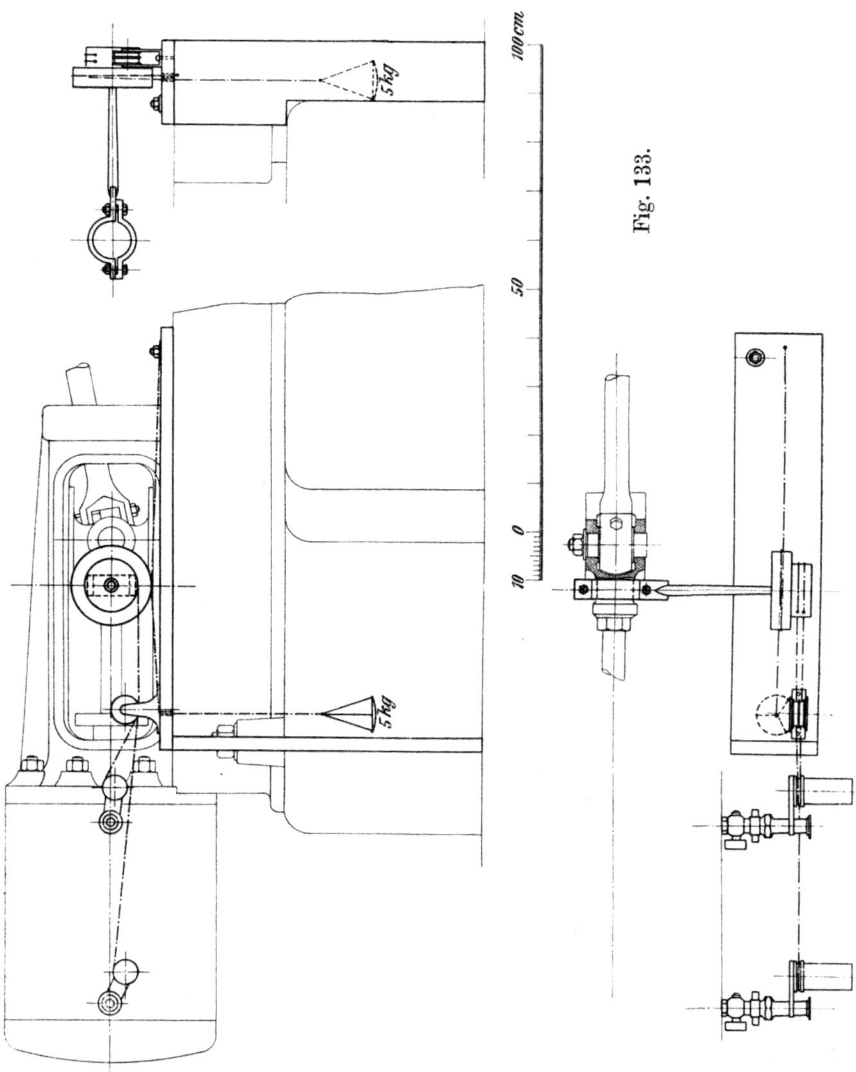

Fig. 133.

winde s drehbar und durch Mutter m feststellbar ist. Damit ist noch eine weitere Drehbarkeit um die Achse s gegeben. Fig. 132 stellt die Maihak-Rolle in ähnlicher Verwendung dar.

Differentialrolle auf dem Mitnehmerstift.

(Nach Brauer.)

Bei den bisher beschriebenen Hubverminderern ist die Rollenachse dem Indikator gegenüber fest. Man kann jedoch auch die Rolle unmittelbar auf den Mitnehmerstift im Kreuzkopf der Maschine stecken, mit ihr eine zweite Rolle von kleinerem Durchmesser verbinden und eine Hubreduktion in der Weise bewirken, daß man die größere Rolle sich auf einer gespannten Schnur abwickeln läßt (Fig. 133), während man die Indikatorschnur mit einem Punkt des Umfangs der kleineren Rolle verbindet. Der Maschinenhub wird alsdann im Verhältnis der Differenz der Rollenhalbmesser zum Halbmesser der größeren Rolle reduziert. Die Rollen sollen möglichst leicht sein. Die abgebildete z. B. war aus einem Stück Blech gedrückt.

Eine Rückdrehfeder ist bei dieser Einrichtung vermieden.

Hubverminderer mit Schnurrolle für Lokomotiven.

Einen einfachen Indikatorantrieb für Lokomotiven zeigt Fig. 134. Die Differentialrolle sitzt auf einer festen Achse, ohne axial verschiebbar zu sein, da höchstens zwei Schnurwindungen nebeneinander zu liegen kommen. Die Rückdrehung übernimmt eine längere Schraubenfeder, welche mittels eines Flacheisens an einer passenden Stelle des Zylinderdeckels befestigt ist. Ein Stillsetzen des Antriebes während der Fahrt ist nicht beabsichtigt[1]).

b) Hubverminderer mit Hebelgetriebe.

Für die Bedienung bedeutend angenehmer als die Rollenhubverminderer sind die Hebelhubverminderer. Bei ihrem Entwurf und ihrer Anordnung ist besonders auf Erfüllung der Proportionalitätsbedingung zu achten, wogegen häufig gefehlt wird. Ergibt sich daher aus dem kinematischen Zusammenhang der Hebelanordnung nicht ohne weiteres die erforderliche Proportionalität, so ist an Hand des Entwurfes zunächst rechnerisch oder zeichnerisch zu prüfen, ob die entstehenden Fehler zu vernachlässigen sind, oder ob der Entwurf abzuändern ist. Man kann hierzu den Maschinenhub in zehn gleiche Strecken teilen und ermitteln, ob der reduzierte Hub auch wieder in gleichen Teilen erscheint.

Man kann die Hebelhubverminderer nach rein äußerlichen Merkmalen unterscheiden. Es finden sich solche, die nur aus Gelenkhebeln bestehen, wie z. B. die nach dem Storchschnabel gebauten. Ferner gibt es solche, die eine oder zwei Prismenführungen besitzen; außerdem werden sie als Gelenkhebel mit Rollen oder Segmenten konstruiert.

---

[1]) Ausführung des Königl. Eisenbahn-Zentralamts, Berlin.

Von diesen Möglichkeiten sind nachstehend jeweils verschiedene Ausführungsformen angegeben, die sich, soweit sie nicht als Entwurf bezeichnet sind, alle im Betrieb bewährt haben. Um für den Entwurf ähnlicher Hubverminderer mehr als nur eine schematische Skizze zu geben, sind den Zeichnungen die entsprechenden Maßstäbe beigefügt.

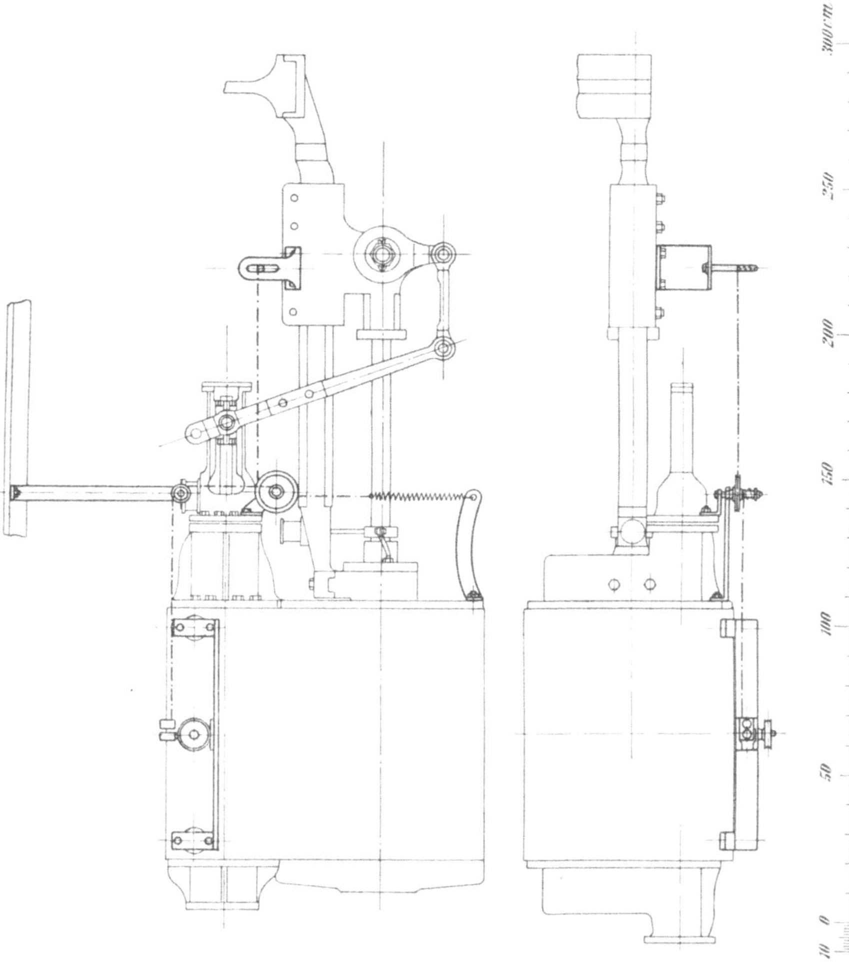

Fig. 134.

Ein großer Maschinenhub ist selbstverständlich kein Grund für die Unausführbarkeit der Hebel. Ihr Anwendungsgebiet ist unbeschränkt.

Als Material für die Hebel empfiehlt sich vielfach ein Hartholz, wie Eiche oder Buche. Die Drehpunkte werden dann am besten so ausgebildet, wie in dem ersten Beispiel angegeben (Storchschnabel von

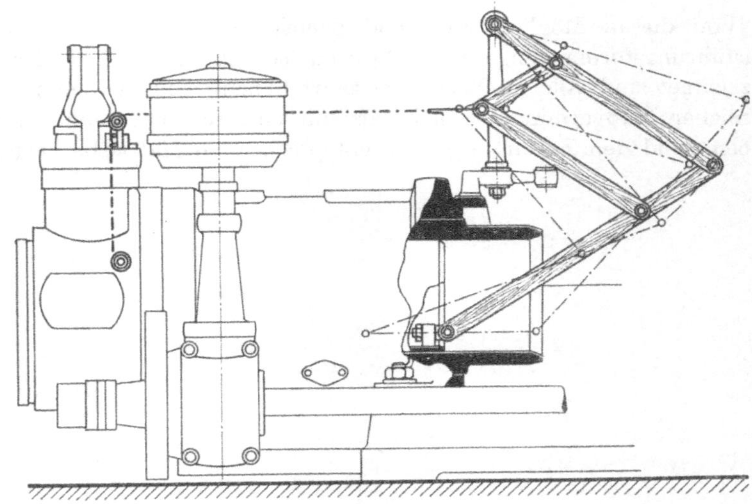

Fig. 135.

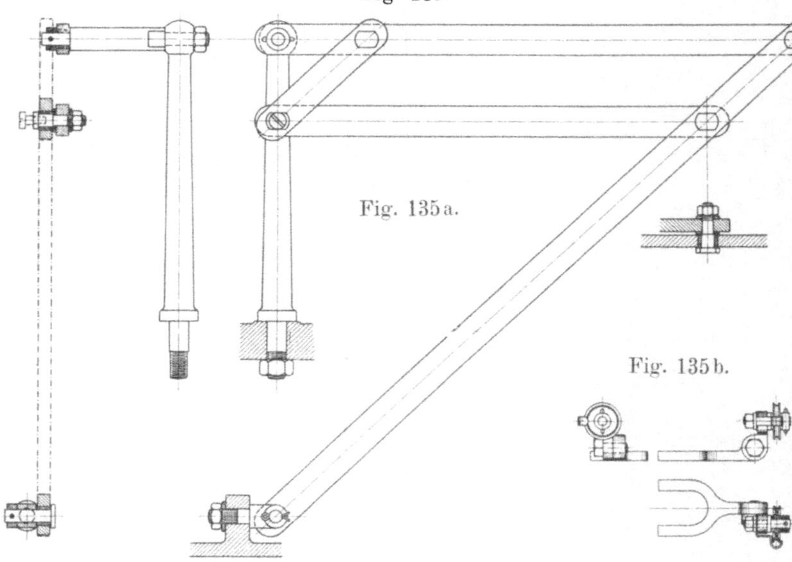

Fig. 135. Hubverminderer der Gasmotorenfabrik Deutz.

Deutz). Abgesehen von der verhältnismäßig billigen Herstellungsweise solcher Holzhebel haben sie auch noch den Vorzug, daß bei ihrem Bruch die Maschine selbst weniger gefährdet erscheint als bei Hebeln aus Metall.

Es wäre sehr erwünscht, wenn derartige Hubverminderer den Kolbenmaschinen stets beigegeben würden. Manchmal geschieht dies ohne weiteres, vielfach nur auf besonderen Wunsch des Bestellers, gewöhnlich jedoch gar nicht. Diese Unterlassung ist häufig mit nicht ge-

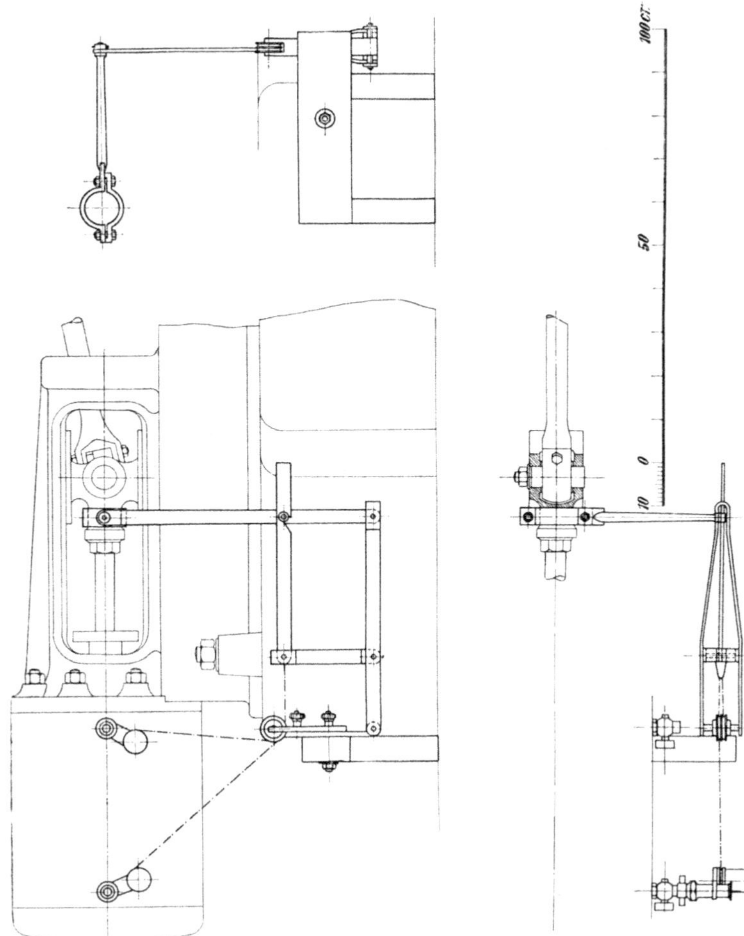

Fig. 136. Storchschnabel-Hubverminderer nach Brauer (Entwurf).

ringem Aufwand an Zeit, Mühe und Kosten zu büßen, wenn dann eine solche Maschine mit dem Indikator untersucht werden soll und einer der vorbesprochenen Rollenhubverminderer nicht zu brauchen ist.

Gelenkhebel-Hubverminderer.

In ähnlicher Weise wie bei den Schreibgestängen Lenker dazu dienen, den Kolbenhub des Indikators zu vergrößern, so können sie auch dazu verwendet werden, den Kolbenhub der Maschine auf das notwendige Maß zu verkleinern. Unter den Lenkern ist für diesen Zweck besonders der Storchschnabel beliebt, aber auch der unverkürzte Evans-Lenker kann, wie an einem Beispiel ausgeführt wird, recht gut gebraucht werden.

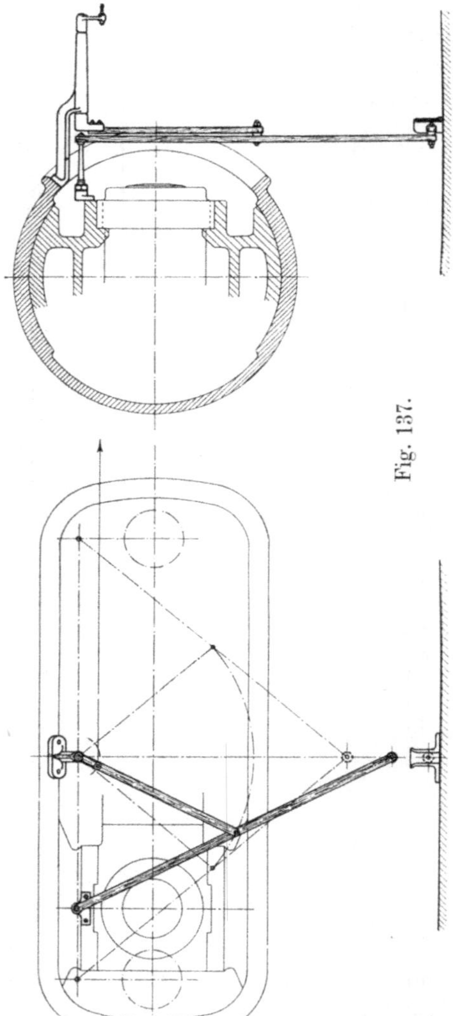

Fig. 137.

Storchschnabel-Hubverminderer der Gasmotorenfabrik Deutz.

Die allgemeine Anordnung dieses Hubverminderers zeigt Fig. 135, während Fig. 135a die Zeichnung einer Ausführung gibt, wie sie für einen 35 PS Leuchtgasmotor von 470 mm Kolbenhub und 300 mm Zylinderdurchmesser bei 200 Touren geliefert wurde. Die Holzhebel aus Weißbuche besitzen einen Querschnitt von 12/29 mm. Die Gelenkbolzen sitzen jeweils in dem einen Hebelende fest und drehen sich in 3 mm starken Rotgußbüchsen, die ihrerseits in das andere Hebelende eingeschlagen sind. Bei Verwendung von Holzhebeln kann diese Konstruktion der Gelenke allgemein empfohlen werden, da sie einem Ausschlagen ungeschützter Löcher im Holze am besten vorbeugt. Die Büchsen stehen über die Holzflächen $^1/_4$ bis $^1/_2$ mm vor.

Der Indikator sitzt bei derartigen Gasmaschinen meistens an einer solchen Stelle, daß er nicht unmittelbar mit dem Hubverminderer verbunden werden kann. Die Schnurrichtung muß durch eine Leitrolle abgelenkt werden. Hierfür kann man eine der im Kapitel „Schnurleitung“ beschriebenen Rollen, oder die in Fig. 135b dargestellte Leitrolle, wie sie von der Gasmotorenfabrik Deutz ausgeführt wird, benutzen. Letztere wird mit dem Gabelende unter eine Mutter am Einlaßventilgehäuse festgeklemmt (s. Fig. 135) und kann so eingestellt werden, daß die Rollenebene mit der Ebene des Schnurwinkels zusammenfällt.

Storchschnabel-Hubverminderer nach Brauer.

Bei dem zuvor beschriebenen Storchschnabel sind alle Hebel in Bewegung, solange die Maschine läuft. Ein Ölen der Gelenkbolzen während des Betriebes ist daher nicht ganz leicht. Diesem Mißstand ist bei der in Fig. 136 dargestellten Anordnung dadurch abgeholfen, daß, wie ersichtlich, das eine Verbindungsglied ausgehakt werden kann. Nur der Haupthebel schwingt weiter, während alle übrigen Teile nur ganz kleine Bewegungen ausführen (Entwurf).

Hubverminderer der Elsässischen Maschinenbau-Gesellschaft, Mülhausen.

Dieser eigenartige Hubverminderer ist nach dem Prinzip des unverkürzten Evans-Lenkers gebaut. Seine allgemeine Anordnung veranschaulicht Fig. 137. Die Hebel aus Eichenholz haben 15/30 mm Querschnitt und sind nicht ausgebüchst.

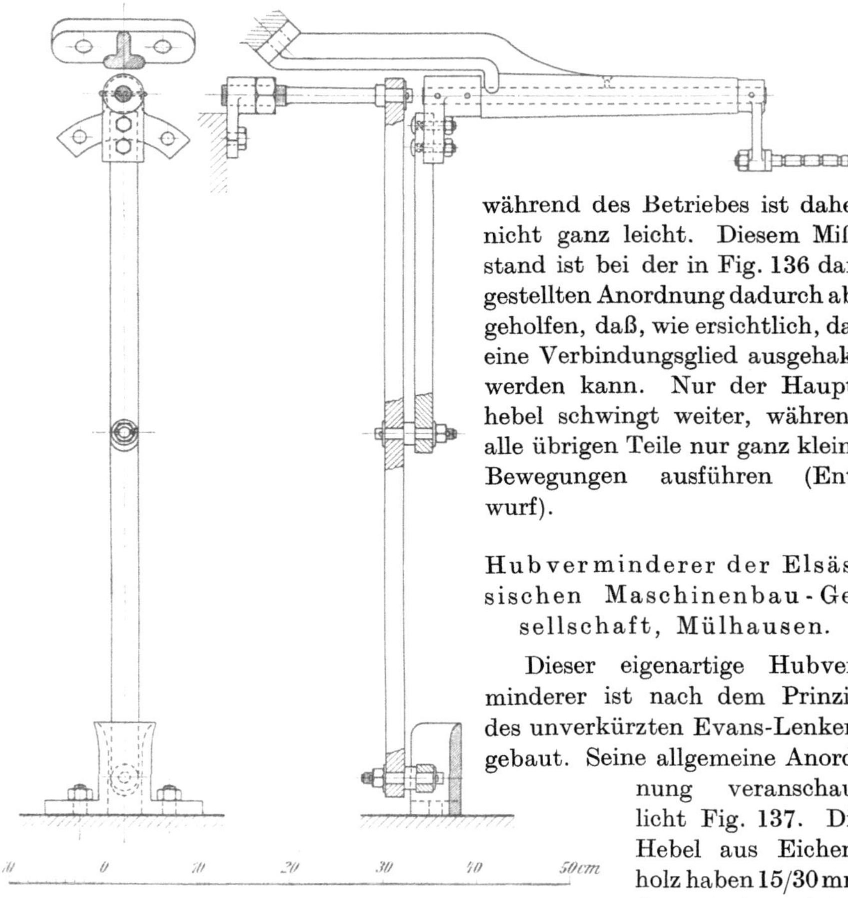

Fig. 137a.

Nach dem Prinzip des Evanslenkers bewegt sich der Fußpunkt des Haupthebels, der dem Schreibhebel bei dem Schreibgestänge entspricht, senkrecht auf und ab, was diesem Hubverminderer von den Monteuren der Fabrik den Namen „Tanzmeister" eingetragen hat. In der Mittellage sind der Haupthebel und der Gegenlenker zueinander parallel und senkrecht, und diese Stellung ist für den Hubverminderer ein Verzweigungspunkt. Zur sicheren Führung durch diese Mittellage hindurch dient der am Boden zu befestigende Führungsschuh, in welchen der mit einer Holzrolle versehene Fuß des „Tanzmeisters" eintaucht.

Die Indikatorschnur wird an die kleine Gegenkurbel angehängt, die in einer solchen Höhe liegen muß, daß die Schnurrichtung als parallel zur Maschinenachse angesehen werden kann. Wäre dieser Parallelismus vollkommen, so wäre auch die Proportionalität

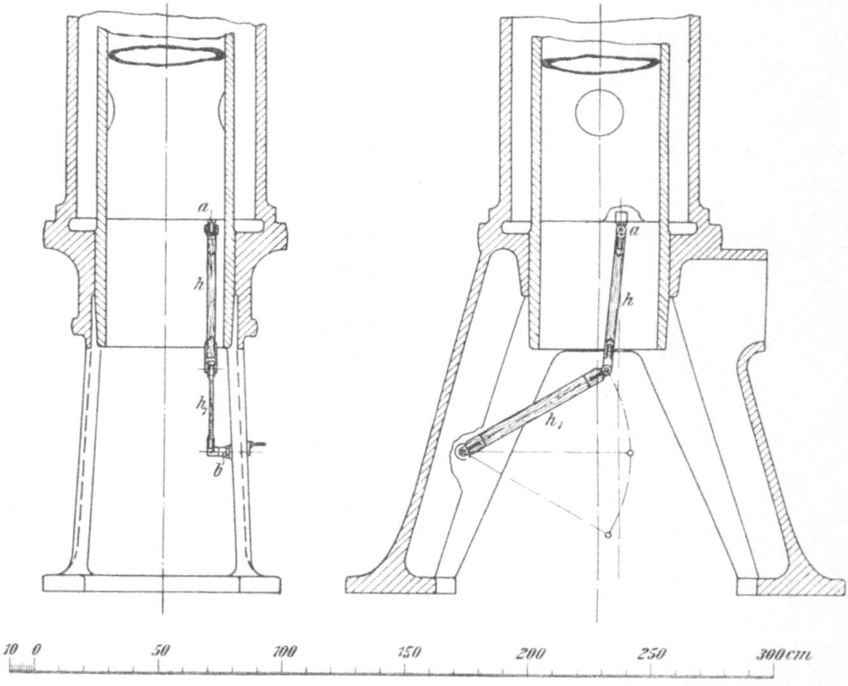

Fig. 138. Hubverminderer der Güldner-Motoren-Gesellschaft.

streng erfüllt. Diese wird um so besser gewahrt sein, je größer der Abstand der Gegenkurbel von dem Indikator ist, weil der Ausschlagwinkel der Indikatorschnur mit ihrer zunehmenden Länge abnimmt.

Fig. 137a zeigt die Ausführung eines solchen Hubverminderers für eine Dampfmaschine von 1000 mm Hub und 120 Touren in der Minute.

Hubverminderer der Güldner-Motoren-Gesellschaft, Aschaffenburg.

Die Hubverminderer, wie sie von der Güldner-Motoren-Gesellschaft für ihre stehenden Gasmaschinen gebaut werden, zeigen die Fig. 138—139.

Diese Lenkeranordnung gibt keine vollkommene Proportionalität, doch sind die Abweichungen so klein, daß sie bei zeichnerischer Nachprüfung nicht bemerkbar sind.

Fig. 138 stellt den Hubverminderer einer 100pferdigen Sauggasmaschine im Mechanischen Laboratorium der Technischen Hochschule Karlsruhe dar. Ursprünglich waren die Hebel aus Eisen geliefert, ähnlich wie in Fig. 139 und 139a. Mit Rücksicht auf die geringere Gefahr beim etwaigen Bruch eines Hebels oder Bolzens wurden die Eisenlenker durch solche aus Holz ersetzt. Die Lenkerköpfe und der kleine Gegenlenker, an welchen der Mitnehmerhaken eingehängt wird, sind aus Messingguß.

Besitzen die Kurbeln Gegengewichte, so ist die eben besprochene Lenkeranordnung nicht möglich, weil die Hebel in das Bewegungsfeld der Gegengewichte eingreifen. Für solche Fälle verwendet die Güldner-Motoren-Gesellschaft den Antrieb nach Fig. 139 mit einem abgebogenen Lenker, dessen Einzelheiten in Fig. 139a noch besonders gezeichnet sind.

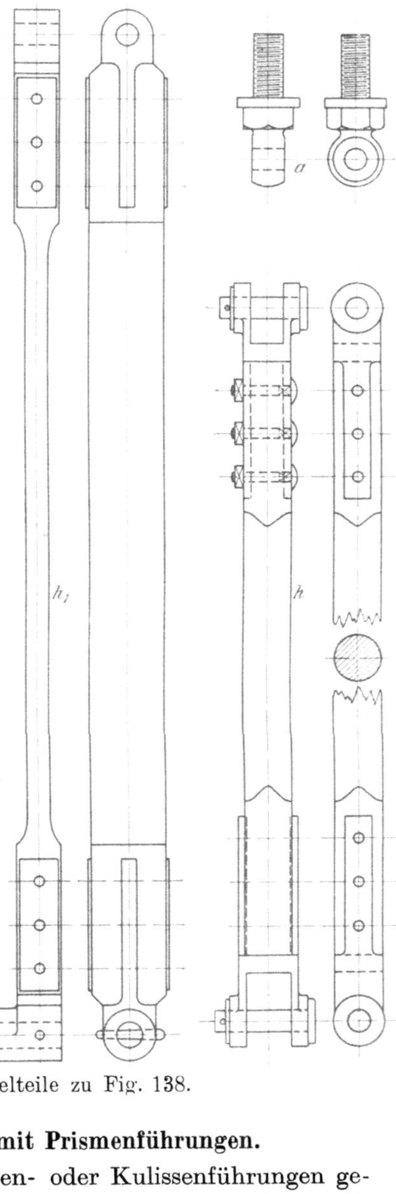

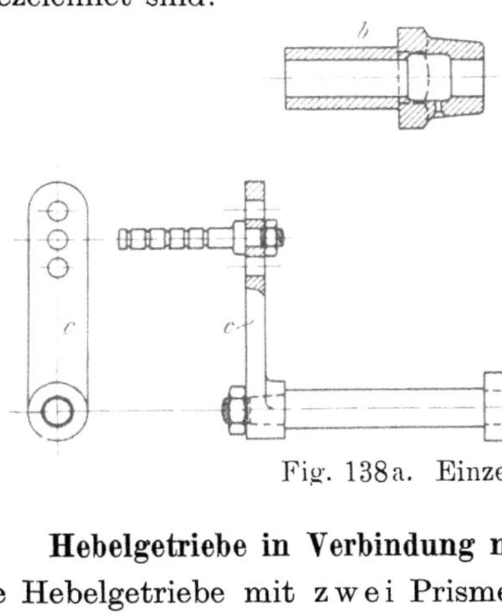

Fig. 138a. Einzelteile zu Fig. 138.

Hebelgetriebe in Verbindung mit Prismenführungen.

Die Hebelgetriebe mit zwei Prismen- oder Kulissenführungen gewähren bei richtiger Konstruktion und Anbringung die Sicherheit vollkommener Proportionalität. Sie lassen sich für einen gegebenen Fall oft auch so bauen, daß die Indikatorschnur ohne Leitrolle angehängt

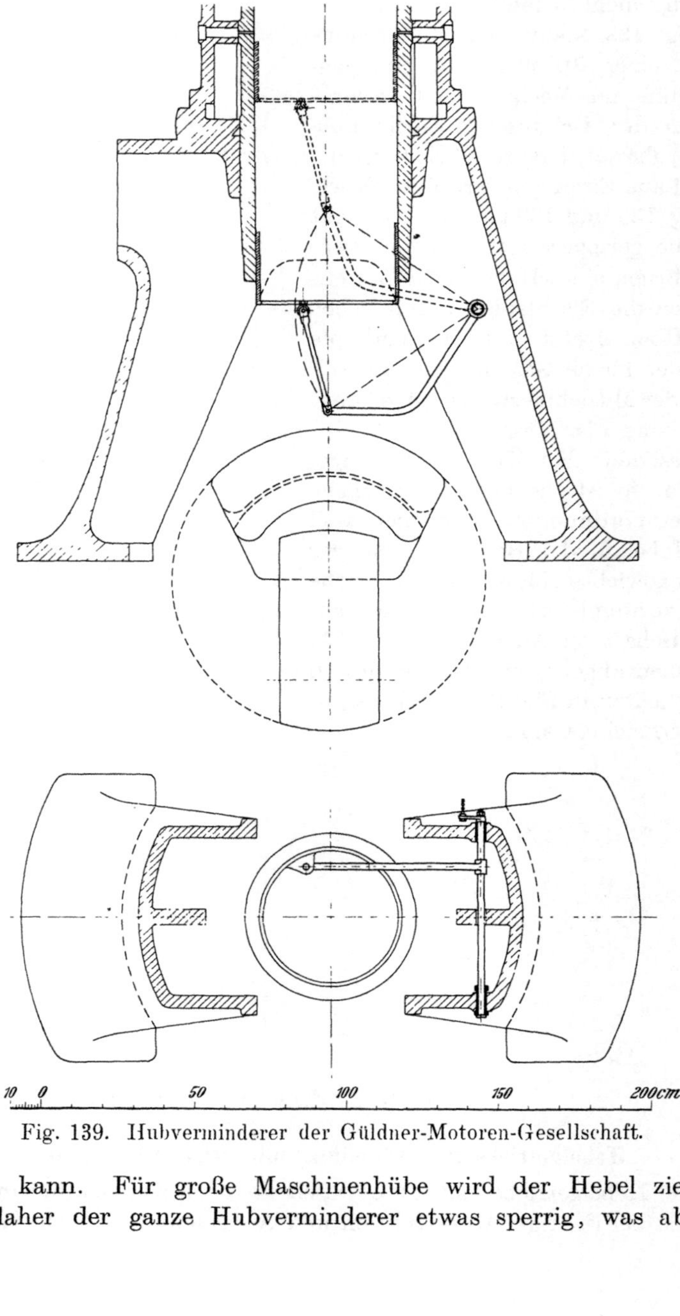

Fig. 139. Hubverminderer der Güldner-Motoren-Gesellschaft.

werden kann. Für große Maschinenhübe wird der Hebel ziemlich lang, daher der ganze Hubverminderer etwas sperrig, was aber in keiner Weise die Güte seiner Übertragung und seine Verwendbarkeit beschränkt.

Bei Verwendung nur einer Prismenführung kann die Proportionalitätsbedingung nicht streng, jedoch immer noch so weit erfüllt werden, daß es für alle Zwecke der Praxis genügt. Der Wegfall einer Prismenführung bedeutet eine bauliche Vereinfachung.

Von beiden Systemen sind nachstehend einige Ausführungsbeispiele angeführt.

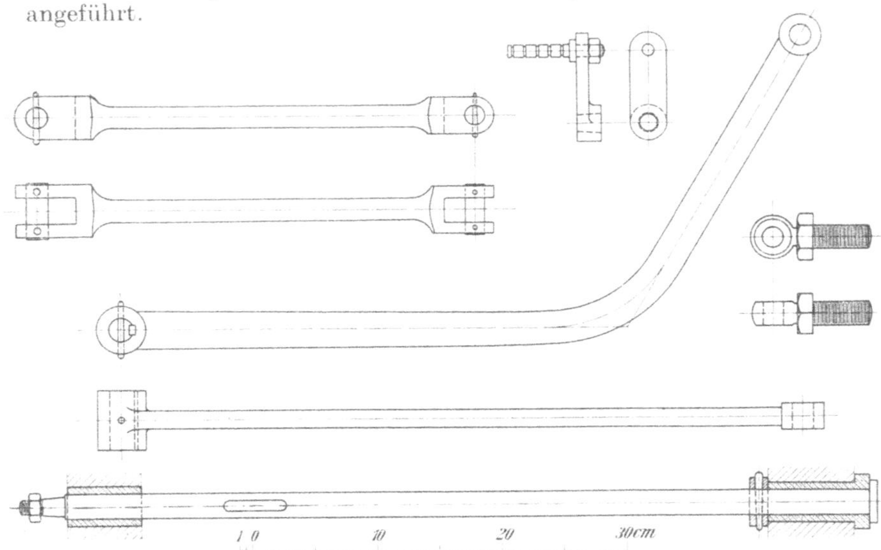

Fig. 139a. Einzelteile zu Fig. 139.

Hebelgetriebe mit doppelten Prismenführungen.

Transportabler Hubverminderer nach Brauer für verschiedenen Maschinenhub.

Dieser in Fig. 140 und 140a abgebildete Hubverminderer ist unter dem Gesichtspunkt entworfen, ihn für verschiedene Maschinenhübe verwendbar zu machen. Das Holzgestell ist so eingerichtet, daß es zusammengeklappt werden kann, um bei dem Transport weniger Raum einzunehmen. Eine besondere Befestigung am Boden vor der Maschine ist nicht nötig, es genügt, wenn die kurzen horizontalen Fußhölzer durch Steine oder Gewichte belastet werden.

Die obere Schlittenführung ist am Gestell in Höhe verstellbar, ebenso kann die Länge des Hebels und die Höhe seines Drehpunktes den jeweiligen Verhältnissen entsprechend beliebig gewählt werden.

Der in den Kreuzkopf geschraubte Stift nimmt den Hebel durch den Kraftschluß der Flacheisenfeder mit. Jeder tote Gang ist hierdurch

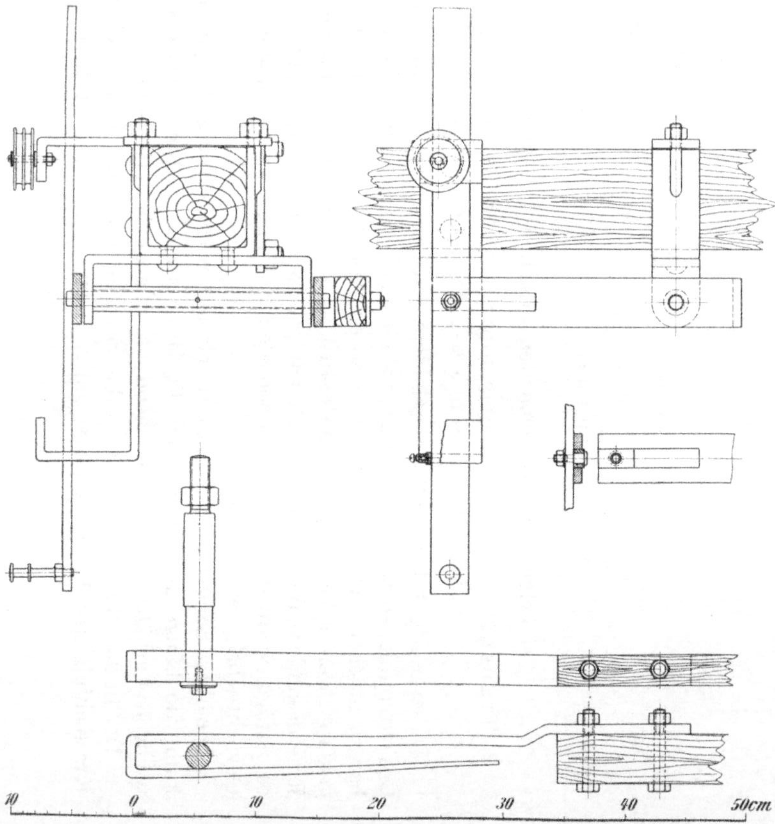

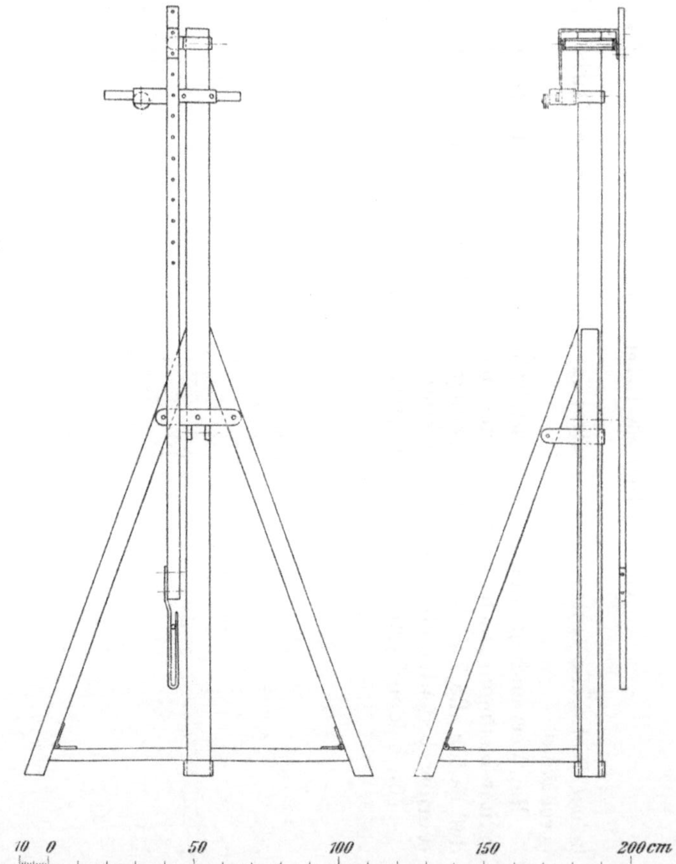

Fig. 140. Transportabler Hubverminderer nach Brauer. Fig. 140a.

vermieden, vorausgesetzt, daß die Feder so bemessen ist, daß sie die Beschleunigungskraft mit Sicherheit aufnimmt.

Der Zug in der Indikatorschnur ist stets so groß, daß ein etwa vorhandener geringer Spielraum in der oberen Schlittenführung infolge des Kraftschlusses unwirksam bleibt, wodurch jeder störende tote Gang in dem Mechanismus beseitigt wird.

Bei der Aufstellung ist darauf zu achten, daß die Bewegungsebene des Hebels vertikal und außerdem parallel zur Kreuzkopfbahn liegt.

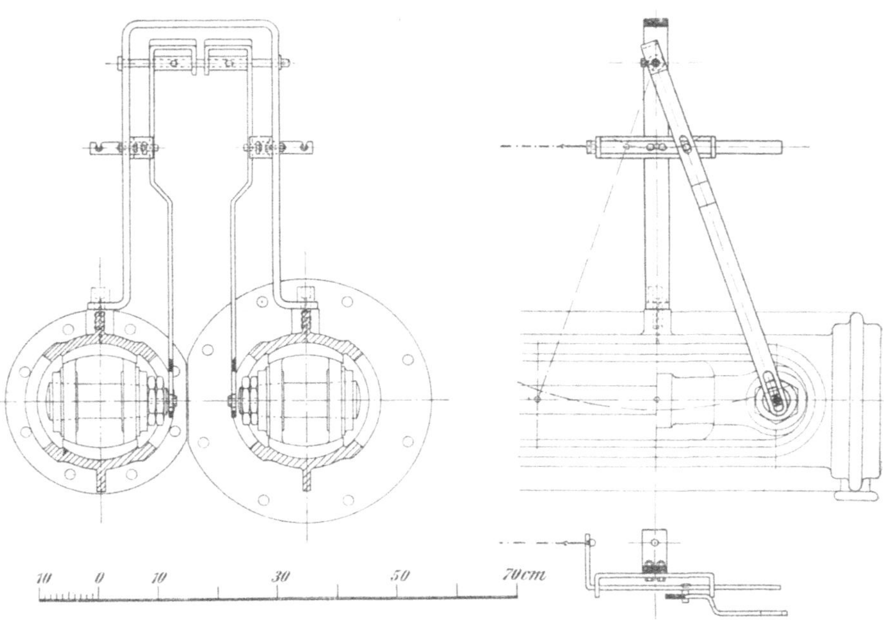

Fig. 141. Hubverminderer nach Brauer für eine Verbund-Lokomobile.

Abweichungen hiervon lassen sich durch Rücken des Gestelles während des Betriebes verbessern.

Im Prinzip mit dem vorstehenden Hubverminderer übereinstimmend sind auch die in Fig. 141 für eine Verbund-Lokomobile, Fig. 142 und 142a für eine Heißdampfmaschine und Fig. 143 für einen 4 PS-Schiebergasmotor dargestellten Hubverminderer, die sämtlich nach Angaben von Brauer ausgeführt wurden. Diesen drei Konstruktionen ist neben der doppelten Prismenführung und der senkrechten Bewegungsebene des Hebels noch der Umstand gemeinsam, daß die Schnurleitung vom Hubverminderer zum Indikator keine Richtungsänderung erleidet.

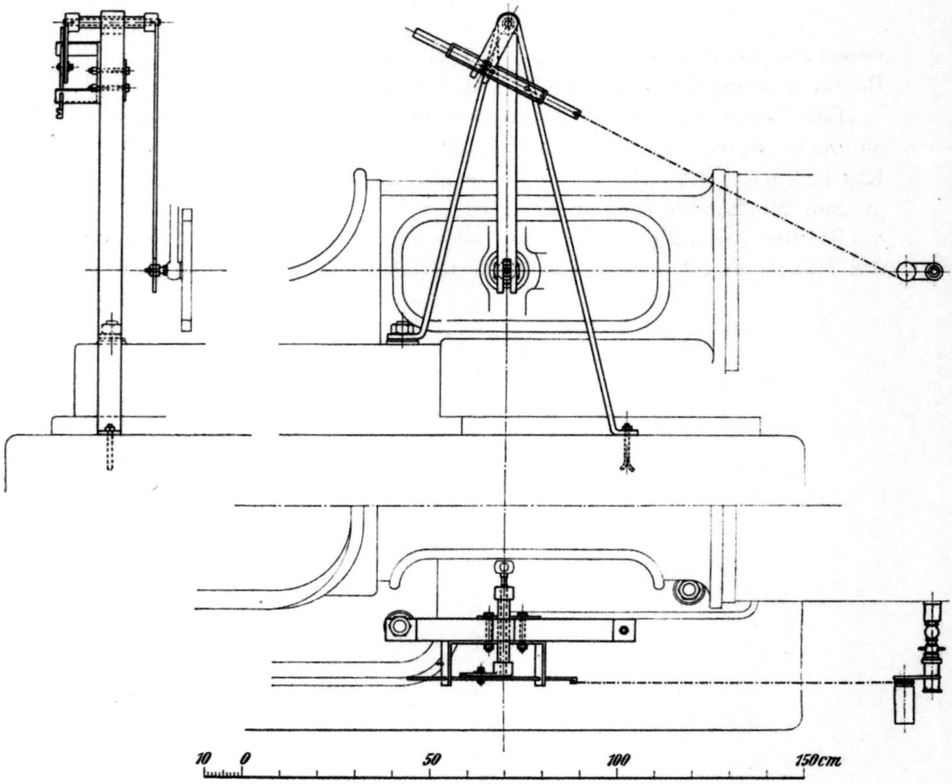

Fig. 142. Hubverminderer nach Brauer für eine Heißdampfmaschine.

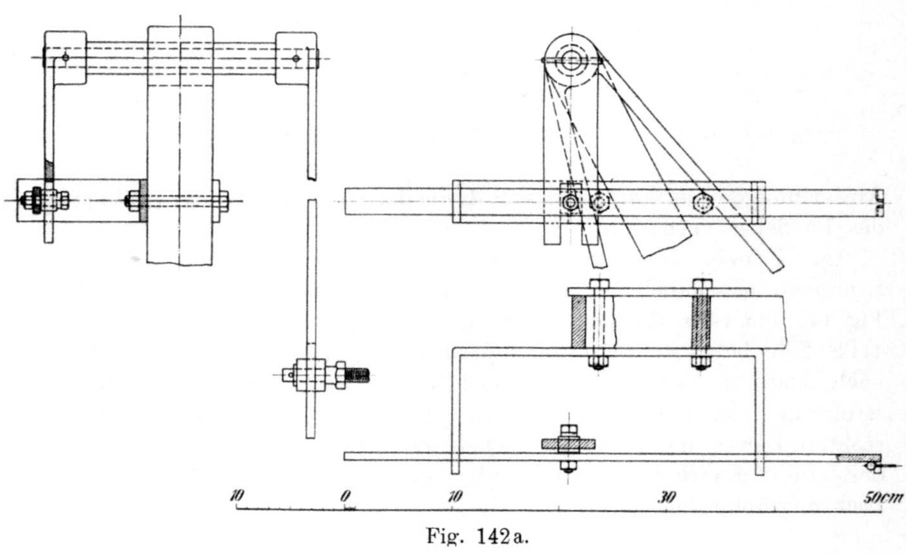

Fig. 142a.

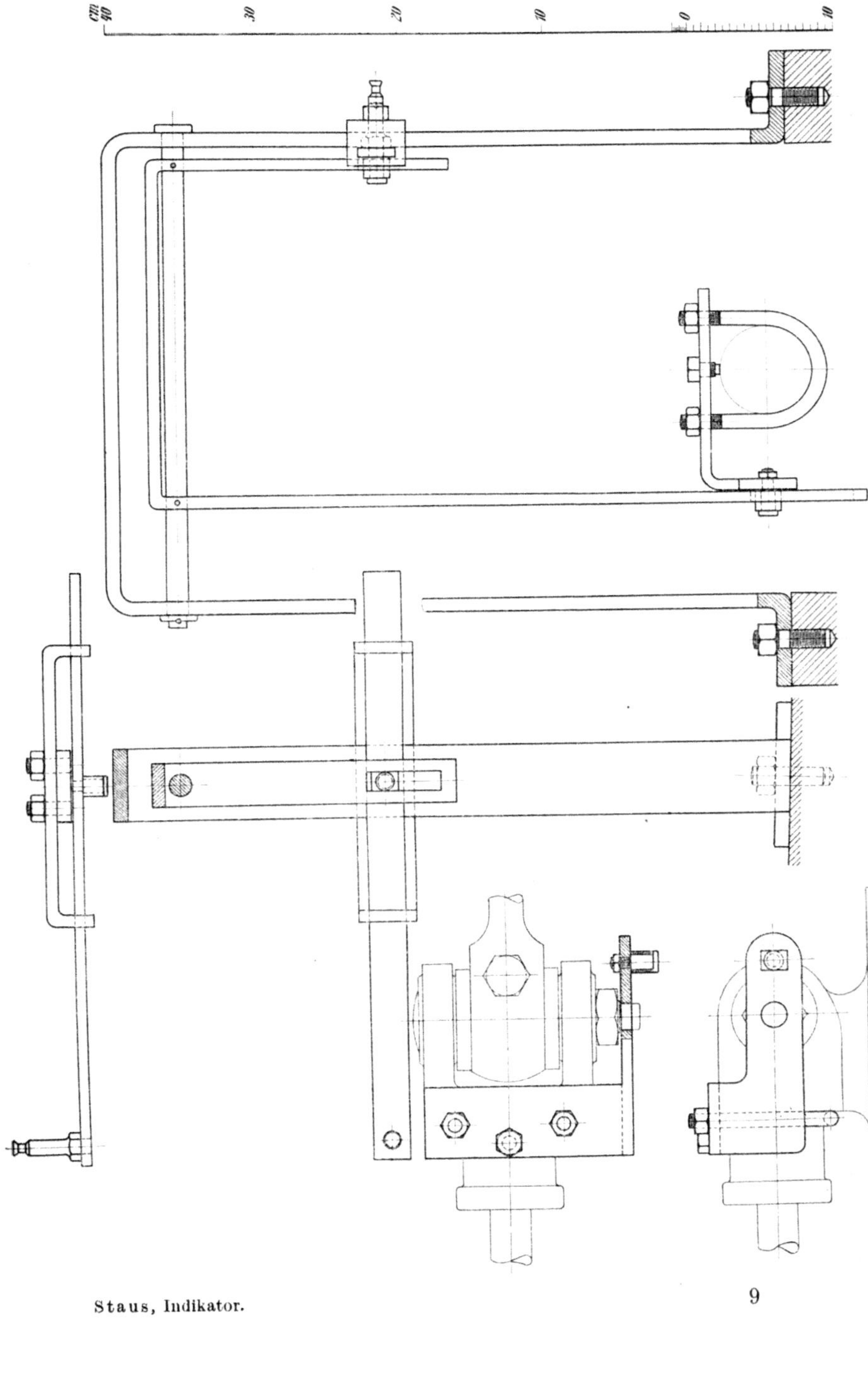

Fig. 143. Hubverminderer nach Brauer für einen Schieber-Gasmotor.

Hubverminderer der Maschinenfabrik Augsburg.

Ein Hubverminderer, wie er von der Maschinenfabrik Augsburg als Zubehörteil mittleren und größeren Dampfmaschinen mitgegeben wird, zeigt Fig. 144. Er besitzt ebenfalls doppelte Prismenführung und gibt

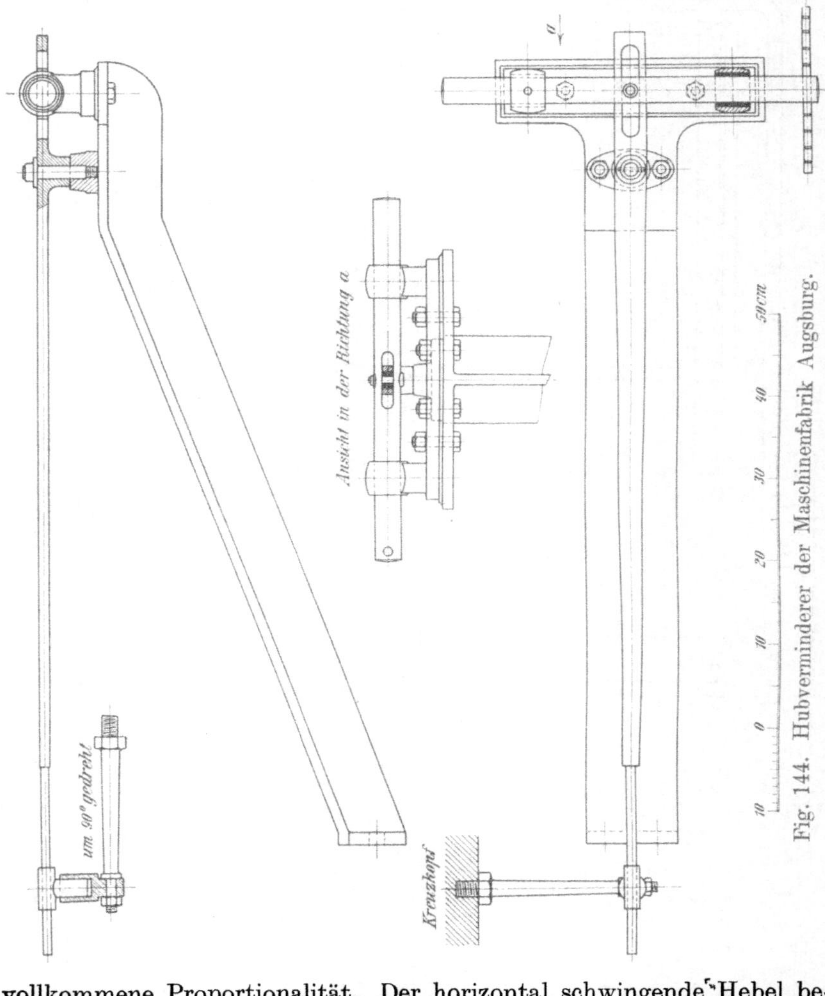

Fig. 144. Hubverminderer der Maschinenfabrik Augsburg.

vollkommene Proportionalität. Der horizontal schwingende Hebel besitzt eine beträchtliche Ausladung, so daß die Schnurverbindung mit den Instrumenten unmittelbar, ohne Verwendung einer Leitrolle geschehen kann. Da die Indikatoren am Hochdruck gewöhnlich etwas näher an der Zylinderachse sitzen als beim Niederdruck, so muß beim Einhängen der Schnur am Hubverminderer darauf Rücksicht genommen

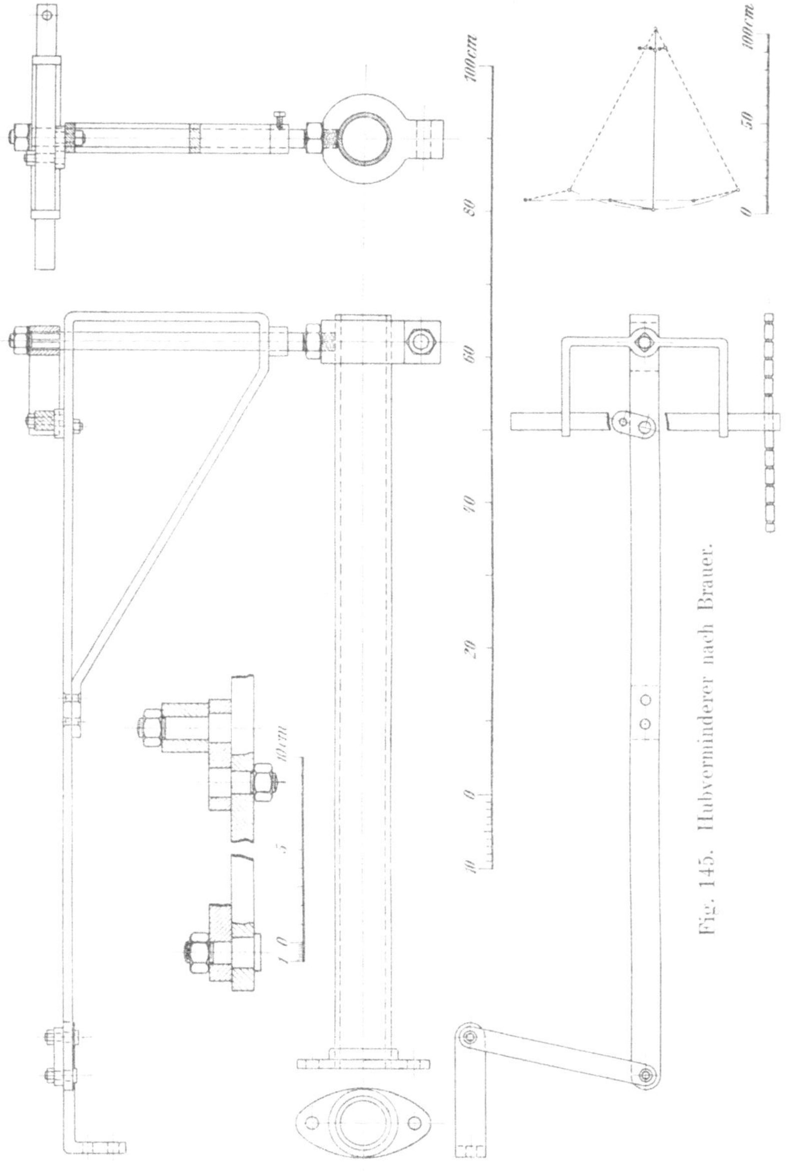

Fig. 145. Hubverminderer nach Brauer.

werden können. Hierzu dient das im Grundriß sichtbare Querstäbchen, in welchem wie üblich einige Rillen eingedreht sind, um ein Wandern der Mitnehmerhaken zu verhüten. Der gezeichnete Reduktor wurde für eine Tandem-Maschine von 1000 mm Hub und 120 Touren geliefert.

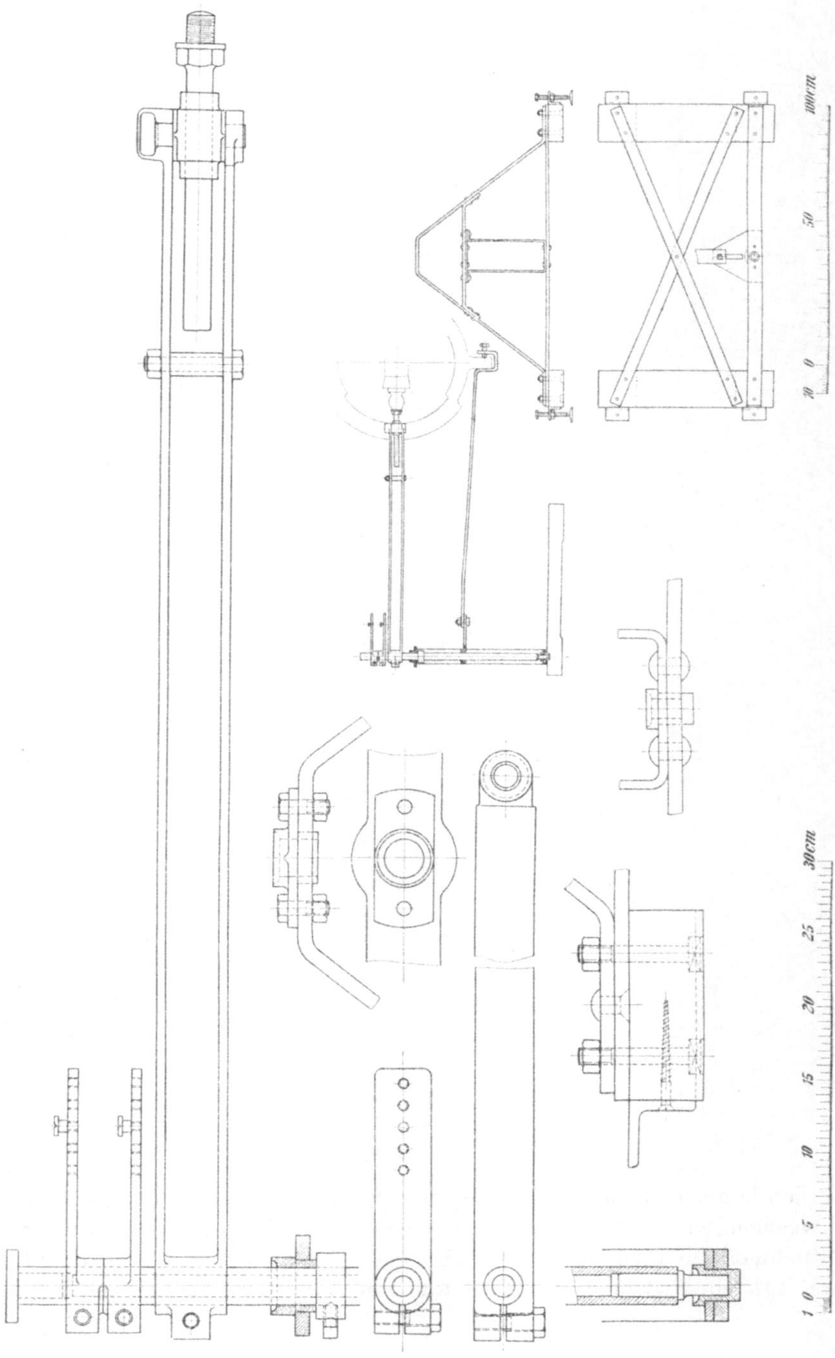

Fig. 146. Transportabler Hubverminderer der Maschinenbau-Gesellschaft Karlsruhe.

Einen für ähnliche Zwecke bestimmten Hubverminderer zeigt Fig. 145 (nach Brauer), der Anschluß des Haupthebels an dem Kreuzkopf der Maschine geschieht hier durch einen Gelenkhebel. Dieser Mechanismus wiederholt sich, wie aus der Zeichnung zu sehen, in ver-

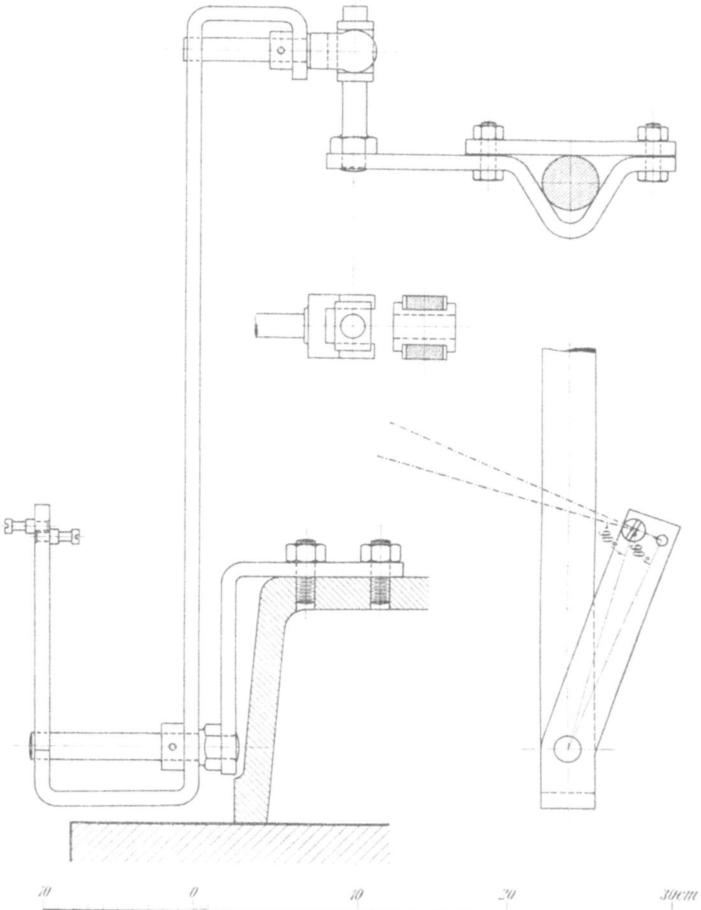

Fig. 147. Hubverminderer nach Brauer.

kleinertem Maßstab, so daß eine vollkommene Proportionalität erreicht wird. Dieser Trommelantrieb ist eine Kombination von Gelenkhebel mit einfacher Prismenführung (Entwurf).

Hebelgetriebe mit einfachen Prismenführungen.

Bei diesen Hubverminderern kann gewöhnlich jeder Indikator für sich angetrieben werden, was gewisse Vorteile in sich schließt. Der

Proportionalitätsfehler ist, wie weiter unten nachgewiesen wird, außerordentlich klein, so daß derartige Hubverminderer auch strengen Anforderungen genügen.

Hubverminderer der Maschinenbau-Gesellschaft Karlsruhe.

Dieser Hubverminderer (Fig. 146) ist nach einer von Brauer für das Mechanische Laboratorium der Technischen Hochschule Karlsruhe angegebenen Ausführung von der Maschinenbau-Gesellschaft Karlsruhe so durchgebildet worden, daß er transportabel und, wenn auch nicht in so großem Umfang wie jener, für verschiedene Maschinenhübe verwendbar ist. Der Hebel schwingt in einer durch die Zylinderachse gehenden horizontalen Ebene, in welcher auch die Indikatorstutzen zu sitzen pflegen. Es ist daher beim Ansetzen der Indikatoren leicht möglich, deren Schnurrollen in eine solche Lage zu bringen, daß die Antriebsschnüre sich in horizontalen untereinander parallelen Ebenen bewegen.

Zur Einstellung der Mitnehmerhebel bringt man den Kreuzkopf in seine Mittellage und dreht die kleinen Hebel so, daß der von ihnen mit der Indikatorschnur gebildete Winkel 90° beträgt. Unter diesen Bedingungen ist der Fehler im Antrieb, der alsdann allein noch durch die endliche Länge der Indikatorschnur bedingt wird, verschwindend.

Einen nach ähnlichem Prinzip gebauten, gleichfalls von Brauer angegebenen Hubverminderer zeigt Fig. 147, der als Indikatorantrieb für die Luftpumpe einer Kondensationsmaschine dient ($n = 100$). Der Hebel schwingt in einer vertikalen Ebene, der ganze Hubverminderer ist daher weniger platzraubend. Auch hier ist auf die richtige Einstellung der rechten Winkel in der Mittellage zu achten.

Die Größe des Proportionalitätsfehlers läßt sich leicht rechnerisch beurteilen. In Fig. 148 ist der Einfachheit wegen der kleine Mitnehmerhebel in die Richtung des großen Hebels gelegt. Unter der Voraussetzung, daß die Indikatorschnur stets mit sich parallel bleibt, ist die Proportionalitätsbedingung streng erfüllt. Ein Fehler entsteht erst durch die endliche Länge der Schnur; er wird um so kleiner, je größer die Entfernung des Indikators von dem Hubverminderer ist. Da diese Länge für die beiden Endlagen verschieden groß ist, so ist auch der Fehler nicht genau symmetrisch zur Mittellage verteilt. Er ist für die geringere Länge größer und umgekehrt.

Wenn s die Größe des Maschinenhubes, R die Länge des großen Hebels, r die Länge des kleinen Mitnehmerhebels ist, dann wird die Diagrammlänge l

$$l = s\,\frac{r}{R}\,.$$

Ist ferner b = Pfeilhöhe des Bogens, welcher durch r beschrieben wird, so ist

$$b = r - \sqrt{r^2 - \left(\frac{l}{2}\right)^2}.$$

Bedeutet e die Länge der Antriebschnur bis zum Indikator, so ist der durch die endliche Länge von e entstehende Fehler $f = e - \sqrt{e^2 - b^2}$. Nimmt man z. B. $s = 1000$, $R = 1000$, $r = 100$, so wird $l = 100$ und $b = 13{,}4$. Ist nun $e = 1000$ (in

Wirklichkeit wird diese Entfernung bei einer Maschine von 1000 mm Hub wesentlich größer), so wird $f = 0{,}039$ mm. Da sich dieser Fehler auf die halbe Diagrammlänge bezieht, so ist der Fehler für die Diagrammlänge rund 0,08%, somit also unter den gemachten ungünstigen Annahmen noch nicht $^1/_{10}$%, ein Fehler, der unter allen Umständen ohne jeden Einfluß ist, da sich die Diagrammlängen selbst bei vorzüglicher Herrichtung der Schnurleitung oft mehr als um 1% ändern.

Hebelgetriebe mit Rollen oder Segmenten.

Diese Hubverminderer erfüllen die Proportionalitätsbedingung nur in einem besonderen Fall vollkommen, nämlich dann, wenn die Übertragung der Kolbenbewegung auf den Hubverminderer nach den Gesetzen der Verzahnung konstruiert ist. Eine solche hinsichtlich der Proportionalität streng richtige Ausführung zeigt Fig. 149 (nach Brauer). Der in den Kreuzkopf geschraubte, mit einer Rolle versehene Mitnehmerstift liegt an dem Kurvenstück des Hebels an, das nach einer Evolvente gekrümmt sein muß. Den Kraftschluß zwischen Mitnehmerstift und Kurvenstift bewirkt eine Schraubenfeder, die so bemessen ist, daß der Hebel sich vom Mitnehmerstift nicht abheben kann. Es läßt sich auch ähnlich der Ausführung Fig. 149 zur Erzielung des Kraftschlusses eine Blattfeder verwenden, wie in Fig. 149a (rechts unten) angegeben. Die erstere Ausführung ermöglicht den Hubverminderer still zu setzen, wenn nicht indiziert wird, indem man den Hebel einfach zurückzieht und ihn mit einem Haken irgendwo in dieser Lage festhängt (Entwurf).

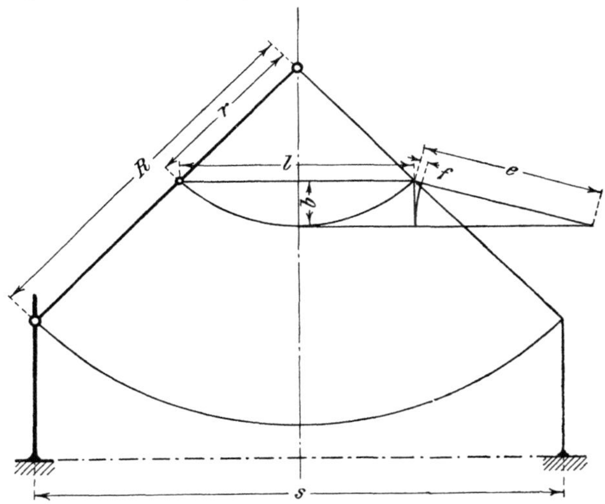

Fig. 148.

Die Evolvente läßt sich auch innerhalb gewisser Grenzen durch einen Kreis ersetzen, und dies ermöglicht Konstruktionen nach Fig. 150. Bei dem Entwurf solcher Hubverminderer, welche die Proportionalitätsbedingung nicht streng erfüllen, ist es zweckmäßig, die Evolvente stets wie in Fig. 149 zu zeichnen und darnach die Lage des Drehpunktes für den kleinen Hebel und dessen Länge zu bestimmen. Es ist ein fast allgemein, auch in der Literatur, verbreiteter Irrtum, daß der kleine Lenker in Höhe der Maschinenachse sitzen und von der Horizontalen (bei liegenden Maschinen) nach unten und oben gleich weit ausschlagen müsse. Das ist nur dann richtig, wenn der Indikatorantrieb wie bei dem Güldnerschen (Fig. 138) wieder durch einen Hebel, aber nicht durch eine Rolle erfolgt. In letzterem Falle muß sogar, wie aus Fig. 149 zu folgern, der Drehpunkt des kleinen Hebels etwas einseitig liegen.

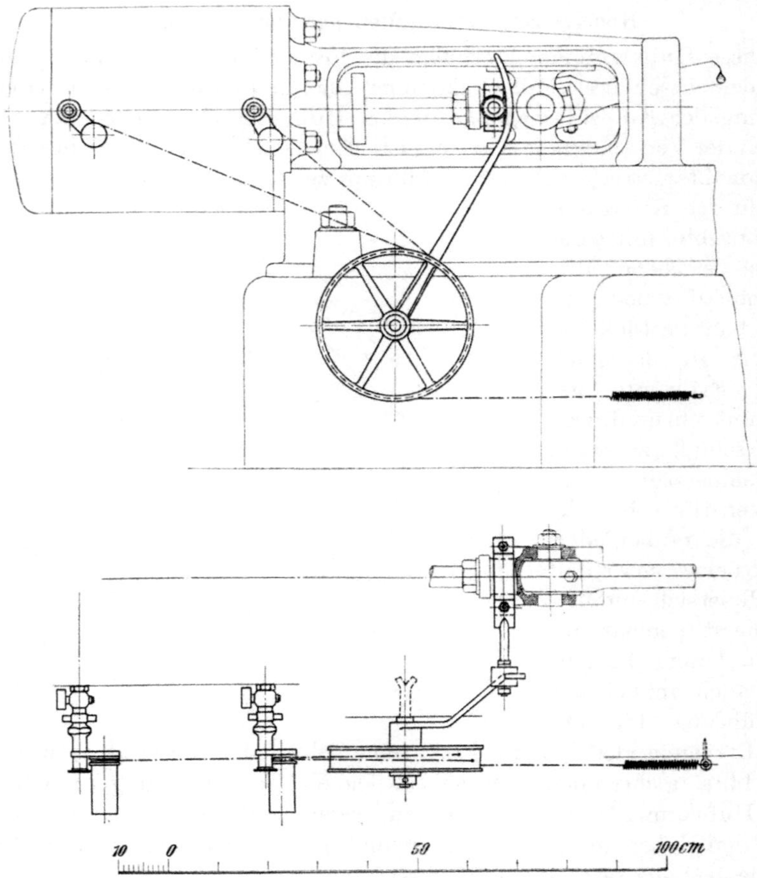

Fig. 149.

Diese Hebel mit Rollen oder Segmenten haben vor den zuvor besprochenen eigentlich keine Vorzüge, zumal sie leicht große Proportionalitätsfehler bei unrichtiger Anlage geben. Es ist zu vermuten, daß gerade diese, meist falsch konstruierte Kombination von Rolle und Hebel die Hebelhubverminderer, sehr mit Unrecht, etwas in Verruf gebracht hat.

c) Hubverminderer mit Kurbelgetriebe.

Diese Gruppe der Hubverminderer ist besonders bei Gasmotoren beliebt wegen ihrer außerordentlichen Einfachheit und der Möglichkeit, leicht versetzte Diagramme abnehmen zu können, d. h. solche Diagramme, bei welchen der Verbrennungsvorgang in der Mitte der Diagrammlänge erscheint.

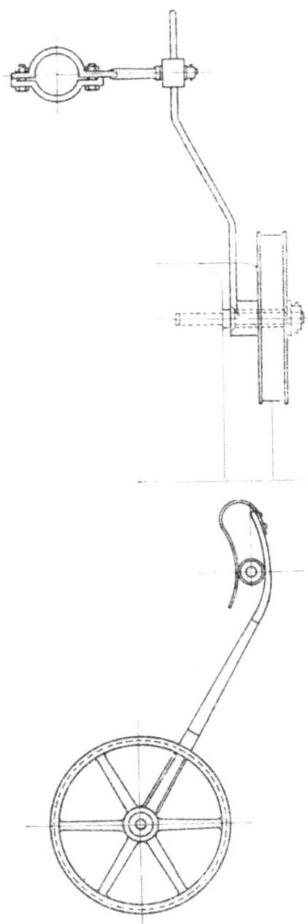

Fig. 149a.

In einfachster, jedoch unvollkommener Ausführung besteht dieser Hubverminderer aus einer kleinen Kurbel (Fig. 151), die auf ein freies Ende der Kurbelwelle so aufgeschraubt wird, daß sie mit der Maschinenkurbel parallel ist. Der Mitnehmerhaken wird in die Rille der Kurbel eingehängt. Zum bequemeren Ein- und Aushängen findet man oft die Kurbel in der gestrichelt angedeuteten Weise verlängert. Im ausgehängten Zustand sitzt der Mitnehmerhaken auf der Rille der Kurbelverlängerung. Es ist zweckmäßig, die richtige Lage durch eine Prisonschraube zu sichern.

Eine ähnliche Vorrichtung, die mit drei Spitzschrauben auf ein freies Wellenende aufgeklemmt wird, zeigt Fig. 152. Hierbei läßt sich der Kurbelstift nicht nur in beliebigem Kurbelwinkel, sondern auch radial für eine beliebige Diagrammlänge einstellen. Bei Verwendung dieses Antriebes ist wegen der vorstehenden Schrauben einige Vorsicht zu empfehlen.

Zur Abnahme von Kolbenwegdiagrammen ist die Indikatorschnur so zu führen, daß ihr Ausschlagwinkel von der durch die Zylinder- und Kurbelachse bestimmten Ebene halbiert wird. Naturgemäß drängt sich der ganze Verbrennungsvorgang an dem einen Ende des Diagrammes oft in eine Linie zusammen. Will man diesen Vorgang deutlicher sichtbar machen, so versetzt man die Kurbel um 90°, oder man leitet eine zweite Bewegung der Papiertrommel mit Hilfe einer an passender Stelle angebrachten Leitrolle so ab, daß diese Bewegungsrichtung nun senkrecht zu der ersten Bewegungsrichtung steht. Dann erscheint der Totpunkt des Kolbenwegs in der Mitte des Diagramms, wo die Papiertrommel ihre größte Geschwindigkeit hat. Der Verbrennungsvorgang wird so auseinander gezogen und die mehr oder weniger rasche Verpuffung ist leicht zu übersehen. Die Abszissen sind nahezu der Zeit proportional.

Die beschriebene Anordnung des Kurbelantriebes genügt zwar zur oberflächlichen Beurteilung des Zustandes der Maschine, jedoch nicht zur Ermittelung der indizierten Leistung, weil die Bewegung der Papiertrommel der Kolbenbewegung der Maschine nicht proportional ist.

Einen Kurbelantrieb, der strengeren Bedingungen genügt, zeigt

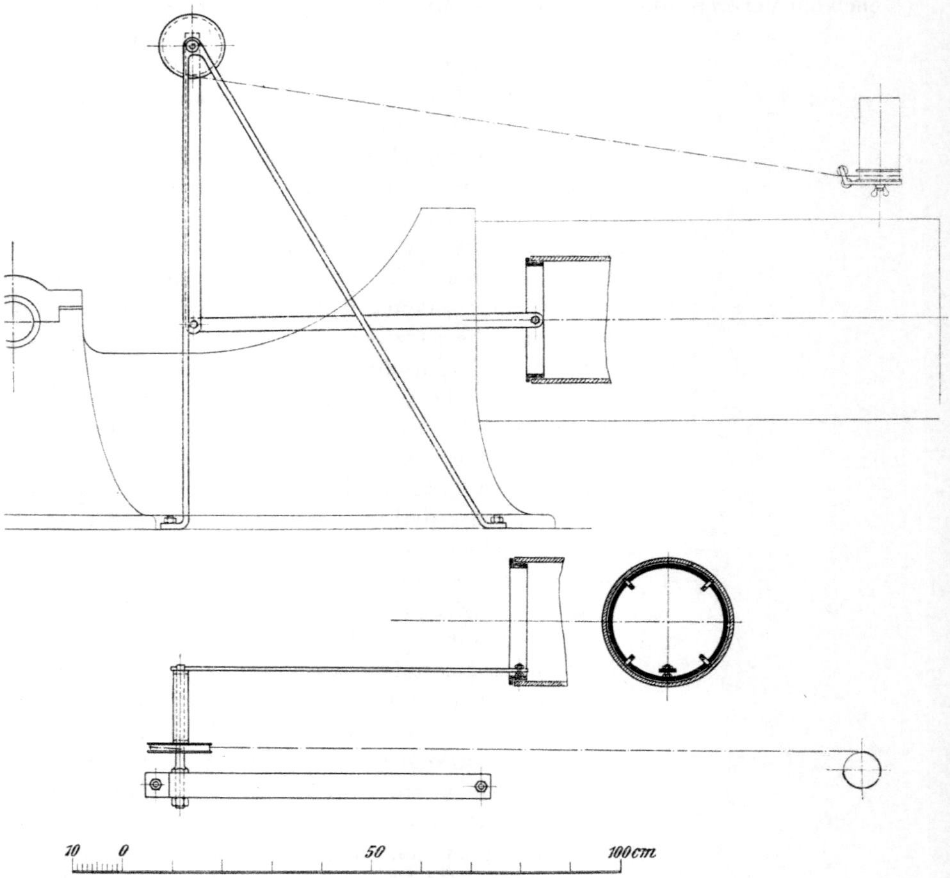

Fig. 150.

Fig. 153 (nach Brauer). Der Kurbelstift sitzt in einer Blechscheibe, welche in die Riemenscheibe durch eine kleine Andrehung zentrisch eingepaßt ist. Die Scheibe wird durch die im Mittelpunkt sichtbare Schraube festgehalten. Die Geradführung des hin- und hergehenden Endes der kleinen Pleuelstange ist durch eine lange Holzfeder bewirkt. Für Notfälle genügt auch eine dünne federnde Holzlatte, die am Boden oder der Decke des Maschinenraumes befestigt ist. Die Pleuelstange läßt sich auch durch einen Draht ersetzen, dessen Länge aber stets so zu wählen ist, daß sie sich zu der Länge der Hilfskurbel verhält, wie

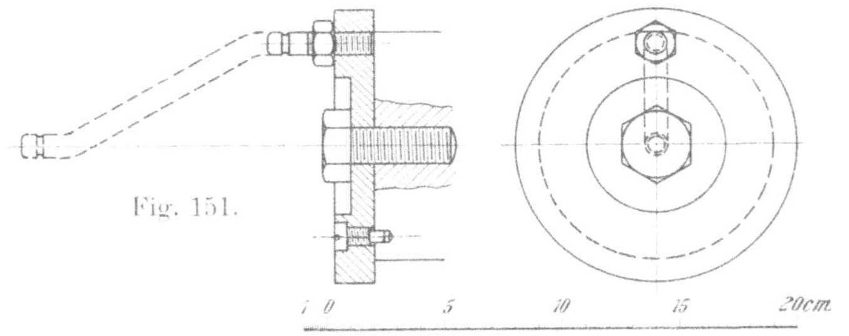

Fig. 151.

die Länge der Maschinenpleuelstange zur Maschinenkurbel. Dann ist der Trommelweg proportional zum Kolbenweg.

In manchen Fällen sind die Enden der Kurbelwelle entweder nicht zugänglich oder durch eine Schmiervorrichtung besetzt. Hierfür kann

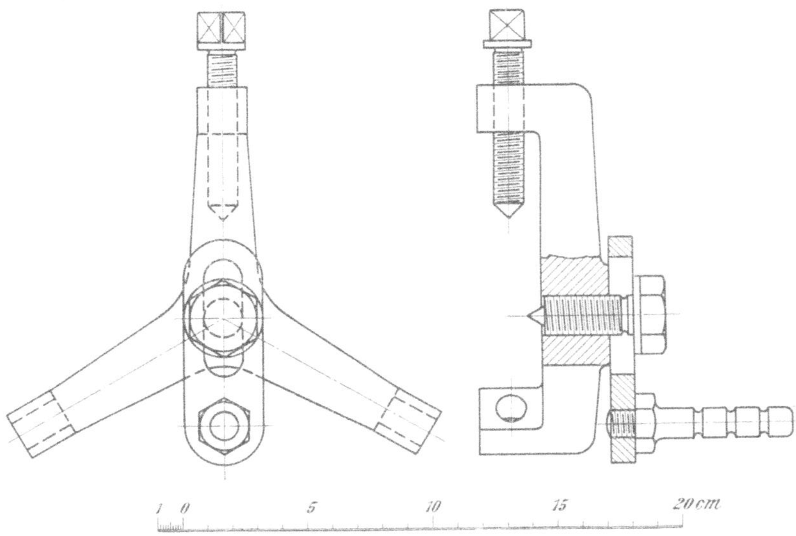

Fig. 152.

nach Brauer der in Fig. 154 und 154a dargestellte Antrieb mit Exzenter manchmal einen Ausweg bieten. Der Exzenterring wird durch drei Bügel gegen Abgleiten gesichert. Beim Aufsetzen der Exzenterscheibe ist sorgfältig auf die Stellung der Kurbel zu achten, damit keine Phasenverschiebung eintritt und dadurch verzerrte Diagramme erhalten werden.

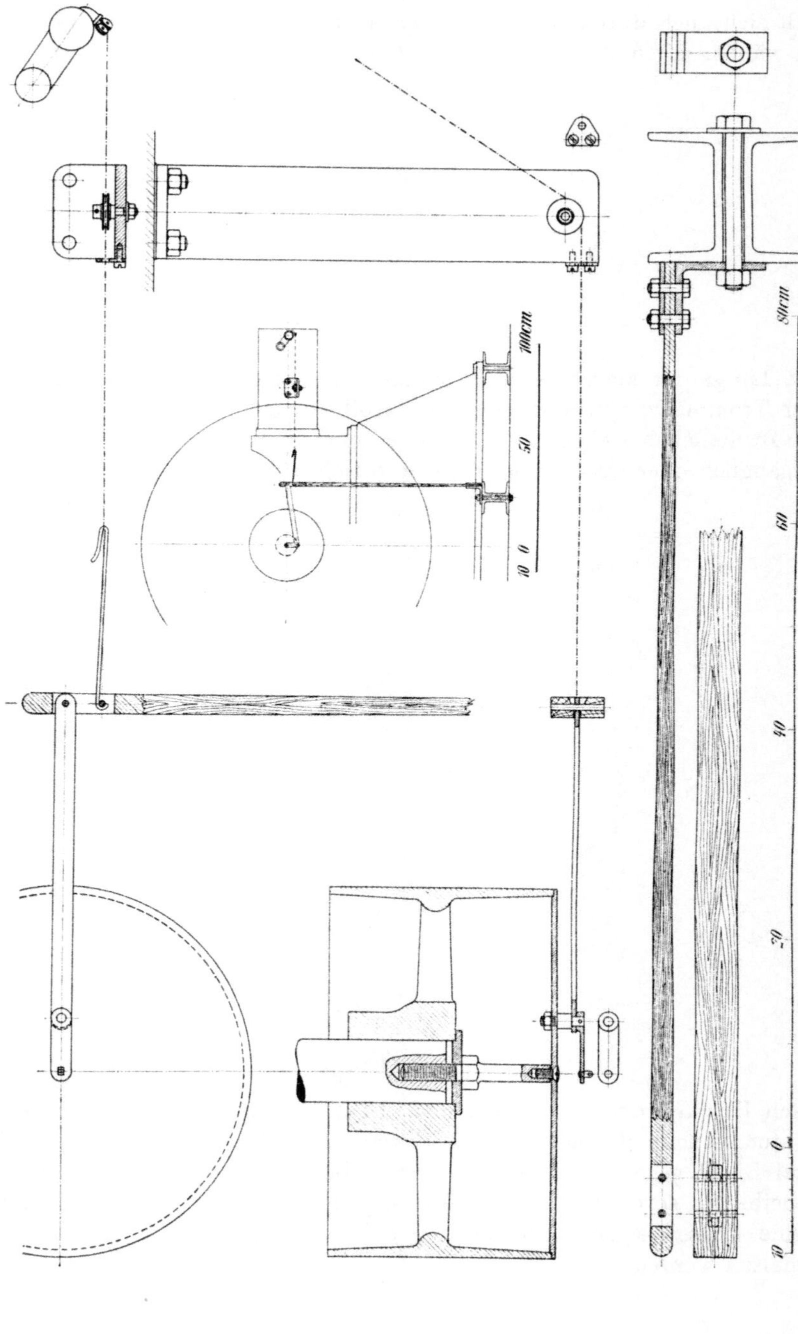

Fig. 153. Hubverminderer mit Kurbelantrieb nach Brauer.

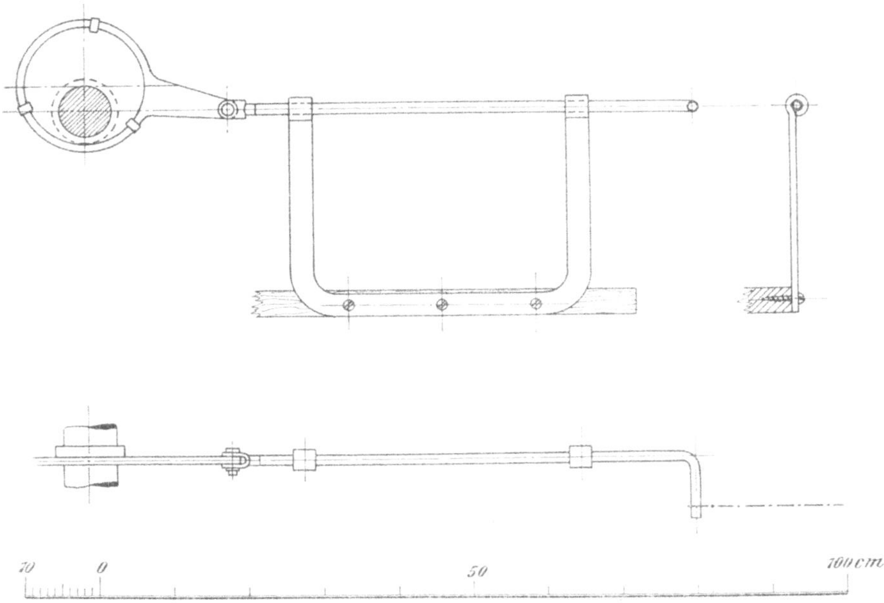

Fig. 154.

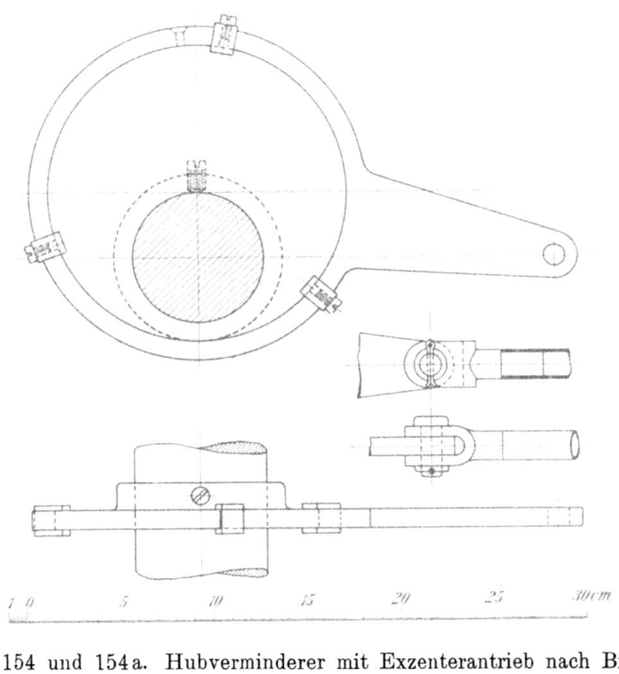

Fig. 154 und 154a. Hubverminderer mit Exzenterantrieb nach Brauer.

Indizier-Vorrichtung von Körting.

Im allgemeinen sollte man es vermeiden, den Indikator von einer Steuerwelle aus anzutreiben, weil die Räderübersetzung eine Quelle von Ungenauigkeiten sein kann. Bei Viertakt-Gasmaschinen kommt noch erschwerend der Umstand hinzu, daß die Steuerwelle nur halb so viel Umdrehungen macht wie die Kurbelwelle. Um von der Steuerwelle

Fig. 155. Indiziervorrichtung nach Körting.

einen Indikatorantrieb in Bewegung zu setzen, muß man daher eine zweite Räderübersetzung anwenden. Eine solche Einrichtung zeigt Fig. 155.

Auf die Steuerwelle der Maschine ist mit Rotgußlagern ein durch das Flacheisen *b* mit der Maschine starr verbundener Halter *a* gesetzt.

Fest auf die Steuerwelle aufgebracht wird das Rad *c*, welches mit dem Rad *d* in Eingriff steht.

Das Rad d trägt die kleine Kurbel e, die mit Schubstange auf die Geradführung g arbeitet.

Der zugehörige Gleitschuh hat einen Mitnehmerkopf, an welchen die Schnur zum Indikatorantrieb eingehakt wird. Eine über dem Gleitschuh angebrachte Rolle dient zur Führung dieser Schnur.

An der Kurbel e befindet sich ein Schlitz, so daß mit Leichtigkeit das genau gleiche Verhältnis zwischen Kurbel und Schubstangenlänge eingestellt werden kann, wie es bei der Kurbel und Pleuelstange der Maschine vorhanden ist.

Bei allen Hubverminderern mit Kurbelgetriebe ist bei Entnahme von Kolbenwegdiagrammen peinlich darauf zu achten, daß die kleine Kurbel zur Maschinenkurbel genau parallel läuft, weil schon geringe Abweichungen davon große Diagrammfehler verursachen können.

d) Schnurleitung.

Die Verbindung der Indikatortrommeln untereinander und mit den Hubverminderern wird durch die Schnurleitung hergestellt.

Als Material für die Schnurleitung kommt in Frage: Gezwirnte oder geflochtene Hanfschnur, Eisen- oder Messingdraht.

Für kurze Leitungen wird man ausschließlich Hanfschnüre verwenden, für längere Leitungen empfiehlt es sich, für die geraden Verbindungsstrecken Metalldrähte zu nehmen und Hanfschnüre nur dort einzuschalten, wo eine Richtungsänderung nötig ist. Denn die Schnurleitung soll so wenig wie möglich elastisch sein, und es soll grundsätzlich alles vermieden werden, was die Elastizität irgendwie vergrößern kann. Unter dem Einfluß von Wärme oder Feuchtigkeit erleiden jedoch besonders die Hanfschnüre eine Längenänderung, während Metalldrähte so gut wie unempfindlich dagegen sind. Um die Übelstände der Hanfschnüre etwas zu mildern, werden sie, so namentlich die den Indikatoren beigegebenen geflochtenen Schnüre, gewachst oder mit heißem Leinöl getränkt. Letzteres Verfahren ist für die überall erhältlichen, gezwirnten Schnüre anzuraten, die außerdem noch nach dem Tränken mit Leinöl durch angehängte Gewichte zu spannen und auszurecken sind. Im allgemeinen sind die gezwirnten Schnüre nur als Notbehelf zu betrachten, da die geflochtenen und gewachsten bei weitem besser sind.

Die Indikatorschnüre sollen nicht zu dick sein, damit mindestens zwei Lagen in den Rillen der Trommeln nebeneinander bequem Platz finden.

Die Prüfung von drei Sorten Indikatorschnur durch den Verfasser lieferten folgende Ergebnisse:

Bezeichnung der Sorte	Dünn mit eingewebtem grünem Faden	Mittel	Stark
Durchmesser der Schnur in mm . . .	0,97	1,46	1,85
Gewicht von 1 m in g	0,688	1,900	2,588
Zugfestigkeit in kg	14,73	24,95	29,59
Bruchdehnung in %	22,1	7,8	4,2
Reißlänge in m	21420	13130	11570

Hiernach ist die mit „Stark" bezeichnete Sorte absolut betrachtet die beste, denn sie besitzt die größte Zugfestigkeit bei geringster Dehnung.

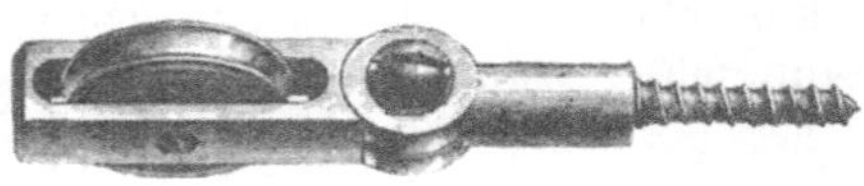

Fig. 156.

Die Sorte „Mittel" steht ihr jedoch für Schnurleitungszwecke kaum nach, da sie im Verhältnis zu ihrem Eigengewicht eine größere Zugfestigkeit besitzt.

Die vorstehenden Zahlen sollen einen Anhalt dafür bieten, was man von einer guten Indikatorschnur verlangen kann.

Wie erwähnt, empfiehlt sich Hanfschnur nur für kurze Leitungen und für solche Stellen, an denen die Schnur über eine Rolle laufen muß. Dabei ist darauf zu sehen, daß die Rollenebene mit der durch das auf- und ablaufende Schnurtrumm gebildeten Ebene genau zusammenfällt, da sonst die Schnur leicht über eine Rollenkante gleitet und unter Umständen sehr rasch verschleißt und bricht.

Fig. 157.

Solche Hilfsrollen, die dort anzubringen sind, wo z. B. die Schnurleitung eine Richtungsänderung erfährt oder um eine vorspringende Ecke herumgeführt werden muß, sind in Fig. 156 und 157 angegeben.

Die Leitrolle Fig. 156 ist mit einer Holzschraube versehen, in einem Gelenk beweglich und in beliebigem Winkel feststellbar. Sie wird auch mit zwei nebeneinander liegenden Führungsröllchen als doppelte Leitrolle ausgeführt.

Eine vollkommenere, neue Ausführung zeigt Fig. 157. Das Führungsröllchen *r* ist in einem Ring *b* gelagert, der vermöge der Klemmschraube *s* im Körper *a* dreh- und feststellbar ist. Mittels Flügelmutter *d* kann die Leitrolle an einem geeigneten Maschinenteil, einem Flacheisen usw. befestigt werden.

Als Notbehelf für diese Leitrollen kann man auch die überall erhältlichen sogenannten Vogelrollen mit Holzschrauben benutzen. Man muß jedoch hierbei solche aussuchen, deren Rolle möglichst rund läuft, weil durch das Unrundlaufen Fehler in der Übertragung bedingt sind.

Für die geraden Verbindungsstrecken verwendet man zweckmäßigerweise Metalldrähte.

Die Drähte aus Eisen oder Messing nimmt man 0,6—0,7 mm stark. Weicher Eisendraht z. B. von 0,70 mm besaß nach Versuchen des Verfassers eine Bruchbelastung von 15,2 kg, hart gezogener Messingdraht von 0,57 mm eine solche von 24,0 kg. Die Elastizitätsgrenze für den Eisendraht lag bei 10—11 kg Belastung; er genügt somit für die meisten Fälle, da der Zug in der Schnur infolge der Trommelfederspannung für eine Trommel 1—2 kg, für zwei hintereinander geschaltete Trommeln 4 kg gewöhnlich nicht übersteigt. Der harte Messingdraht besitzt zwar eine noch höhere Festigkeit, doch bricht er leicht beim Umbiegen. Der weiche Eisendraht ist daher vorzuziehen.

Die Metalldrähte sind nicht nur billiger als die geflochtenen Schnüre und zudem unempfindlich gegen Feuchtigkeitseinflüsse, sondern sie folgen auch innerhalb der vorkommenden Beanspruchung dem Hookeschen Gesetz, wodurch die Abszissen der Diagramme keine unregelmäßige, sondern eine affine Veränderung erleiden, was auf die Genauigkeit des Diagramms ohne Einfluß ist.

Besonders wichtig sind die Verbindungen der Schnüre und Drähte untereinander. Grundsätzlich sind alle jene Verbindungen zu vermeiden, welche die Elastizität der Schnurleitung zu vergrößern geeignet sind. Dazu zählen in erster Linie die gewöhnlichen Knoten in den Schnüren, die überhaupt ganz vermieden werden sollen.

Sind zwei Schnüre miteinander zu verbinden, so verwende man als Bindeglied Brauersche Haken, das sind S-förmig gebogene Haken aus 2 mm starkem, weichem Stahldraht (nach Fig. 158a), die nicht nur billig zu beschaffen sind, sondern auch die Möglichkeit bieten, die Schnurleitung leicht auseinander zu nehmen und in der Länge zu ändern, wenn man die Schnur mit dem Haken nach der, in Fig. 158b dargestellten Weise verbindet. So einfach diese Verbindung aussieht, so erfordert gleichwohl ihre Herstellung etwas Übung. Damit die Verbindung ihren Zweck, unelastisch und leicht lösbar zu sein, erfüllt, müssen die Haken genau in der angegebenen Form gebogen werden. Es ist darauf zu achten, daß die Schenkel der Haken nicht parallel zueinander, sondern in kleinem Winkel auseinander

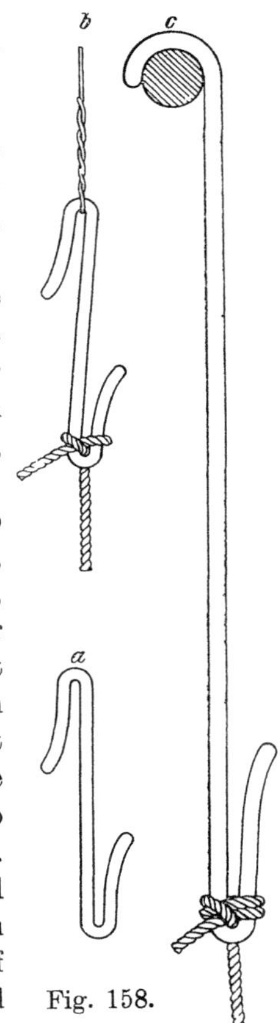

Fig. 158.

laufen; denn nur so kann diese Verbindung nicht bloß festgezogen, sondern auch wieder leicht gelöst werden, wenn man die Schnur auf den Schenkeln etwas zurückschiebt. In letzterem Zustand kann ohne vollkommene Lösung der Verbindung auch die Schnurleitung länger oder kürzer gemacht werden, indem man das freie Ende etwas nachläßt oder anzieht, bevor man wieder die Schnur an ihren ursprünglichen Platz im innersten Teil des Schenkels rückt. Es ist ersichtlich, daß sich diese Haken zur Verbindung von Schnüren und Drähten untereinander, wie auch von Schnüren mit Drähten wechselseitig eignen (Fig. 158b).

Diese einfachen und vielseitig verwendbaren Haken sind den den Indikatoren beigegebenen Haken vorzuziehen (Fig. 159). Auch dieser Schnurspannhaken gestattet ein Längen oder Kürzen der Schnur, jedoch nur auf der einen Seite. Die eingezogene Schnur wird durch Zug in der Richtung z festgeklemmt, das freie Ende R wird zur Sicherung in den Einschnitt X eingelegt. Zieht man in Richtung von R, so löst sich die Schnur und kann so beliebig verlängert oder verkürzt werden.

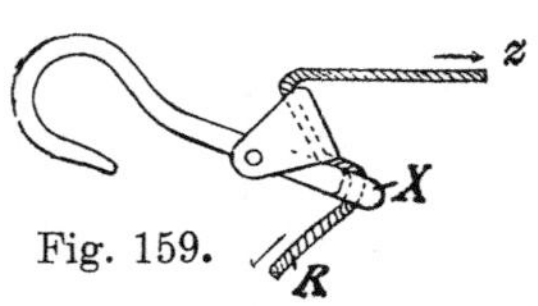

Fig. 159.

Ist ein Schnurende mit einem Drahtende durch einen solchen Haken zu verbinden, so ist dagegen kaum etwas einzuwenden. Müssen zwei Schnurenden durch diesen Haken verbunden werden, so erhält das nicht mit dem Haken besetzte Schnurende gewöhnlich eine Schlaufe und damit einen Knoten, der nach den obigen Ausführungen in einer Schnurleitung vermieden werden sollte. Man wird daher besser tun, beide Schnurenden mit je einem Haken zu versehen oder die oben angegebenen einfachen Brauerschen Haken zu verwenden, die deshalb den Vorzug verdienen, weil ihr Gewicht kleiner ist und dadurch eher ein Peitschen der Schnur vermieden wird.

Den Anfang der gesamten Schnurleitung macht ein besonderer Haken — der Mitnehmerhaken —, der in den hin- und hergehenden Maschinenteil an der Maschine selbst, oder bei den Hebelhubverminderern an diesen, eingehängt wird.

Der Mitnehmerhaken (Fig. 158c) soll möglichst lang, etwa 15 cm, sein und aus ungefähr 3 mm starkem Eisen- oder Stahldraht bestehen. Das Ende für die Schnur oder für den Draht kann nach Art der beschriebenen Brauerschen Haken gebogen sein, während das andere Ende nur eine kurze runde Biegung sein soll, die dem Mitnehmerstift angepaßt ist. Die Erfahrung lehrt, daß lange Mitnehmerhaken viel leichter einzuhängen sind als kurze. Man hält hierzu den Haken zwischen Daumen und Zeigefinger dicht an seinem hinteren Ende und fängt mit dem vorderen Ende den Mitnehmerstift an der Maschine oder der Hubreduktion bei seiner Umkehr im inneren Totpunkt ab. Sobald der

Mitnehmerhaken gefaßt worden ist, gibt man ihn frei. Unter Benutzung einer Hebelreduktion ist das Einhängen auch bei 200—300 Touren in der Minute nicht schwierig. Dagegen erfordert das Einhängen unmittelbar an die Maschine einige Geschicklichkeit und Übung. Zum Aushängen des Mitnehmerhakens gleitet man mit den leicht geschlossenen Fingern der Schnur entlang, dem zum inneren Totpunkt zurückkehrenden Haken entgegen, und sucht, noch bevor der Mitnehmerstift den inneren Totpunkt erreicht hat, den Haken an seinem hinteren Ende zu erfassen und mit kurzem entschlossenen Ruck vom Mitnehmerstift abzuziehen.

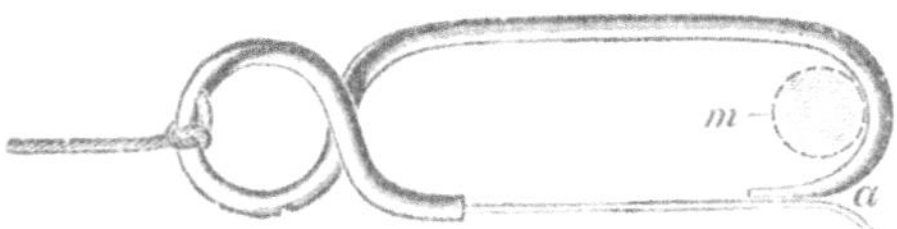

Fig. 160.

Zum leichteren Einhängen bei höheren Geschwindigkeiten kann man auch den Fanghaken (Fig. 160) benutzen. Man bringt die federnde Öffnung *a* in die Nähe der inneren Totlage des Mitnehmers und läßt den Haken wie gezeichnet einschnappen, womit die Schnur eingehängt ist.

Zum Aushängen der Schnur dient vorteilhaft der Aushängehaken (Fig. 161). Man umfaßt wie gezeichnet die Schnur *s* des Hubverminderers nahe bei dem Fanghaken und zieht diesen in der inneren Totlage von dem Mitnehmer ab, wobei der Fanghaken hängen bleibt und am Zurückschnellen gehindert wird.

Es ist noch darauf hinzuweisen, daß die Mitnehmerschnur genau parallel zur Bahn des Mitnehmerstiftes laufen soll, damit keine Fehler in der Übertragung entstehen.

Fig. 161.

11. Behandlung und Gebrauch der Instrumente. Anleitung zum Indizieren.

Wie von der Behandlung und dem Zustand einer Maschine ihre Arbeitsleistung abhängt, genau so kann man von den Meßinstrumenten nur dann eine gute Leistung erwarten, wenn sie in gutem Zustande erhalten werden.

So selbstverständlich diese Forderung ist, so häufig bleibt sie unbeachtet.

Die Behandlung der Instrumente beginnt bereits beim Auspacken im Maschinenraum. In erster Linie ist dafür zu sorgen, daß die Instrumentenkästen ihren Platz in der Nähe der Verwendungsstelle auf einem ebenen, festen Tisch finden. Schon hiergegen wird vielfach zum Schaden der Instrumente gefehlt. Die Tischfläche soll so viel Raum bieten, daß sämtliche Instrumentenkästen nebeneinander geöffnet Platz haben und vor jedem Kasten noch Raum genug übrig bleibt, damit die Instrumente oder ihre Teile, jede gesondert für sich, vor ihrem Kasten ausgelegt werden können.

Die erste Tätigkeit bei Indikatorversuchen ist meist das Ansetzen der Hähne. Die Hähne sollten nur mit den eigens hierzu mitgelieferten Schlüsseln angeschraubt werden, um das Sechskant sowie den Kugelkörper des Hahns nach Möglichkeit zu schonen.

Der Hahn soll ohne Anwendung äußerster Gewalt so fest sitzen, daß eine Lockerung während des Versuchs ausgeschlossen ist. Zum Abdichten verwende man die beigegebenen Kupferringe oder, wenn der Hahn sich nicht ganz einschrauben lassen sollte, etwas Hanf- oder Asbestschnur, wobei darauf zu achten ist, daß keine Fasern in die Hahnbohrung gelangen. Liegt die Bohrung des Hahns horizontal, so soll normalerweise der Griff oben, die kleine dritte Bohrung auf der Seite sein. Bei senkrechter Stellung des Hahngriffs vermeide man, diese dritte Bohrung nach oben zu richten, damit der beim Abstellen etwa austretende Dampf-, Wasser- usw. -Strahl keine Tropfen in den Indikator fallen lassen kann. Überhaupt ist in dieser Beziehung stets darauf zu achten, daß kein Indikator den anderen nachteilig beeinflußt. Während sich dies bei Indizierung liegender Maschinen gewöhnlich leicht erreichen läßt, ist es z. B. an stehenden Dampfmaschinen mit einigen Schwierigkeiten verknüpft, weil hierbei die Instrumente vielfach genau senkrecht übereinander liegen. In diesem Falle empfiehlt es sich, unter den oberen Indikatoren kleine, leicht gekrümmte Abfangbleche mit Drähten anzuhängen, die das aus dem Indikator tretende Kondenswasser so nach der Seite abführen, daß es den darunter liegenden nicht betropft.

Sind die Hähne, deren Küken vor dem Ansetzen gut einzuölen sind, angeschraubt, so nehme man die Indikatoren aus ihrem Kasten und entferne zunächst die Schreibzeuge, die vorerst wieder in ihre entsprechenden Kästen zurückzulegen sind. Das ist eine reine Zweckmäßigkeits- und Vorsichtsmaßregel zur Schonung der Schreibzeuge. Jetzt sind die Indikatoren — ohne Schreibzeuge — mit ihren Kuppelmuttern an ihre Hähne zu setzen. Hierzu halte man die Instrumente mit der einen Hand an den Hahn in die gewünschte Lage und ziehe mit der anderen Hand die Kuppelmutter fest. Bei der ursprünglichen Crosby-Verschraubung genügt das Festziehen von Hand, für die Thompson-Verschraubung mit ihrem steileren Gewinde ist zum Nachziehen ein Dorn vorgesehen. Auch hier achte man mit Rücksicht auf die gebotene Schonung der Gewinde auf ein zwar festes, jedoch nicht übermäßig festes Anziehen der Kuppelmutter.

Die nächste Arbeit ist die Herstellung der Schnurleitung. Hier gilt als erster Grundsatz: Je kürzer und geradliniger, um so besser. Die

Verbindungsstellen der einzelnen Schnüre sind auf die geringste Zahl zu beschränken.

Beim Ablängen der Schnüre ist bei dem dem Hubverminderer zunächst liegenden Indikator zu beginnen. Die Trommel dieses Instrumentes soll von ihrer Mittellage aus gleichweit nach rechts und links ausschlagen, wenn der mit der Maschine verbundene Hubverminderer seinen vollen Weg zurücklegt. Hierauf ist von der zweiten, noch freien Schnurrille des ersten Indikators die Bewegung des zweiten Indikators abzuleiten und dann zu untersuchen, ob auch dieser in der Mittellage schwingt, wenn der Hubverminderer eingehängt ist. In sinngemäßer Weise werden die übrigen Instrumente an die Schnurleitung nacheinander angeschlossen. Je peinlicher dabei zu Beginn verfahren wird, desto weniger Verdruß wird man während des Versuches haben. Es leuchtet ein, daß mit der Anzahl der an einen Hubverminderer angeschlossenen Instrumente die Schwierigkeiten wachsen, da es leicht vorkommen kann, daß eine der Papiertrommeln anschlägt, während alle übrigen richtig abgelängt sind. Hieraus ist, wie oben bereits betont, die praktische Folgerung zu ziehen, daß nicht zu viel Instrumente hintereinander gehängt werden sollen.

An dieser Stelle ist es vielleicht angebracht, etwas über die Wahl der Diagrammlänge zu bemerken. Solange sich die Tourenzahlen in solchen Grenzen bewegen, daß die Trommelmassen durch ihre Beschleunigung keine Schwierigkeiten bereiten, wähle man die Diagrammlänge ungefähr $1-1^1/_2$ mal der Diagrammhöhe, während man diese selbst so groß als möglich nehme. Maßgebend hierfür ist die Erwägung, daß mit Rücksicht auf die Genauigkeit des Planimetrierens der Diagrammumfang im Verhältnis zur Diagrammfläche ein Minimum sein soll. Je länger die Diagrammlinien im Vergleich zur Diagrammfläche, um so größer wird der Einfluß der Planimetrierfehler.

Die in dieser Beziehung günstigste Diagrammform zeigen die Diagramme der Wasserpumpen-Diagramme, die im wesentlichen aus zwei horizontalen und zwei vertikalen Begrenzungslinien bestehen. Ihnen folgen etwa die Niederdruckdiagramme von Dampfmaschinen, die meist mit einer 15—25 mm-Feder aufgenommen werden (auf die bei der Verwendung solcher schwachen Federn zu beachtende Vorsicht beim Andrücken der Schreibstifte ist in Kapitel 5b hingewiesen worden). Dann kommen die Diagramme der Kompressoren, der Hochdruckzylinder von Dampfmaschinen usw., welche meist auch noch eine befriedigende Flächenentwicklung zeigen. Ungünstiger liegen die Verhältnisse bei den modernen Gasmaschinen. Hohe Kompression und weit getriebene Expansion geben gewöhnlich sehr schmale, spitz auslaufende Diagramme von verhältnismäßig geringer Flächenentwicklung.

Ist die Schnurleitung in Ordnung, so beginne man mit dem Einsetzen der Schreibzeuge. Die Wahl der richtigen Indikatorfeder richtet sich nach den zu erwartenden Drücken und nach der möglichen Diagrammhöhe. In zweifelhaften Fällen beginne man stets mit einer zu starken Feder und wähle hierauf die schwächere erst, wenn der Druck genau bekannt ist. Die Diagrammhöhe nehme man so groß als möglich. Bei Dampfdiagrammen hat dies in der Regel keine Schwierigkeit. Bei Gasmaschinen-Pumpendiagrammen, die häufig sehr rasch verlaufende Druckwechsel zeigen, muß man zur Vermeidung der unvermeidlichen Schwingungen des Schreibzeugs oft stärkere Federn anwenden und auf eine volle Ausnützung der verfügbaren Diagrammhöhe verzichten. Allgemein gültige Regeln lassen sich hierfür nicht aufstellen, das Richtige trifft man bald von selbst.

Nach der Befestigung der Feder im Schreibzeug gebe man dem Kolben, der Kolbenstange, den Gelenken des Schreibhebels, kurz allen ineinander greifenden, arbeitenden Teilen etwas Öl. Den Kolben versehe man mit solchem Öl, wie es zur Schmierung des zu indizierenden Zylinders gebraucht wird, also z. B. bei Dampfmaschinen das dunkle Zylinderöl, im übrigen nehme man von dem den Instrumenten beigegebenen hellen, dünnflüssigen Knochenöl, indem man mit einem spitzen Hölzchen in das Ölfläschchen taucht, und den daran hängenden Tropfen auf die Gelenke verteilt. Neuerdings wird zum bequemen Ölen eine mit Öl gefüllte Spritzflasche beigegeben. Es ist nicht nötig, daß das Schreibzeug in Öl schwimmt.

Vor dem Einsetzen des ordnungsgemäß vorbereiteten Schreibzeugs in den Indikatorzylinder überzeuge man sich, daß dieser innen vollkommen rein sei. Bei Dampfmaschinen genügt ein kurzes Durchblasen mit Dampf, wo das nicht möglich ist, wische man den Zylinder mit einem reinen Finger aus. Die sonst beliebte Putzwolle soll streng vermieden werden, weil sich ihre Fasern nur zu leicht zwischen die arbeitenden Teile stecken und ihre Bewegung hemmen. Zum Abwischen nehme man statt dessen ausschließlich einen nur hierfür bestimmten Leinenlappen.

Jetzt erst ist das Schreibzeug einzusetzen und sein Deckel mit der Hand fest anzuziehen. Durch Öffnen des Hahns lasse man das Schreibzeug einige Spiele machen, um sich zu überzeugen, daß alles ordentlich zusammengebaut ist.

Für das Aufstecken des Papiers auf die Trommel sind auch einige kleine Winke beachtenswert. Zunächst schiebe man 1—2 cm weit unter das längere Ende der Blattfedern das Papier, mit der metallisierten Seite nach außen, so daß zwischen dem schmalen Zwischenraum der Federn ein schwach fingerbreites Stück heraussieht. Dann lege man den noch freien Teil um die Trommel, fasse dessen Ende mit Daumen und

Zeigefinger der einen Hand und führe dies unter das kürzere Ende der Blattfedern, während man das schon festgeklemmte andere Papierende mit der anderen Hand leicht zurückbiegt. Jetzt fasse man beide Enden zusammen und ziehe das Papier der Trommel entlang bis auf ihren Grund. Wesentlich erleichtert wird dieses Aufziehen, wenn man dem Papier vor dem Herunterziehen auf den Grund der Trommel durch leichtes Entlangfahren mit den Fingern an dem die Trommel noch frei überstehenden Teil ungefähr die Biegung gibt, die es dann schließlich auf der Trommel hat. Es ist aber durchaus unnötig und unzweckmäßig, das Papier an einer seiner Schmalseiten vorher umzuknicken. Denn hierdurch geht die Steifigkeit des Papiers verloren und die Gefahr liegt nahe, daß bei brüchigem Papier dieser Rand noch vor dem Aufstecken abreißt.

Das Papier soll an der Trommelfläche überall fest anliegen und der untere Rand gleichmäßig an der Trommelverstärkung aufsitzen. Hierzu fasse man die unteren Papierecken einzeln mit den Fingern und ziehe sie stramm nach unten und etwas auswärts. Die unteren Ränder müssen dann genau auf gleicher Höhe sitzen. Liegt das Papier nicht überall an der Trommel an, so reißt es der Schreibstift unfehlbar auf. Sitzt das Papier nicht gleichmäßig auf dem unteren Rand, so liegt die Atmosphärenlinie schräg statt parallel zu ihm, was nicht nur unschön aussieht, sondern auch insofern von Nachteil ist, weil man über die Lage dieser wichtigen Linie im Diagramm gar keinen Anhalt hat, wenn man einmal vergessen sollte, sie zu ziehen. Denn die Diagrammlänge läßt sich genau nur mit Hilfe der Atmosphärenlinie bestimmen. Liegt der untere Papierrand parallel zu ihr, dann läßt sich auch ohne Atmosphärenlinie wenigstens die Diagrammlänge mit hinreichender Genauigkeit abmessen, wenn auch die Lage der einzelnen Diagrammpunkte zur Atmosphärenlinie im übrigen unbestimmt bleiben.

Während des Indizierens müssen die Schreibstifte immer in scharf gespitztem Zustand gehalten werden, damit die Diagrammlinien so fein wie möglich ausfallen. Will man das Nachschärfen der Stifte während des Versuches vermeiden, so halte man sich für jeden Indikator etwa ein Dutzend gespitzter Stifte vorrätig und wechsle sie nach Bedarf aus.

Nachdem alle Indikatoren mit Papier besteckt sind, lasse man sie durch den Hubverminderer in Tätigkeit setzen, ziehe die Atmosphärenlinie und nehme bei jedem Instrument nacheinander ein Diagramm unter genauer Beobachtung, ob alles in Ordnung ist. Hiernach ist zu sehen, ob die Diagramme gut in der Mitte sitzen, ob die Schreibstifte richtig, d. h. nicht zu stark und nicht zu schwach angedrückt haben; kleine Mängel sind zu verbessern. Vor Anfang des eigentlichen Indikatorversuches soll ein tadelloser Satz Vordiagramme vorliegen.

Sind nun mehrere Zylinder einer Maschine gleichzeitig zu indizieren, so sollte die Diagrammentnahme unter keinen Umständen nacheinander erfolgen, sondern unbedingt auf Kommando in genau demselben Augenblick. Selbst nach kurzer Übung können bei nicht allzugroßen Maschinenhüben von jedermann zwei Indikatoren gleichzeitig bedient werden. Als besonders zweckmäßig hat sich die Diagrammentnahme nach folgenden drei Kommandos bewährt.

1. „Einhängen!“ Auf diesen Zuruf haben sich die beauftragten Personen auf ihre Plätze zu begeben, die Hubverminderer sind einzuhängen bzw. die Indikatorschnüre mit den Hubverminderern zu kuppeln und hierauf ausnahmslos an allen Indikatoren die Atmosphärenlinie zu ziehen.

2. „Auf!“ Nun sind die Hähne so zu öffnen, daß die Griffe parallel zu den Bohrungen sind, damit keine Drosselung entsteht. Unmittelbar darauf sind die Griffe der Schreibzeuge in die Hand zu nehmen, bei Bedienung zweier Indikatoren durch eine Person mit jeder Hand je einen Griff, und die Schreibstifte bis dicht vor das Papier zu bringen.

3. „Los!“ Auf diesen Zuruf, der von dem Versuchsleiter erst dann gegeben wird, wenn er sich überzeugt hat, daß von allen die Schreibzeuge in die Hand genommen sind, werden diese bis an ihren Anschlag gerückt und zwei bis drei Diagramme geschrieben. Ohne weiteres Kommando erfolgt jetzt sofort das Umstellen der Hähne und das Stillsetzen der Trommeln.

Von dem Versuchsleiter sind die Diagramme zu sammeln, auf ihre Richtigkeit zu prüfen und zur Unterscheidung voneinander zu bezeichnen. Bei Entnahme vieler Diagramme derselben Maschine beschränke man sich mit der Bezeichnung auf das Allernotwendigste. Es genügt das Datum, die Stunde und die Minute der Entnahme, sowie der Buchstabe „K“ oder „D“ zur Unterscheidung, ob das Diagramm von der „Kurbelseite“ oder „Deckelseite“ stammt. Diese Bezeichnung „Kurbelseite“ und „Deckelseite“ ist der oft anzutreffenden Bezeichnung „vorn“ und „hinten“, „oben“ und „unten“ vorzuziehen, weil sie für stehende und liegende Zylinder gleichmäßig zu gebrauchen ist. Wer viel zu indizieren hat, dem ist die Anschaffung eines Datumstempels zu raten (3—4 Mk.). Das Datum setze man in die Mitte des oberen Papierrandes, die Zeit in Stunden und Minuten in die äußerste obere rechte Ecke, dicht darunter das „K“ oder „D“. Auf diese Weise ist das Heraussuchen irgendeines Diagrammes ohne nennenswerten Zeitaufwand möglich. Bei mehrzylindrigen Dampfmaschinen z. B. kann man noch vor die „K“, „D“ zur weiteren Unterscheidung ein „H“ = Hochdruck, „M“ = Mitteldruck, „N“ = Niederdruck, „C“ = Kondensator setzen, bei mehrzylindrigen Verbrennungskraftmaschinen können die einzelnen Zylinder durch Zahlen unterschieden werden usw. In einem besonderen Protokoll sind alle übrigen Daten aufzunehmen, die zur Auswertung der Diagramme erforderlich sind. Hierzu gehört die Verteilung der Indikatoren, ihre Nummern und verwendeten Federn, Durchmesser der Zylinder und Kolbenstangen, die Kolbenhübe. Die Tourenzahlen werden bei längeren Versuchen gewöhnlich unabhängig an einem mitlaufenden Zählwerk ermittelt, also auch in einem besonderen Protokoll aufgenommen. Da hierauf die Zeit vermerkt sein muß, auf den Diagrammen die Zeit ebenfalls steht, so ist die für ein bestimmtes Diagramm maßgebende Tourenzahl ohne weiteres zu ermitteln.

Jedes überflüssige Arbeitenlassen des Indikators ist mit Rücksicht auf seine Lebensdauer tunlichst zu vermeiden. Ein Indikator besitzt keine nachstellbaren Lager. Wem also seine Instrumente lieb sind, der gebrauche sie mit weiser Beschränkung.

Während des Versuches sind von Zeit zu Zeit die Schreibzeuge herauszunehmen und die Kolben wieder zu ölen. Man vergesse auch nicht dem Hubverminderer hier und da Öl zu geben.

Das Abschrauben der Instrumente hat in umgekehrter Reihenfolge wie ihr Ansetzen zu geschehen. Zuerst sind die Schreibzeuge herauszunehmen und einstweilen womöglich an einem heißen Ort (Schieberkasten, Einlaßventildeckel usw.) zum Trocknen hinzulegen. Hiernach wird die Schnurleitung auseinander gehakt und die Kupplungsmutter mit der einen Hand gelöst, während man mit der anderen den Indikator an der Trommel festhält. Sind die Instrumente heiß, so schütze man die Hand mit dem erwähnten Leinenlappen, nicht mit Putzwolle. Der Indikator ist ebenfalls zum Trocknen an die heiße Stelle zu legen. Beim Abschrauben der an Dampfmaschinen sitzenden Hähne, was selbstredend ebenso wie das Anschrauben nur während des Stillstandes der Maschine geschehen kann, gebrauche man die Vorsicht, die Hähne zuerst zu öffnen, damit sich der im Zylinder befindliche Dampfdruck ausgleicht, weil man sich sonst leicht an dem plötzlich austretenden Dampfstrahl die Finger verbrennt. Auch den Hahn lege man an den heißen Platz. Inzwischen werden die Schreibzeuge und die Indikatoren von den anhaftenden Wassertropfen getrocknet sein. Sie können daher zum Abkühlen auf den Instrumententisch gebracht werden. Hat man noch genügende Zeit zur Verfügung, so reinige man die Instrumente gleich an Ort und Stelle gründlich, d. h. alle Teile sind mit dem Leinenlappen sorgfältig abzuwischen und mit einem mit Knochenöl getränkten Leinenläppchen leicht zu überfahren. Ist ein Trocknen der Instrumente nicht möglich, so müssen die Teile besonders sorgfältig abgewischt und eingeölt werden, um die Rostbildung zu vermeiden. In allen Fällen empfiehlt es sich, um sich vor unangenehmen Überraschungen zu bewahren, am Tage nach dem Versuch die Instrumente durchzusehen und dies hier und da zu wiederholen, wenn sie längere Zeit nicht gebraucht werden sollten.

Generatorgase greifen die Metalle ganz erheblich an. Bei Maschinen, die mit solchen Gasen betrieben werden, ist doppelte Vorsicht geboten.

Werden hierbei die Instrumente außergewöhnlich gut in Öl gehalten, so trägt das zu ihrem Schutz und ihrer Erhaltung ganz wesentlich bei. Auch die Hähne, deren Küken für diese Zwecke am besten aus Gußeisen bestehen, sind dauernd gut in Öl zu halten und während des Versuches häufig nachzuölen. Beobachtet man noch die Regel, beim Indizieren von Gasmaschinen den Hahnküken nie in Ausblasestellung zu bringen und ihn, was bei einiger Aufmerksamkeit ganz gut geht, immer dann zu öffnen, wenn die Maschine ihren Saug- oder Verdichtungshub macht (von einer gewissen Tourenzahl an wird das ja leider nicht mehr möglich sein), so wird man mit Schwierigkeiten in dieser Richtung kaum zu kämpfen haben. Sonst kann es leicht vorkommen, daß der Hahn in überraschend kurzer Zeit so festbrennt, daß er von Hand gar nicht mehr, und mit einem Schlüssel nur mit Anwendung von Gewalt zu drehen ist. Meist erweist es sich nach solchen Fällen als notwendig, den Küken frisch einzuschleifen.

Eine sehr gründliche Reinigung der Instrumente erzielt man durch Auswaschen mit Benzin. Man vergesse jedoch hiernach nicht, jedes einzelne Gelenk wieder mit Knochenöl zu versehen und die sämtlichen Stahlteile leicht mit dem Ölläppchen zu überfahren.

12. Die Berechnung der indizierten Leistung.

Das Polarplanimeter.

Zur Berechnung der Leistung aus einem Diagramm sind verschiedene Größen zu kennen nötig, die sich zum Teil auf die indizierte Maschine, zum Teil auf den Indikator bzw. das Diagramm beziehen. Von der indizierten Maschine muß bekannt sein: Die wirksame Kolbenfläche, der Kolbenhub und die Hub- bzw. Tourenzahl in der Minute. Für das Diagramm muß man seine Fläche, seine Länge und den betreffenden Federmaßstab kennen. Mit Hilfe dieser Größen kann man die indizierte Leistung berechnen.

Bedeutet

O die wirksame Kolbenfläche der indizierten Maschine in qcm,

s den Kolbenhub in m,

n die Tourenzahl in der Minute,

F die Diagrammfläche in qcm,

l die Diagrammlänge in cm,

i den Federmaßstab in cm für 1 at,

$p_i = \frac{F}{l \cdot i}$ den mittleren indizierten Druck,

N_i die indizierte Leistung,

so ist $$N_i = \frac{p_i O n s}{60} \text{ kgm} = \frac{p_i O n s}{60 \cdot 75} \text{ PS}.$$

Dabei wird p_i während des ganzen Kolbenhubes als gleichmäßig wirkend gedacht. Die so berechnete Leistung entspricht natürlich nur dem zugrunde liegenden Diagramm. Ist der indizierte Zylinder doppeltwirkend, wie z. B. bei Dampfzylindern fast allgemein, so hat man die für jede Seite gesondert aufgenommenen Diagramme getrennt zu berechnen, wenn zwei Instrumente benutzt wurden, deren Federmaßstäbe nicht genau übereinstimmten, und wenn die wirksamen Kolbenflächen infolge ungleicher Kolbenstangen oder bei nicht durchgehender Kolbenstange verschieden groß sind.

Bei der Berechnung von Gasmaschinendiagrammen tritt an Stelle der Tourenzahl n die Explosionszahl e in der Minute, die bei Viertaktmaschinen mit Aussetzerregulierung z. B. $\lesseqgtr \frac{n}{2}$ ist und durch einen besonderen Explosionszähler festgestellt werden muß. Bei Viertaktmaschinen, bei denen bei jeder zweiten Umdrehung eine Verbrennung erfolgt, ist $e = \frac{n}{2}$.

Die Auswertung der Diagramme wird man sich nach Möglichkeit vereinfachen. Es empfiehlt sich, diejenigen Größen in der Formel, die für alle Diagramme gleichbleiben oder deren Unterschiede so geringfügig sind, daß sie durch einen Mittelwert ersetzt werden können, in einer Konstante zusammen zu fassen. So werden von vornherein O, s und i stets für die Dauer des Versuchs gleichbleiben. Bei sorgfältiger Versuchsanordnung wird auch die Diagrammlänge l so wenig unterschiedlich sein, daß ein konstanter Mittelwert l_m eingeführt werden kann. Damit vereinfacht sich die Formel für die indizierte Leistung zu

$$N_i = \frac{O s}{l_m i 60 \cdot 75} \cdot n \cdot F = \text{Const} \cdot n \cdot F.$$

Bei vielen Indikatorversuchen, wie z. B. Leistungsversuchen an Dampf-, Gasmaschinen, Pumpen usw. wird die Leistung und damit auch die Tourenzahl nur wenig schwanken, wodurch es weiter möglich ist, auch noch n in die Konstante hineinzunehmen, so daß nur eine veränderliche Größe, die Diagrammfläche, vorhanden ist. Es wird

$$N_i = \frac{O n s}{l_m i 60 \cdot 75} \cdot F = C' \cdot F.$$

Die Konstante rechnet man sich für jede Kolbenseite besonders aus, stellt sie auf den Rechenschieber ein und kann dann sofort die Leistungen, die den verschiedenen Diagrammflächen entsprechen, ablesen. Bei Leistungen über etwa 10 PS genügt es in allen Fällen, die Zehntel anzugeben. Eine noch weiter getriebene Genauigkeit hat keinen Sinn. Im Endresultat wird man bei größeren Leistungen sogar auf ganze PS abrunden.

Das ganze Rechnungsverfahren erleichtert man sich wesentlich, wenn man die notwendigen Werte in eine Tabelle einträgt, wofür man sich Formulare vorbereiten kann.

Formularkopf für Einzylinder-Kolbenmaschinen.

Diagramm	Zeit		Tourenzahl in der Minute	Const. Deckelseite			Const. Kurbelseite			
				F	l	N_i'	F	l	N_i''	$N_i' + N_i''$
Nr.	h	m	n	qcm	cm	Pferd	qcm	cm	Pferd	Pferd

Für Mehrzylindermaschinen sind entsprechend mehr Spalten vorzusehen.

Formularkopf
für einfach wirkende Viertakt-Gasmaschinen

Zeit		F	l	e	N_i
h	m	qcm	cm		Pferd

Wie bereits in Kapitel 11 hervorgehoben, empfiehlt es sich mehr, die Diagramme nach der Zeit zu unterscheiden als zu numerieren, weil die Tourenzahl doch auch meistens nach dem in regelmäßigen Intervallen abzulesenden Stand eines mitlaufenden Touren- oder Hubzählers bestimmt wird.

Das vorstehende Verfahren der Auswertung von Diagrammen scheint etwas umständlich, es bietet jedoch verschiedene nicht zu unterschätzende Vorteile. Man hat vor allem einen vollkommenen Überblick über den Verlauf des Versuches, man erkennt sofort, wenn Unregelmäßigkeiten vorhanden sind, ob diese der Maschine oder der Versuchsanordnung zugeschrieben werden müssen. Die Gleichheit und Ungleichheit der Diagrammlänge l läßt einen Rückschluß auf den Zustand der Indikatorantriebe zu. l soll nur wenig variieren, was sich bei einem guten

Antrieb erreichen läßt und erstrebt werden muß. Aus diesem Grunde lasse man sich die verhältnismäßig kleine Mühe nicht verdrießen, die planimetrierten und abgelängten Diagramme in solche Formulare einzutragen; sie wird durch die größere Sicherheit der Berechnung und die Möglichkeit, etwaige Fehler leicht zu finden, reichlich aufgewogen.

Ein weiterer Vorteil besteht darin, daß sich jedes beliebige Diagramm, das vielleicht von besonderem Interesse ist, rasch auffinden läßt.

Es ist hierbei vorausgesetzt, daß sämtliche Diagramme jedes für sich, d. h. seine Fläche und seine Länge ausgemessen wurde. Dies erfordert durchaus den größten Zeitaufwand, läßt sich aber nicht umgehen.

Die Diagrammfläche wird am raschesten und genauesten mit dem Planimeter gemessen. Alle anderen Verfahren können nur als Notbehelfe angesehen werden. Wer viel zu indizieren hat, wird auf die Dauer ein Planimeter nicht entbehren können; es gehört ebenso wie ein Hubreduktor zu den notwendigen Geräten bei Indikatorversuchen.

Ein sehr weit verbreitetes Planimeter ist das Amsler'sche Polarplanimeter, das in Fig. 162 abgebildet ist.

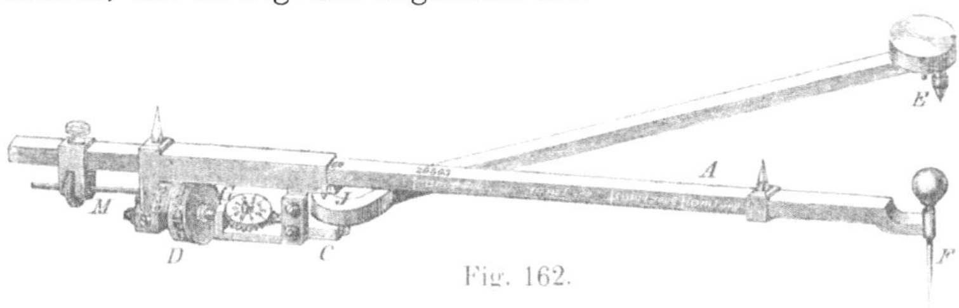

Fig. 162.

Das Instrument ruht auf der Rolle D, dem Fahrstift F und der Nadelspitze E. Letztere (Pol genannt) wird in das Papier leicht eingedrückt; ihre Lage ist willkürlich, am besten jedoch außerhalb der Figur. Nun setzt man die Spitze des Fahrstiftes auf einen Punkt des Umfanges der Figur, drückt die Spitze sichtbar ein und liest den Stand des Zählrädchens G und der Rolle D ab. Dann verfolgt man den Umfang der Figur genau mit dem Fahrstift F im Sinne der Uhrzeigerbewegung, wobei das Instrument sich um den Pol E dreht und die Rolle D eine bald gleitende, bald rollende Bewegung ausführt, bis zurück zum Ausgangspunkt, wonach wieder abgelesen wird. Die Differenz beider Ablesungen ergibt den gesuchten Inhalt nach Multiplikation mit einer Zahl, deren Wert von dem Teilstrich des Armes A abhängt, auf welchen der Index J während des Gebrauches eingestellt war.

Am besten wählt man diejenige Stellung, bei welcher eine Teilung am Zählrädchen 1 qcm entspricht.

Das in Fig. 162 abgebildete Planimeter ist noch besonders zur Bestimmung der mittleren Höhe von Indikatordiagrammen eingerichtet.

Für diesen Zweck kehrt man das Instrument um und nimmt das Diagramm der Länge nach zwischen die zwei auf dem Arm *A* befindlichen Spitzen. Man umfährt dann das Diagramm mit dem Fahrstift, zieht die erste Rollenablesung von der zweiten ab und multipliziert die Differenz mit 0,06; das Produkt ist dann gleich der mittleren Höhe des Diagrammes in Millimetern. Diese Zahl durch den Federmaßstab dividiert, ergibt den mittleren Druck in at.

Von dem Gebrauch dieser Einrichtung ist abzuraten, und zwar aus den oben dargelegten Gründen. Man verliert jede Kontrolle über die Diagramme, und die hieraus sich etwa ergebende Zeitersparnis ist, wenn sie überhaupt vorhanden, so gering, daß sie niemals die oben erwähnten Vorteile der getrennten Behandlung aller Diagramme aufwiegen kann. Am besten ist es, diese Spitzen ganz zu entfernen, da ihre Stellung auch leicht zu Verletzungen Anlaß gibt.

Die Polarplanimeter werden auch mit sog. Hebeschraube (Fig. 163) geliefert, welche auf dem Arme *A* mittels einer Hülse aufgesteckt ist und erlaubt, den Fahrstift vom Papier abzuheben, ohne den Stand der Rolle zu ändern, wodurch das aufeinanderfolgende Messen einer größeren Anzahl Diagramme gleicher Länge sehr vereinfacht werden soll.

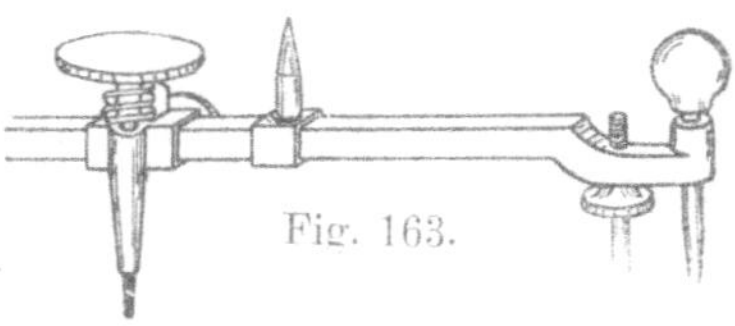
Fig. 163.

Auch diese Einrichtung kann nur für ein flüchtiges Arbeiten von Wert sein, und wenn man bedenkt, daß eine vielleicht unbeabsichtigte Verstellung des abgehobenen Fahrarmes alle vorhergehenden Planimetrierungen wertlos macht, so ist die dadurch beabsichtigte Zeitersparnis hinfällig. Der an gewissenhaftes und pünktliches Arbeiten gewöhnte Ingenieur wird jedes Diagramm für sich planimetrieren, ablängen und in die Tabelle eintragen.

Beim Planimetrieren muß das Diagramm unverrückbar festliegen. Als Unterlage für das Planimeter dient (nach Brauer) ein glatter, ebener, etwas starker weißer Karton in der Größe von 33 : 49 cm (halbe Kartongröße), der, wie Fig. 164 zeigt, an der Schmalseite einen etwa 4—5 cm breiten Streifen des gleichen Kartons so aufgeklebt erhält, daß er in der breiten Richtung nur zur Hälfte festsitzt. Unter die gegen die Kartonfläche sehende Kante kann das Diagramm geschoben werden und hält ohne weitere, besondere Befestigungsweise dieses vollkommen fest. Da der Pol ebenfalls auf dem Karton ruht, und zwar an einer solchen Stelle, daß beim Umfahren des Diagrammes das Zählrädchen nie die Kartonfläche verläßt, so sind damit alle zu einem genauen und raschen Arbeiten gehörenden Bedingungen erfüllt, wenn man noch dafür sorgt, daß der Karton auf einer ebenen Fläche, am besten einem Reißbrett, aufliegt. Es ist vorteilhaft, jeweils die erste und zweite Rollenablesung mit ihrer Differenz auf das betreffende Diagramm zu notieren.

Mehrfaches Umfahren des Diagrammes erhöht die Genauigkeit nicht immer. In jedem Fall ist es besser, ein Diagramm nur einmal, aber dann mit der größten Sorgfalt zu umfahren, als zweimal mit einer gewissen Nachlässigkeit.

Auch das Planimeter kann und soll auf seine Angaben hin geprüft werden. Will man untersuchen, ob die Angabe des Zählrädchens bei einer bestimmten Stellung des Armes A, Fig. 162, mit dem darauf angegebenen Wert übereinstimmt, so braucht man nur eine Figur von bekanntem Inhalt zu umfahren und den Inhalt mit der Angabe des Zählrädchens

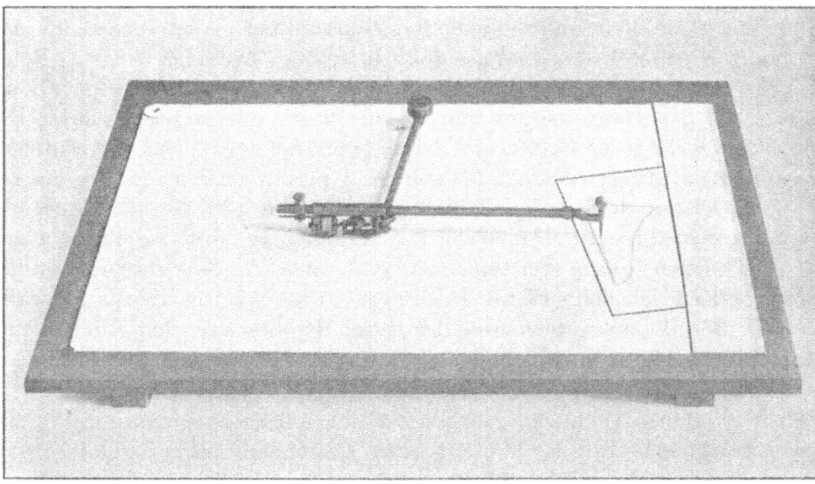

Fig. 164.

zu vergleichen. Als solche Figuren empfehlen sich ein mit sehr hartem spitzem Bleistift gezogener Kreis, dessen Durchmesser mit einem guten Maßstab sich auf $^1/_{10}$ mm genau ablesen läßt; oder ein genau gezeichnetes Rechteck oder Quadrat. Manchen Instrumenten ist zur Vereinfachung dieser Prüfung ein sog. Kontrollineal begegeben, das, um eine Nadel drehbar, in Abständen von ganzen Zentimetern von dieser Nadel kleine Körner besitzt, in die der Fahrstift gestellt wird. Bezeichnet man nun die Anfangsstellung dieses Kontrollineals möglichst scharf und dreht es einmal im Kreis herum, so hat der Fahrstift ebenfalls einen Kreis von bestimmtem Inhalt beschrieben, der mit der Angabe des Zählrädchens übereinstimmen muß. Ist ein Unterschied vorhanden, so verstelle man mit Hilfe der Mikrometerschraube M das Gestell des Zählrädchens so lange nach links oder rechts, bis die Angabe des Rädchens diesmal mit dem Inhalt des beschriebenen Kreises übereinstimmt. Diesen Indexfehler merke man sich; er ist auf die Genauigkeit, wenn bekannt und bei der Einstellung berücksichtigt, von keinem Einfluß.

Des weiteren ist das Planimeter darauf zu untersuchen, ob es beim Rückwärtsumfahren einer bestimmten Fläche — am einfachsten und sichersten mit dem Kontrollineal — bis zum Ausgangspunkt auch wieder genau den Anfangswert zeigt. War die Anfangsablesung Null, so muß das Planimeter auch wieder auf Null zurückkehren. Ein Fehler, der sich hierbei zeigt, liegt im Instrument und kann nicht ohne weiteres beseitigt werden. Ein gutes Instrument muß unter allen Umständen auf Null zurückkehren.

Wie jedes feinmechanische Instrument, bedarf auch das Planimeter einer sachgemäßen und schonenden Behandlung. Wenn es nicht gebraucht wird, soll es ordnungsgemäß in seinem Kästchen liegen. Beim Herausnehmen fasse man Fahr- und Polararm zugleich an, ebenso beim Versetzen des Instrumentes von einem Platz zum anderen, damit die Spitzenlagerung des Polararmes bei J geschont wird. Das Zählrädchen besteht aus Stahl; es trägt an seinem Umfang eine sehr feine axiale Riffelung, von deren Ausführung und Bestand viel für die dauernde Genauigkeit abhängt. Daher soll das Rädchen nie mit den Fingern angefaßt werden, um es vor Anrosten zu bewahren. Aus diesem Grunde empfiehlt es sich beim Planimetrieren nicht als Anfangsablesung gerade den Nullpunkt zu wählen und ihn durch Drehen mit dem Finger einzustellen, sondern man nehme in der Regel die Stellung des Rädchens als Anfangsablesung, welche der Zufall ergibt. Das bringt auch noch den Vorteil mit sich, daß bei einer Reihe ähnlicher Diagramme nicht stets der gleiche Teil des Umfanges des Rädchens benützt, sondern daß der ganze Umfang gleichmäßig gebraucht wird. Will man in besonderen Fällen als Anfangsablesung den Nullpunkt haben, so kann man diesen sicherer und leichter durch Versetzen des Poles E einstellen.

Es erübrigt jetzt noch ein Wort über das Ablängen zu sagen. Das Ablängen geht mit Hilfe von Reißschiene und Winkel auf einem kleinen Reißbrett sehr rasch von statten. Man legt mit der rechten Hand das Diagramm so, daß die Atmosphärenlinie genau parallel zur Reißschienenkante läuft. Jetzt schiebt man die Reißschiene um einige Millimeter von der Atmosphärenlinie ab, während die rechte Hand das Diagramm so lange festhält. Darnach drücke man mit der Linken auf die Reißschiene, nehme mit der Rechten einen Winkel und projiziere mit scharf gespitztem, hartem Bleistift die äußersten Punkte des Diagrammes auf die Atmosphärenlinie. Es ist nicht empfehlenswert, diese Endordinaten in ihrer ganzen Länge auszuziehen, weil manchmal hierdurch interessante Teile der Diagrammlinien undeutlich werden können. Wenn alle Diagramme auf diese Weise abgelängt sind, mißt man die Längen mit einem guten Maßstab (Rechenschieber) ab, durch Schätzung auch noch die Zehntel Millimeter, und schreibt die einzelne Länge jeweils an das rechte Ende der Atmosphärenlinie.

Das Eintragen der Flächen und Längen in die Formulare wird sehr erleichtert, wenn die Diagramme genau in zeitlicher Reihenfolge liegen.

13. Das Indikatordiagramm.

a) Fehlerhafte Erscheinungen im Diagramm bedingt durch den Indikator selbst oder seinen Antrieb.

Während das Indizieren eine rein mechanische Arbeit ist, gehört zur richtigen Beurteilung des Diagramms eine sehr große Erfahrung, die nur durch lange Übung erworben werden kann. Normale Diagramme sind meist leicht als solche zu erkennen. Die Ursache zu fehlerhaften Diagrammen ist oft recht schwer anzugeben. Doch kann man sich durch systematisches Suchen die Auffindung der Fehlerquelle erleichtern.

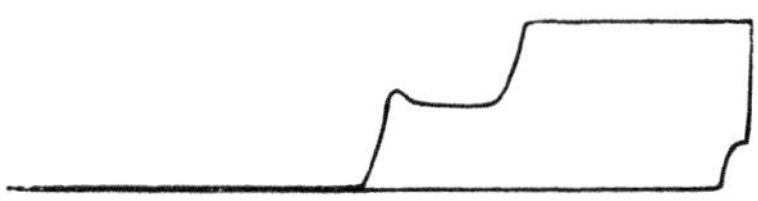

Fig. 165.

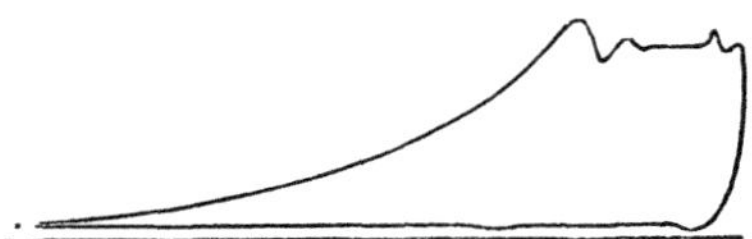

Fig. 165a.

Fehlerhafte Diagramme können durch den Indikator selbst, durch den Trommelantrieb und schließlich durch die indizierte Maschine bedingt sein. Man wird also bei anormalen Erscheinungen stets zuerst prüfen, ob nicht diese auf den Indikator oder den Trommelantrieb zurückzuführen sind, ehe man den Fehler der Maschine selbst zuschreibt.

Die durch den Indikator bedingten Diagrammfehler sind gewöhnlich unschwer zu erkennen und, wenn das Instrument im übrigen in Ordnung ist, auch sofort zu beseitigen. Von solchen Instrumentenfehlern und ihren Folgen auf das Diagramm, die durch die Instrumentenprüfung (Kap. 7) festzustellen sind, wird an dieser Stelle abgesehen. Hier kommen nur Fehler durch mangelhafte Handhabung in Betracht. Die Grundbedingung für das gute Arbeiten des Indikators ist eine richtige und sorgfältige Zusammensetzung. Beim Crosby-Indikator erhält man z. B. zackige Diagramme (Fig. 165), wenn die Kolbenstange nicht zuerst mit dem Kolben fest verschraubt wurde, ehe die Gegenpfannenschraube angezogen war, infolgedessen der Kolben sich eckt und hängen bleibt. Fig. 165a gibt das richtige Diagramm. Bei dem Staus- und Maihak-Indikator muß das Schlußschräubchen fest auf der Kugel der Feder sitzen, weil sonst die Kolbenstange und damit das Schreibgestänge Spiel bekommt und dadurch Diagrammfehler verursacht werden. Besonders beim Druckwechsel, also beim Durchgang durch die Atmosphärenlinie, entstehen auf diese Weise Unregelmäßigkeiten. Fig. 166 zeigt ein Niederdruckdiagramm, bei dessen Entnahme

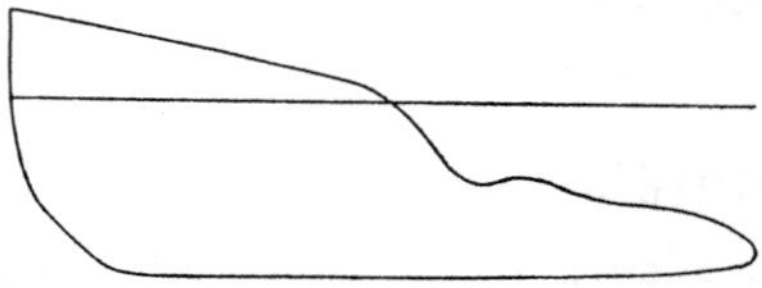

Fig. 166.

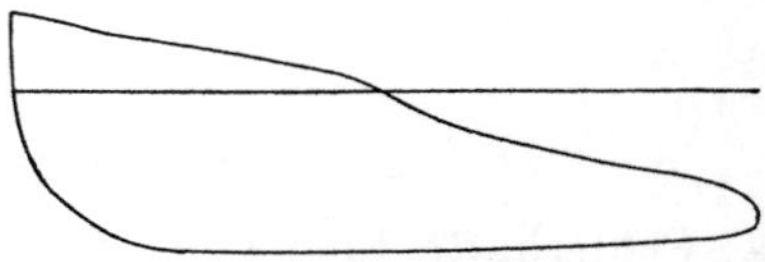

Fig. 166a.

das Schlußschräubchen lose war, Fig. 166a gibt das gleiche Diagramm mit fest gezogenem Schräubchen. Dieselbe Erscheinung entsteht beim Crosby-Indikator, wenn die Gegenpfannenschraube nicht fest gezogen ist.

Zackig verlaufende Linien, nicht solche in regelmäßigen Wellen, finden ihre Erklärung vielfach in ungenügender Schmierung des Kolbens. Zur Abhilfe nimmt man das Schreibzeug heraus und ölt den Kolben.

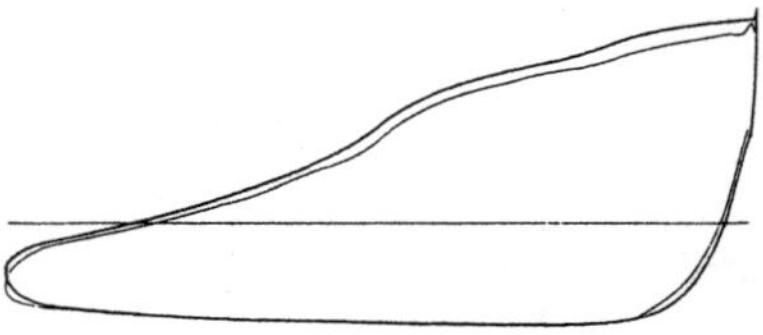

Fig. 167.

Bei Verwendung schwacher Federn darf man den Schreibstift nur ganz schwach andrücken, weil sonst der Stift durch die Reibung auf dem Papier in seiner Bewegung zurückgehalten wird. In Fig. 167 ist die stark ausgezogene Linie das falsche, die schwach ausgezogene Linie das richtige von zwei unmittelbar hintereinander entnommenen Diagrammen.

Wählt man eine zu schwache Feder, so erhält man oft nur einen Teil des Diagramms. Dieser Fehler ist, wenn er sich nicht schon durch das Anschlagen des Schreibgestänges in seiner höchsten Lage dem Gehör zu erkennen gibt, aus der geradlinigen oberen Begrenzung des Diagramms zu ersehen (Fig. 168). Unter Umständen kann sich auch die Hubbegrenzungseinrichtung beim Staus- und Maihak-Indikator verstellt haben, oder vom letzten Versuch her noch eingestellt sein.

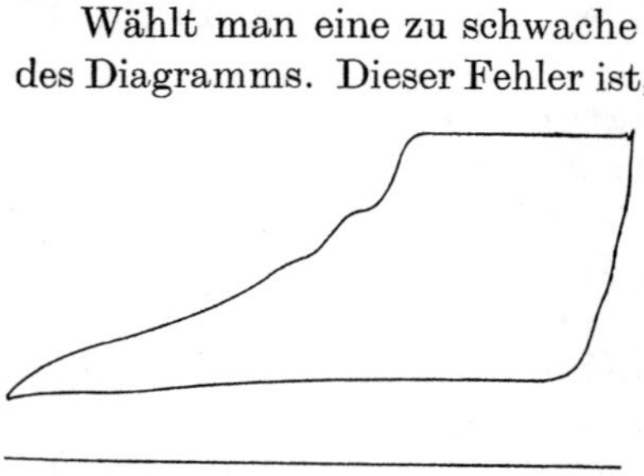

Fig. 168.

Unrichtige Diagramme entstehen auch dadurch, daß der Indikatorhahn nicht voll geöffnet wird. Der Dampf, das Gas usw. wird gedrosselt, und das Instrument kann nicht den wahren Druck anzeigen (Fig. 169). Ähnliche Fehler kommen bei langen Leitungen zwischen Maschine und Indikator vor, weshalb man von solchen Einrichtungen nach Möglichkeit absehen soll. Die Anbringung des Indikators unmittelbar am Zylinder ist stets das Beste.

Ein Fehler möge an dieser Stelle erwähnt werden, welcher durch die Anbringung des Indikators immer vorhanden, meistens aber so klein ist, daß er verschwindet. Die Hahnbohrung und der Indikatorzylinder vergrößern den schädlichen Raum des Maschinenzylinders um einen Betrag, der bei kleinen Maschinen mitunter so erheblich wird, daß er den normalen Gang der Maschine stört. Fig. 170 z. B. zeigt das Diagramm eines Ammoniakkompressors von 100 mm Zylinderdurchmesser, wie es mit einem großen Thompson-Indikator erhalten wurde. Im normalen Betrieb besitzt dieser Kompressor einen Kompressionsraum von nur $^1/_2$—$^3/_4$ mm Kolbenhub, entsprechend 4—6 ccm. Dabei sind die 8 mm weiten Bohrungen der Indikatornocken noch durch besondere Stifte ausgefüllt. Das Ansetzen eines großen Indikators vergrößert diesen Kompressionsraum um das Mehrfache, so daß sich die ganz anormalen Diagramme ergeben. Nachdem die Bohrungen durch passende Einsätze auf 4 mm verkleinert waren, statt der Hähne mit 10 mm Bohrung kurze Eckventile mit ebenfalls 4 mm Bohrung, ähnlich den Riedingerschen (Kapitel 5f.), und als Instrumente Crosby-Indikatoren für Schnelläufer benutzt wurden, erhielt man die Diagramme nach Fig. 170a, welche den normalen Ammoniak-Kompressordiagrammen eher entsprechen und anzeigen,

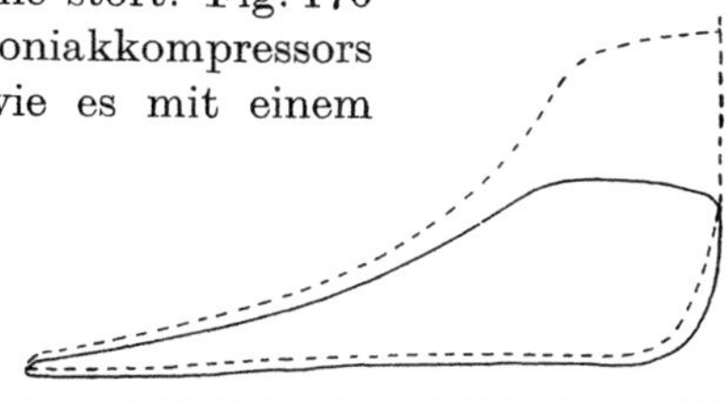

Fig. 169.

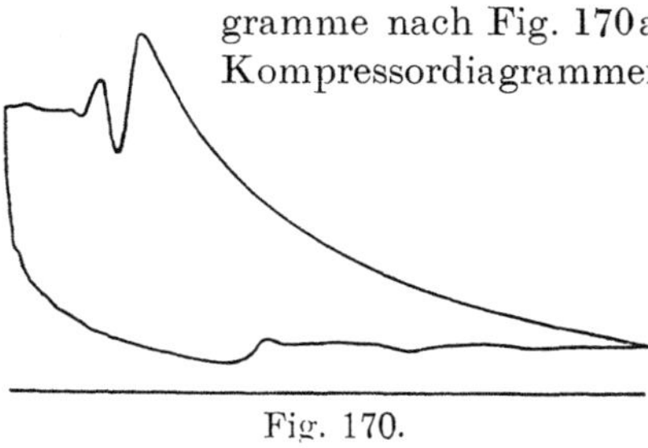

Fig. 170.

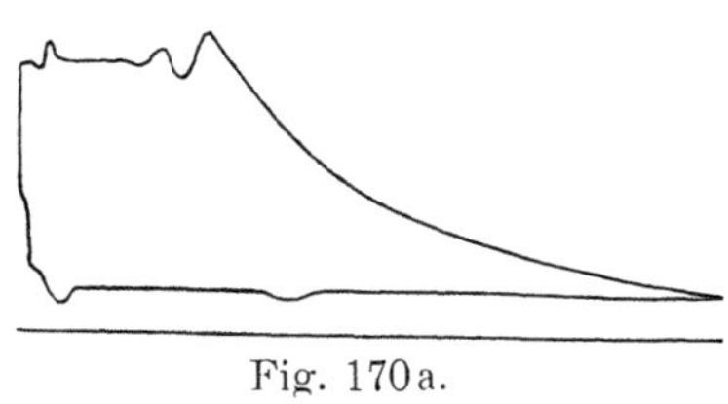

Fig. 170a.

daß dadurch die Störung im Kompressorgang bedeutend verringert ist. Auf ähnliche Erscheinungen muß man beim Indizieren kleiner Maschinen stets achten.

Von besonderem Interesse sind die bei vielen Diagrammen auftretenden

Federschwingungen,

die jedoch nicht immer zu den Fehlern gerechnet werden dürfen.

Wird eine Feder, einerlei ob in Stab-, Spiral- oder Schraubenform, durch eine Kraft plötzlich beansprucht, so gerät sie in Schwingungen, deren Größe und Dauer von der Größe der Kraft und der Gestalt und Abmessung, sowie dem Material der Feder abhängen. Ist mit der Feder noch eine Masse verbunden, so wächst die Schwingungszeit mit der Größe der Masse. Die Größe der Schwingung, die Amplitude, ist unmittelbar nach dem Kraftimpuls am größten und wird durch Reibungseinflüsse — innere oder molekulare Reibung des Federmaterials, Luftreibung usw. — mit jeder Schwingung kleiner, bis sie nach einer gewissen Zeit verschwindet, abgedämpft ist.

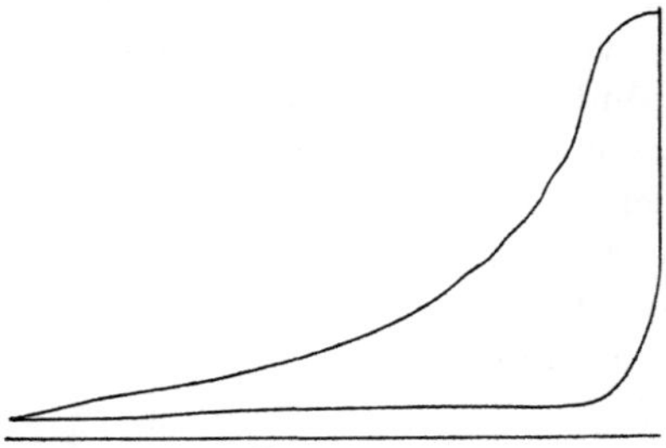

Fig. 171.

Dieser Vorgang spielt sich auch im Indikator ab. Die mit der Indikatorfeder verbundenen Massen sind der Kolben, die Kolbenstange und das Schreibgestänge. Wirkt auf den Kolben eine rasch verlaufende Druckänderung, so muß die Feder in Schwingungen geraten, die um so größer sind und um so länger dauern, je schwächer die Feder und je größer die mit ihr verbundenen Massen des Schreibzeugs sind. Die Federschwingungen des Indikators werden jedoch besonders durch die nicht unbeträchtlichen Reibungen des Kolbens und der Gelenke ziemlich rasch gedämpft, weshalb sie nur bei sehr rasch verlaufenden Druckänderungen, z. B. bei Gasmaschinen, Wasserpumpen merkbar und störend für die Erkenntnis des wahren Druckverlaufes werden können. Von zwei Indikatoren derselben Bauart wird derjenige die Federschwingungen deutlicher anzeigen, welcher eine geringere Eigenreibung besitzt, also der bessere ist.

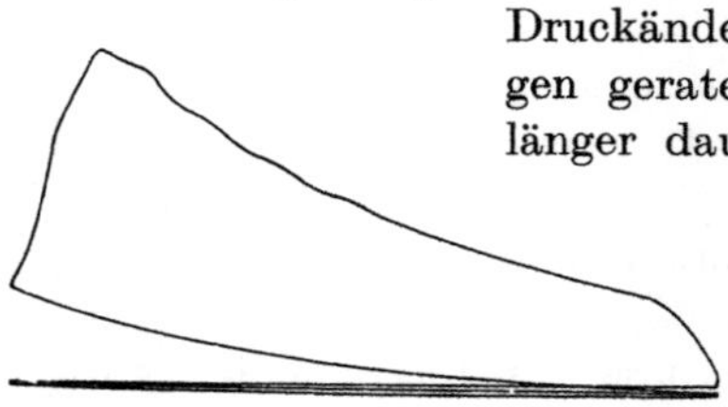

Fig. 172.

Bei Dampfmaschinendiagrammen finden sich Federschwingungen häufig zu Beginn in der Admissionslinie und in der Expansionslinie (Fig. 171). Diese leichten Wellen stören das Diagramm wenig oder gar nicht, sie lassen vielmehr einen guten, reibungsfreien Gang des Schreibzeuges erkennen. Wesentlich ausgeprägter sind die Federschwingungen bei Gasmaschinendiagrammen. Während die Diagramme älterer Leuchtgasmaschinen z. B. mit den neueren Indikatoren entnommen, wenig Wellen zeigen (Fig. 172, älterer Schiebergasmotor), werden diese bei den neueren Aus-

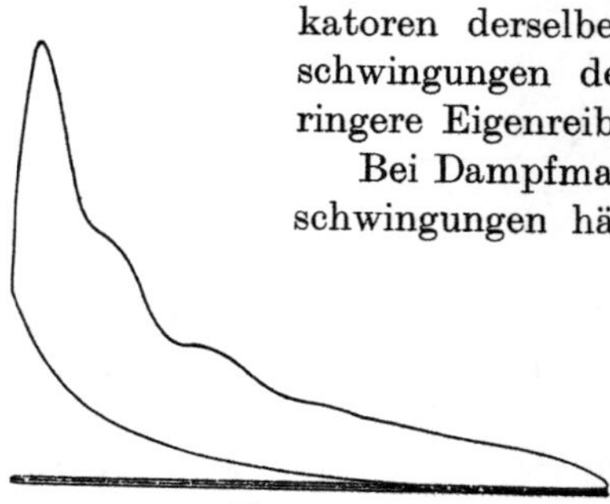

Fig. 173.

führungen mit den höheren Kompressionen und den brisanteren Verbrennungen schon merkbarer (Fig. 173, neuerer Ventilgasmotor). Bei Benzin und Spiritusbetrieb sind mitunter die Wellen so groß, daß sie bereits als sehr störend beim Planimetrieren empfunden werden (Fig. 174). Um die wahre Expansionslinie zu finden, legt man zwei die äußersten Wellenpunkte berührende Linien und zieht eine in der Mitte zwischen beiden verlaufende Kurve, die der Expansionslinie entspricht, oder man legt eine Kurve durch die Inflexionspunkte der Wellen. Die Bedeutung dieser Punkte zeigt in sehr instruktiver Weise das Gasmotorendiagramm Fig. 175, bei welchem die mittlere Expansionslinie, nahezu ohne Wellen geschrieben, fast genau durch die Schnittpunkte der beiden anderen Linien geht, deren Wellen zufälligerweise gerade um eine halbe Wellenlänge versetzt sind. Solche Erscheinungen trifft man beim Indizieren von Gasmotoren häufig, wenn man mehrere Diagramme hintereinander schreiben läßt.

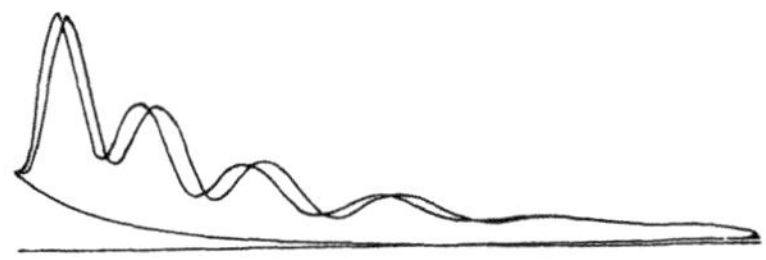
Fig. 174.

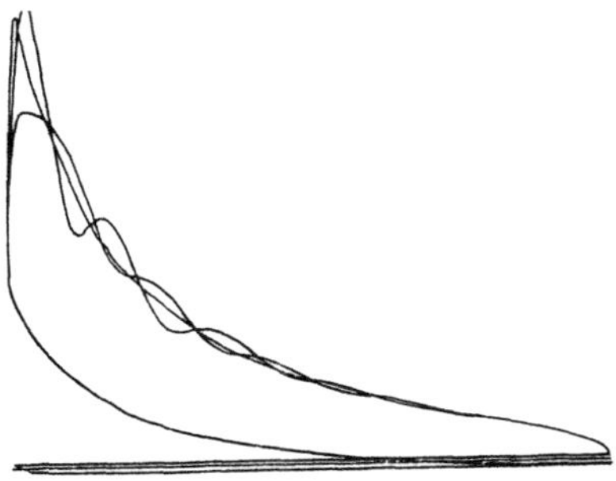
Fig. 175.

Um die Schwingungen zu verkleinern, kann man entweder eine stärkere Feder benutzen, oder die Reibung im Schreibzeug künstlich vergrößern, indem man einfach den Schreibstift stärker andrückt. Letzteres Mittel gibt zwar unrichtige Diagramme, doch wenn es nicht gerade auf Genauigkeit ankommt und man nur den annähernden Druckverlauf kennen lernen will, mag es immerhin gestattet sein. So ist in Fig. 176 z. B., dem Luftpumpendiagramm eines Einspritzkondensators, die schwach ausgezogene Linie das Diagramm mit der vollen Entwicklung der Federschwingungen; die starke Linie, durch etwas kräftigeres Andrücken des Schreibstiftes erhalten, gibt den annähernden Druckverlauf besser zu erkennen. Die heftigsten Federschwingungen treten bei manchen Wasserpumpendiagrammen auf. Hier spielt nicht nur der in außerordentlich kurzer Zeit erfolgende rasche Druckwechsel eine Rolle, sondern auch die hinter dem Kolben sitzende, den Indikator und die Hahnbohrung füllende Wassersäule, welche die Kolbenmasse ganz erheblich vergrößert. In diesem Falle ist eine nicht zu weite Bohrung und eine möglichst kurze Ver-

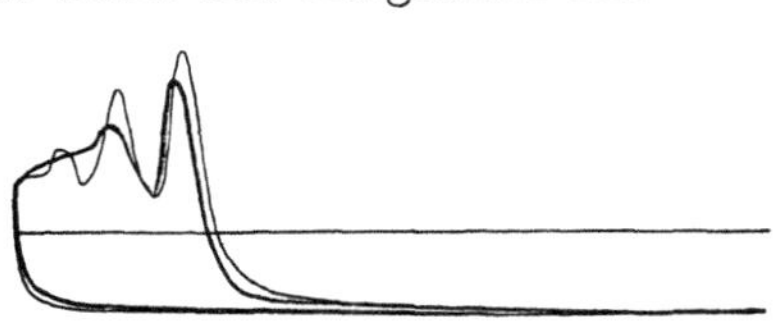
Fig. 176.

bindung zwischen Pumpenzylinder und Indikator erwünscht, und die Verwendung einer starken Feder angezeigt. Hierdurch lassen sich die Federschwingungen wohl etwas mildern, doch nicht beseitigen. Beim Planimetrieren solcher Diagramme (Fig. 177, Pumpendiagramm) wird man mit dem Fahrstift einfach durch die Mitte der Wellen gehen.

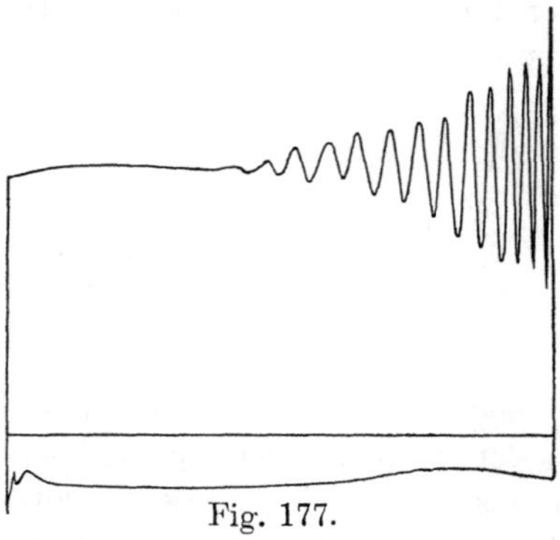

Fig. 177.

Unter den durch den Trommelantrieb bedingten Diagrammfehlern ist der häufigste das Anschlagen der Papiertrommel im einen oder anderen Hubende (Fig. 178 und 179). Die Diagramme sitzen nicht in der Mitte des Papiers, sondern auf der Seite oder sind nicht vollständig. Es fehlt das gestrichelte Ende. Diesem Fehler ist leicht durch entsprechendes Kürzen oder Längen der Schnur abzuhelfen.

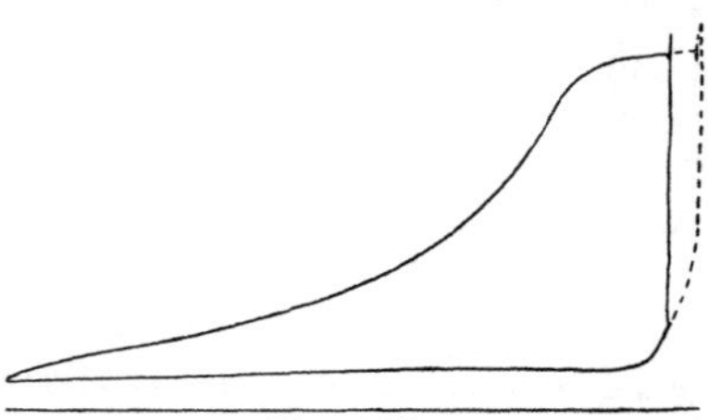

Fig. 178.

Andere Fehler durch den Trommelantrieb sind meist schwer zu entdecken. Legen sich z. B. zwei Schnurwindungen in der Schnurrolle überstatt nebeneinander, so entsteht dadurch eine Unregelmäßigkeit in der Proportionalität, die sich durch zu große Länge des Diagrammes zu erkennen gibt.

Auch toter Gang im Mechanismus der Antriebe kann eine Fehlerquelle sein. Das Diagramm einer Gasmaschine (Fig. 180) zeigt gegen das Kompressionsende eine einspringende Ecke, die nach Beseitigung des toten Ganges verschwand (Fig. 180a).

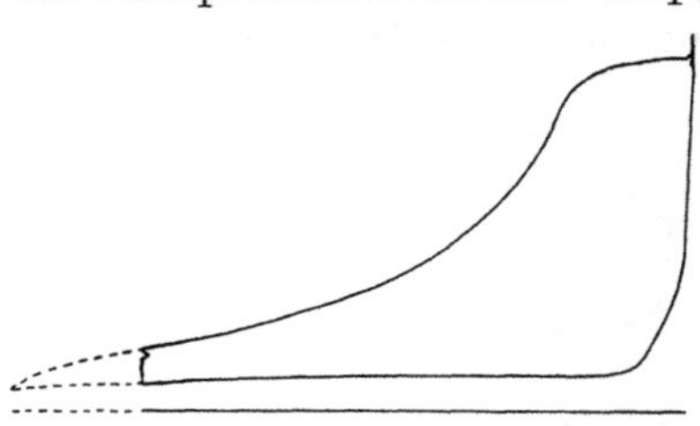

Fig. 179.

Daß die Trommelfeder stets so stark gespannt sein muß, daß die Schnur nicht peitscht, soll hier noch einmal erwähnt werden. Ein Schleudern der Trommel gibt natürlich ebenfalls verzerrte Diagramme.

Proportionalitätsfehler in dem Trommelantrieb sind selten ohne weiteres zu erkennen, werden daher auch oft übersehen. Gerade weil diese Fehler so versteckt bleiben, ist ihnen ganz besondere Aufmerksamkeit zu schenken, da sie oft für die Ermittelung der indizierten Leistung von großer Bedeutung sind.

Die Proportionalitätsfehler können ihre Ursache in dem Hubverminderer, in der Schnurleitung und in der Beschleunigung der Trommelmassen haben.

Bei Hubverminderern, die nicht ohne weiteres Proportionalität verbürgen, sollte man, wie in Kapitel 10 ausgesprochen, sich stets von der Größe des Fehlers Rechenschaft geben, ehe man überhaupt den Hubverminderer in Gebrauch nimmt. Gefährlich in dieser Beziehung sind die Hebelgetriebe mit Rollen oder Segmenten und die Kurbelgetriebe. Bei den ersteren empfiehlt es sich, die Proportionalität stets zeichnerisch nachzuprüfen. Sind die Abweichungen größer als $^1/_2$—1%, so ist der Hubverminderer für genaue Versuche zu verwerfen oder entsprechend abzuändern. Alle Kurbelgetriebe ohne die kleine Pleuelstange sind zur Ermittlung der indizierten Leistung ganz unbrauchbar, da Fehler bis zu 10% in der mit ihnen bestimmten indizierten Leistung keine Seltenheit sind, ganz abgesehen von solchen Fehlern, die noch dadurch entstehen, daß die Maschinenkurbel und die Indizierkurbel nicht genau parallel sind.

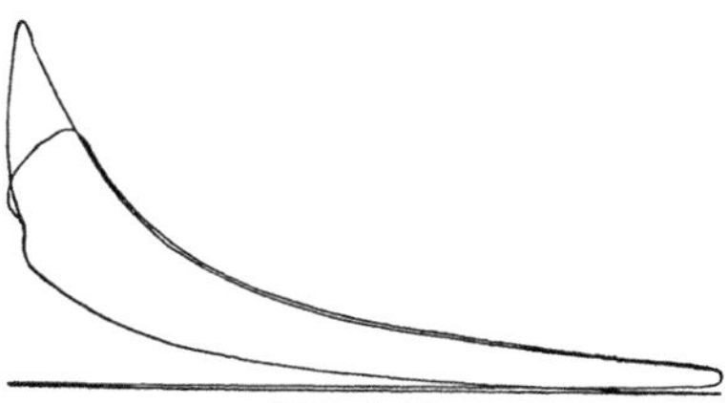

Fig. 180.

Fig. 180a.

Eine weitere Fehlerquelle in der Übertragung kann die Schnurleitung sein. Wie in dem betreffenden Kapitel erwähnt, ist die Schnurleitung um so besser, je kürzer und geradliniger sie angelegt wird, und je mehr ihr elastisches Verhalten dem Hookeschen Gesetz entspricht.

Fig. 181 stellt für die im Kapitel „Schnurleitung" besprochenen Zugorgane den Zusammenhang zwischen Belastung und Dehnung dar. Hiernach ist innerhalb der praktisch vorkommenden Belastungen die Dehnung des Eisendrahtes verschwindend, diejenige des Messingdrahtes auch noch sehr gering, für geflochtene Indikatorschnur jedoch zwischen 2 und 4 kg Belastung bereits 0,6—1,1% und für die weniger empfehlenswerte gezwirnte Hanfschnur innerhalb derselben Belastung 1,4—2,1%. Zudem ist die Dehnung für die Schnüre nicht proportional zu der Spannung, eine, wenn auch unerhebliche nicht proportionale Verzerrung der Abszissen im Diagramm daher unvermeidlich. Aus diesen Gründen wurde empfohlen, Schnüre nur auf Rollen zu benutzen und für alle geraden Strecken Drähte unter Verwendung der Brauerschen Haken als Verbindungsglieder einzuschalten.

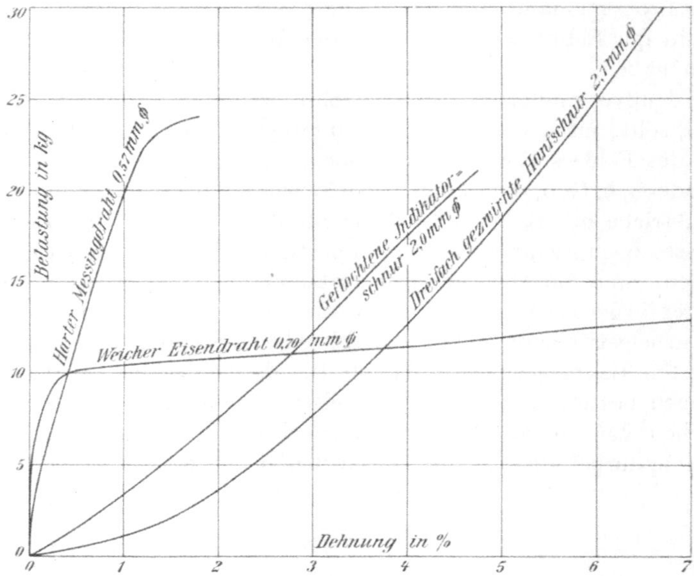

Fig. 181.

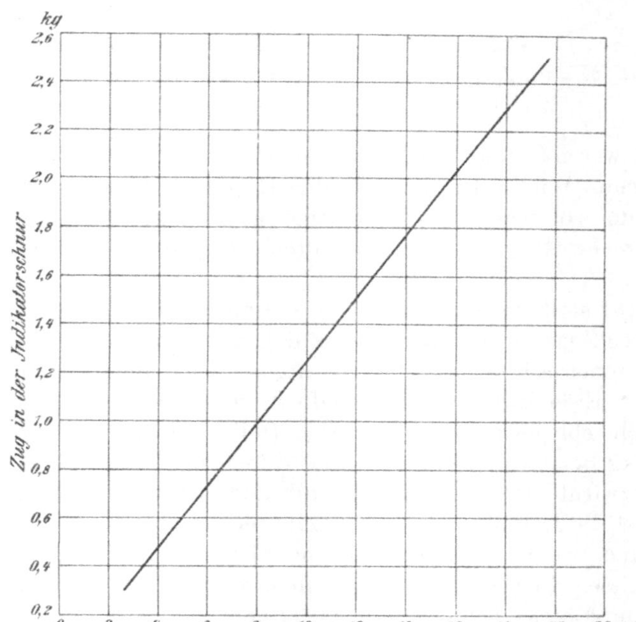

Fig. 182.

Schließlich können Fehler im Antrieb hervorgerufen werden durch ungleichmäßige Zunahme der Trommelfederspannung, durch die Reibung der Trommelachse und durch die wechselnden Beschleunigungskräfte der Trommelmassen.

Die Zunahme der Trommelfederspannung ist, abgesehen von der Achsenreibung, bei der Schraubenfeder sehr genau proportional dem Verdrehungswinkel, wie experimentell leicht festzustellen. Fig. 182 zeigt das Ergebnis eines solchen Versuches mit der Papiertrommel eines großen Maihak-Indikators. Ändert sich aber die Trommelfederspannung proportional und folgt die Schnurleitung dem Hookeschen Gesetz, so ändern sich auch die Abszissen der Diagramme affin, das Diagramm bleibt richtig. Unsicherer bleibt der Einfluß der Achsenreibung, da nicht nur ihre Größe, sondern auch ihre Richtung wechselt. Für ihre Geringhaltung muß eine gute Werkstattausführung sorgen, auch darf das Ölen nicht vergessen werden. Unter diesen Bedingungen ist die Achsenreibung nicht sehr groß. Um sie noch kleiner zu machen, könnte man den Einbau eines Kugellagers in Erwägung ziehen.

Der Einfluß der Massenwirkung bei der Crosby-Trommel ist bei kleineren Tourenzahlen verschwindend und bei höheren Tourenzahlen durch eine größere Trommelfederspannung und Verkleinerung des Trommelweges, auch durch Wahl einer kürzeren Diagrammlänge bzw. kleineren Trommel, auf ein zu vernachlässigendes Maß zu bringen. Die Federspannung, die Achsenreibung und die Massenwirkung der Trommel zusammen bestimmen die Größe der Schnurspannung. Ist die Änderung der Schnurspannung auf die Schnurdehnung von so kleinem Einfluß, daß dieser vernachlässigt werden kann, und das würde bei Eisendraht, wie aus Fig. 181 hervorgeht, zutreffen, so kann keine dieser Größen einen wesentlichen Abszissenfehler verursachen, wenn man nur dafür sorgt, daß die Schnurspannung nicht zu klein wird. Das läßt sich aber durch die Trommelfederspannung und die Größe des Trommelwegs stets erreichen. Aus dieser Betrachtung erhellt ferner die Wichtigkeit der Forderung, die Schnurleitung hauptsächlich aus Draht, und nur wo nicht anders möglich, aus Schnur zusammen zu setzen.

b) Beispiele von typischen und fehlerhaften Maschinendiagrammen.

Ist die Ursache eines fehlerhaften Diagrammes weder im Indikator noch im Antrieb zu finden, so muß sie in der Maschine gesucht werden. Wohl lassen sich für die einzelnen Maschinengattungen einige häufig wiederkehrende Fehler angeben, doch ist es unmöglich, auf alle vorkommenden Fehler einzugehen. Besitzt doch z. B. jede der unzähligen

Dampfmaschinensteuerungen ihre Besonderheiten, die sich im Diagramm widerspiegeln, und zu deren richtiger Beurteilung oft eine sehr große Vertrautheit gerade mit dieser Steuerung und ihren Eigentümlichkeiten gehört. Verhältnismäßig einfacher liegt die Sache bei Gasmaschinen, Kompressoren und Pumpen. Es muß daher der Geschicklichkeit, der Übung und der Überlegung des Ingenieurs überlassen bleiben, auf Grund der Diagramme die richtigen Schlüsse zu ziehen. Auch kann es Fälle geben, in welchen die Ursache zu den fehlerhaften Diagrammen nicht gefunden wird.

In der Folge soll nun eine Auswahl normaler und fehlerhafter Diagramme gebracht werden, um an einigen Beispielen zu zeigen, was der Indikator anzugeben imstande ist. Eine solche Sammlung kann selbstverständlich niemals den Anspruch auf Vollständigkeit erheben. Wo es möglich war, sind die Federmaßstäbe beigefügt und die Abmessungen der Maschine angegeben. Hierbei bezeichnet D den Zylinderdurchmesser, s den Kolbenhub, beide in Millimetern, und n die Tourenzahl in der Minute. Bei den Diagrammen von zweiseitig wirkenden Kolbenmaschinen entsprechen die linksstehenden der Deckelseite, die rechtsstehenden der Kurbelseite.

Dampfmaschinen.

Die größte Mannigfaltigkeit in ihrer Form zeigen die Dampfmaschinendiagramme. Das hängt sowohl mit der Natur und Arbeitsweise des Dampfes wie auch mit der Art der Dampfzufuhr und -zuleitung im Zylinder zusammen. Allgemein gültige Normaldiagramme lassen sich nicht angeben. Die richtige Beurteilung auftretender Unregelmäßigkeiten setzt oft langjährige Übung voraus.

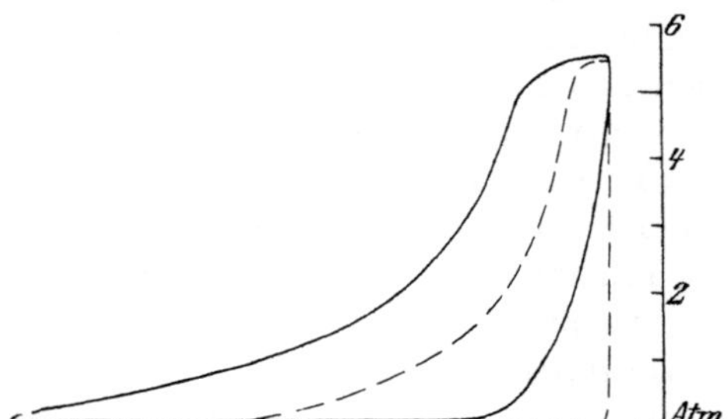

Fig. 183.

Fig. 183. Diagramm einer älteren Einzylindermaschine mit Schiebersteuerung ($D = 350$, $s = 650$, $n = 65$). Die ausgezogene Linie wurde bei Auspuffbetrieb, die gestrichelte bei Kondensationsbetrieb bei gleichbleibender Leistung erhalten.

Fig. 184. Diagramme einer Verbundmaschine in Zwillingsanordnung ($D = 280/425$, $s = 600$, $n = 100$). Der Hochdruckzylinder besitzt Widnmann-Steuerung, der Niederdruckzylinder Meyer-Steuerung mit von Hand verstellbarer Expansion.

Fig. 185. Diagramme einer Verbundmaschine in Zwillingsanordnung für Sattdampf ($D = 726/1150$, $s = 1400$, $n = 64$). Der Hochdruck-

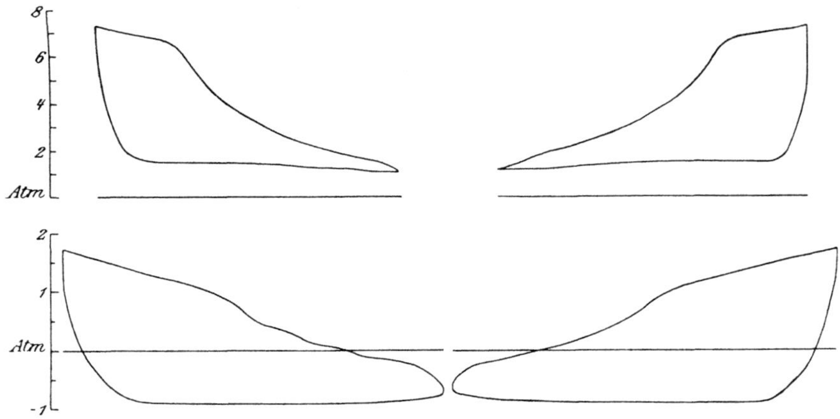

Fig. 184.

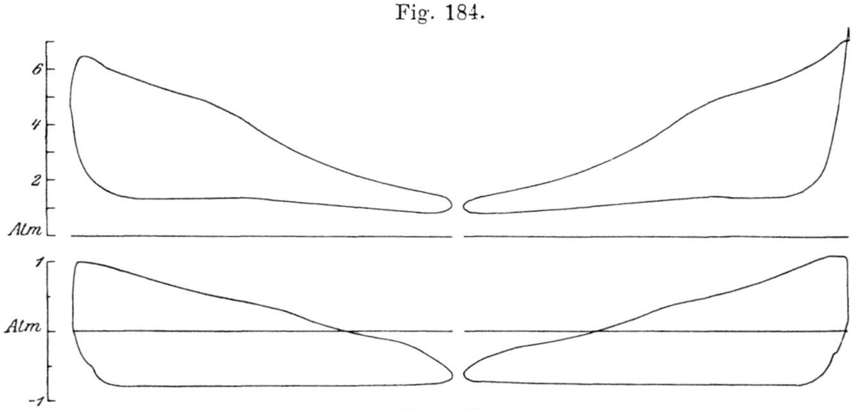

Fig. 185.

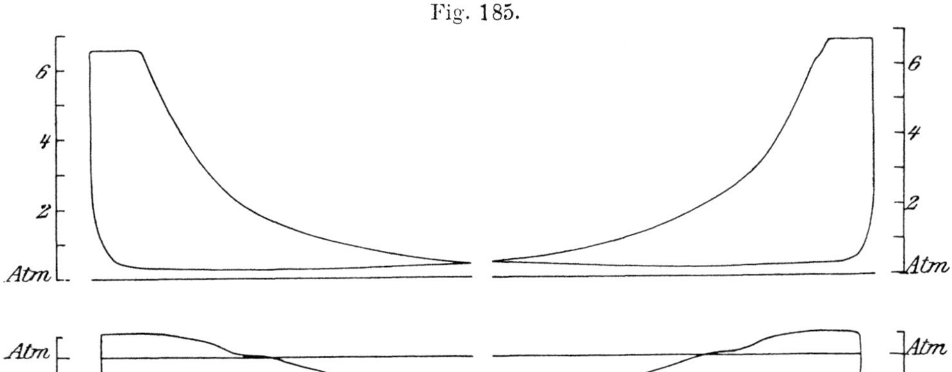

Fig. 186.

zylinder besitzt eine zwangläufige Ventilsteuerung mit Wälzhebel, der Niederdruckzylinder einen Trickschieber. Der Dampfeinlaß im Hochdruckzylinder ist gedrosselt, der Abschluß erfolgt schleichend, die Voröffnung auf der Deckelseite ist etwas zu spät. Der spezifische stündliche Dampfverbrauch war bei 800 PSi Leistung 7,4 kg.

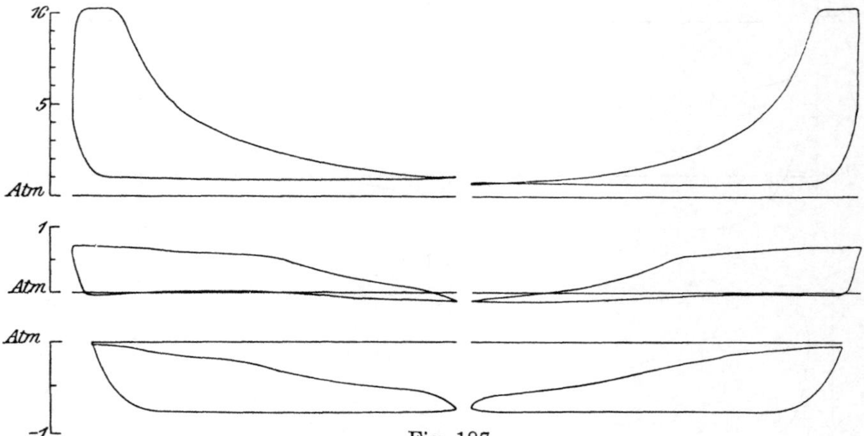

Fig. 187.

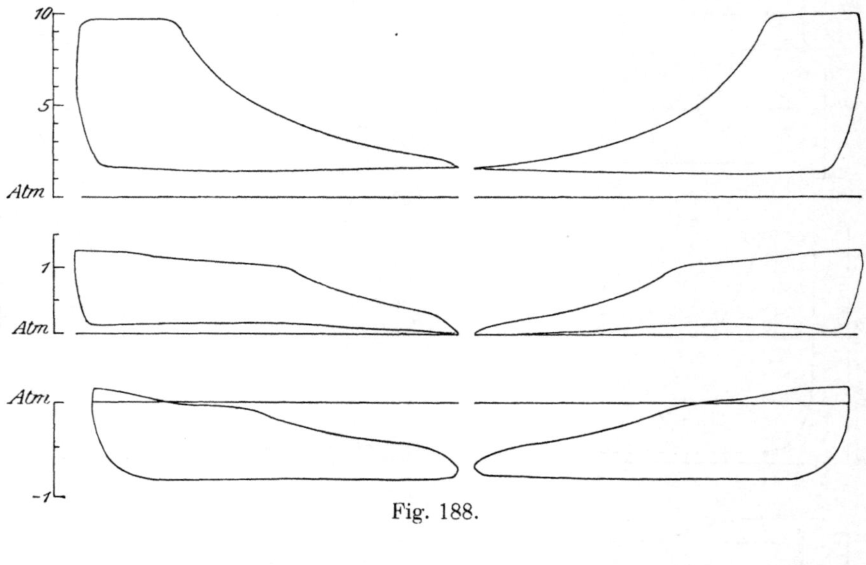

Fig. 188.

Fig. 186. Diagramme einer Tandem-Verbundmaschine ($D = 480/750$, $s = 1250$, $n = 58$). Der Hochdruckzylinder besitzt eine Ausklink-(Sulzer-)Ventilsteuerung, der Niederdruckzylinder wird durch unrunde

Scheiben gesteuert. Bei einer Leistung von 231 PSi verbrauchte die Maschine stündlich 7,29 kg für 1 PS.

Fig. 187, 188 und 189. Die Diagrammsätze einer Dreifach-Verbund-

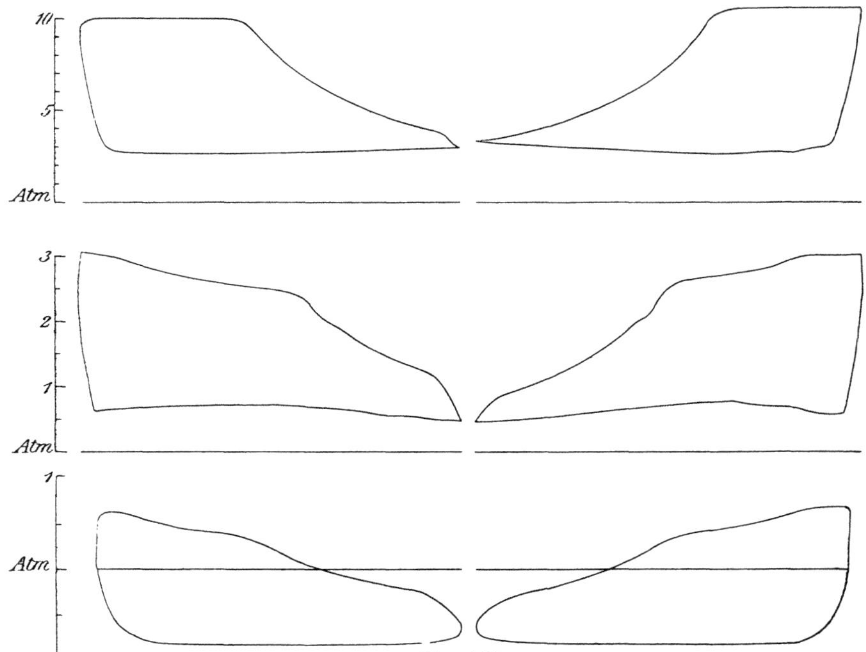

Fig. 189.

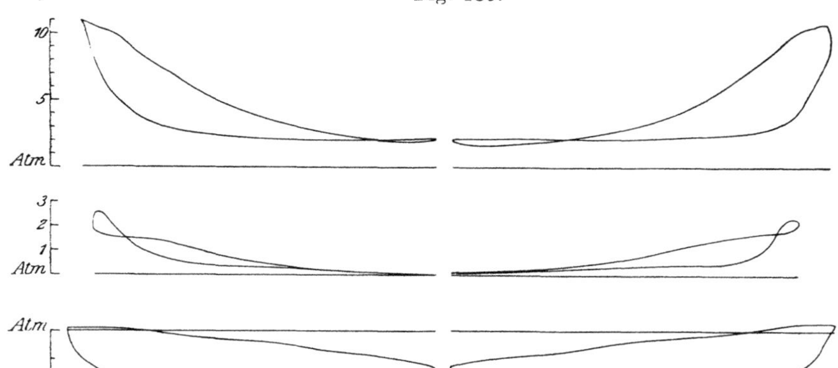

Fig. 190.

maschine mit Corliß-Frikart-Steuerung ($D = 400/600/950$, $s = 1200$, $n = 70$) bei verschiedener Belastung. Die Diagramme zeichnen sich durch große Korrektheit aus.

Fig. 190. Diagramme einer Dreifach-Verbundmaschine für Sattdampf ($D = 550/870/1260$, $s = 1200$, $n = 79$). Hoch- und Mitteldruckzylinder

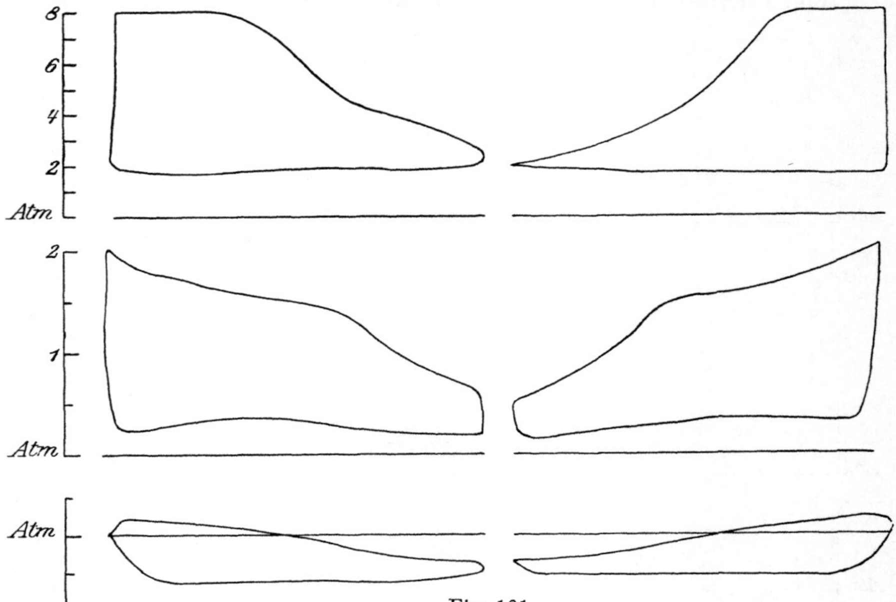

Fig. 191.

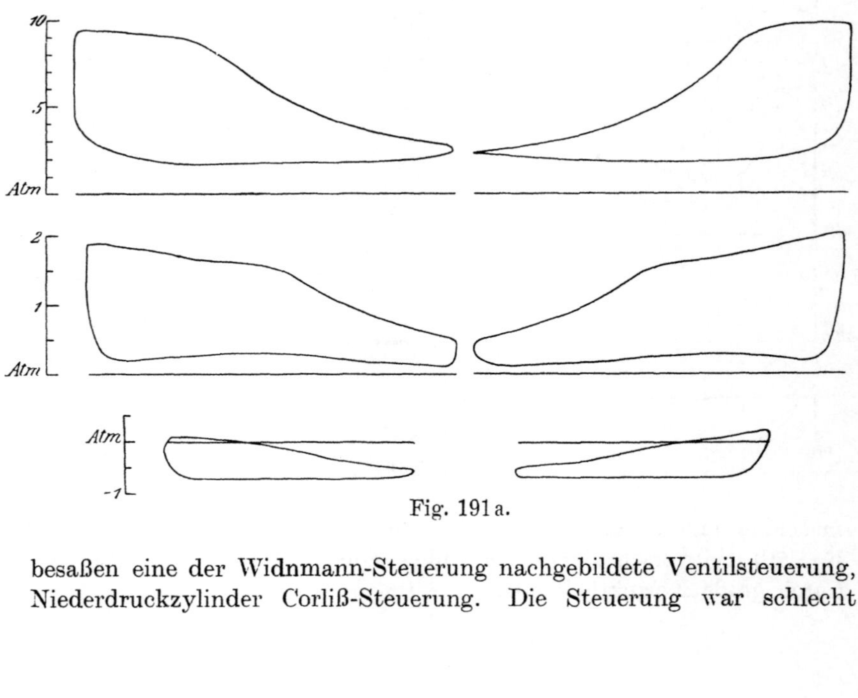

Fig. 191 a.

besaßen eine der Widnmann-Steuerung nachgebildete Ventilsteuerung, Niederdruckzylinder Corliß-Steuerung. Die Steuerung war schlecht eingestellt. Die Leistung des Mitteldruckzylinders war zu klein. Der größte Teil der Gesamtarbeit wurde vom Niederdruckzylinder übernommen. Der Dampfverbrauch war infolgedessen hoch, rund 10 kg bei 500 PSi. Die Maschine wurde, da sie außerdem noch Mängel besaß, durch eine andere ersetzt.

Fig. 191 und 191a. Diagramme einer Dreifach-Expansionsmaschine mit Kondensation ($D = 350/540/865$, $s = 920$, $n = 88$—89).

Fig. 191 gibt die Diagramme vor, Fig. 191a nach der Einstellung der Steuerung wieder. Im Hochdruckzylinder wurde die Füllung verkleinert und die Kompression eingestellt. Im Mitteldruckzylinder wurde die Kompression vergrößert und der Receiverdruck um $^1/_3$ at erhöht. Am Niederdruckzylinder wurde nur der Fehler in der Kompression auf der Deckelseite beseitigt.

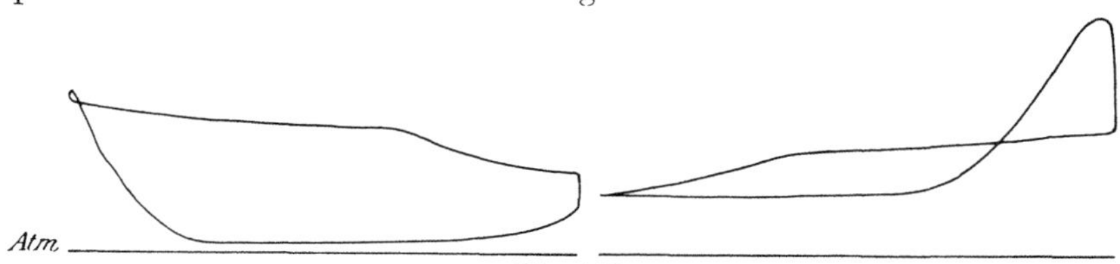

Fig. 192.

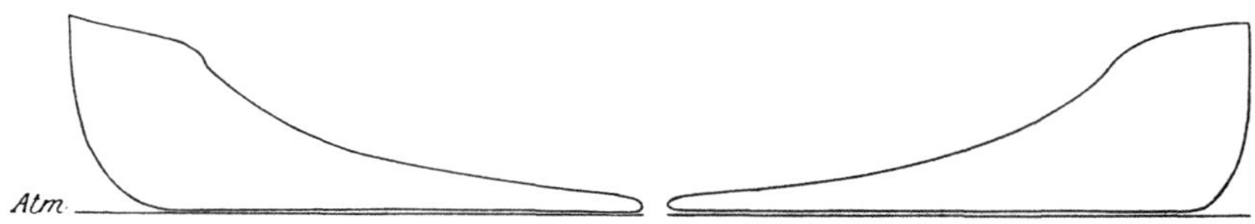

Fig. 192a.

Fig. 192 und 192a. Hochdruckdiagramme einer liegenden Zweizylinder-Verbundmaschine mit Kondensation und Ridersteuerung. In dem Hochdruckzylinder, der Schieberkasten- und Mantelheizung besitzt, befindet sich eine sogenannte Seele, die durch Kupferstreifen gegen den äußeren Teil des Zylinders abgedichtet ist. Ein Teil dieser Kupferdichtung hatte sich gelockert. Infolgedessen strömte der Frischdampf aus der Schieberkastenheizung hinter den Kolben der Dampfmaschine, ohne das Absperrventil zu passieren und setzte die Maschine in Bewegung. Aus den Indikatordiagrammen Fig. 192 ist ersichtlich, daß die eine Seite keinen Dampf erhielt, sondern nur saugte, und daß der Niederdruckzylinder, dessen Diagramme nicht wiedergegeben sind, annähernd die gesamte Arbeit leistete. Nachdem die Kupferdichtung teilweise erneuert worden war, wurden die Hochdruckdiagramme Fig. 192a erzielt.

Die Diagramme Fig. 193 und 193a entstammen einer Lokomobile mit einfachem Muschelschieber. Der Schieber war auf der Schieberstange falsch befestigt. Die Maschine besaß auf der Kurbelseite weitaus größere Füllung als auf der Deckelseite. Nachdem der Schieber auf der Schieberstange genügend in Richtung nach dem Kreuzkopf verschoben

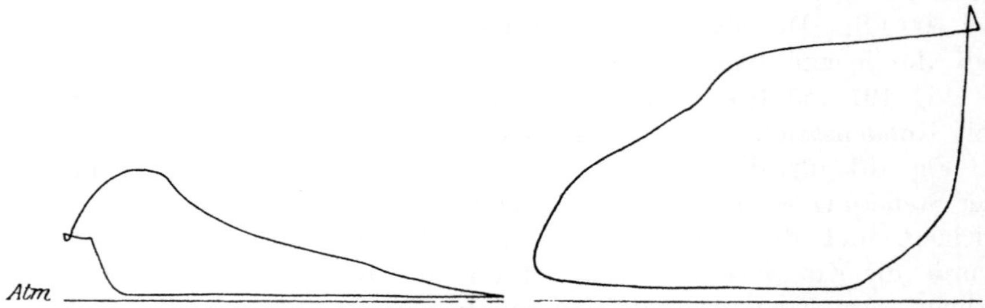

Fig. 193.

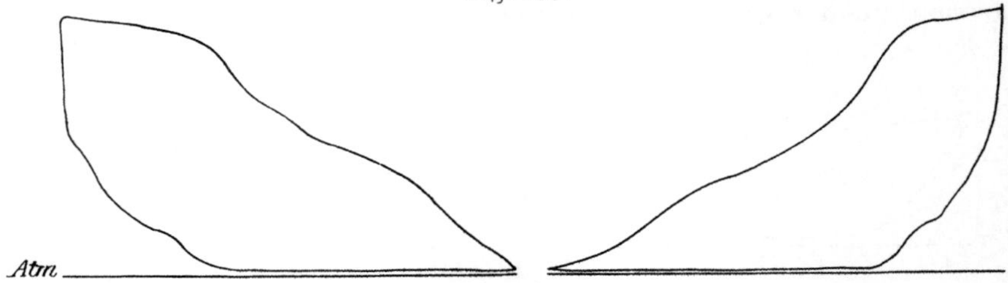

Fig. 193a.

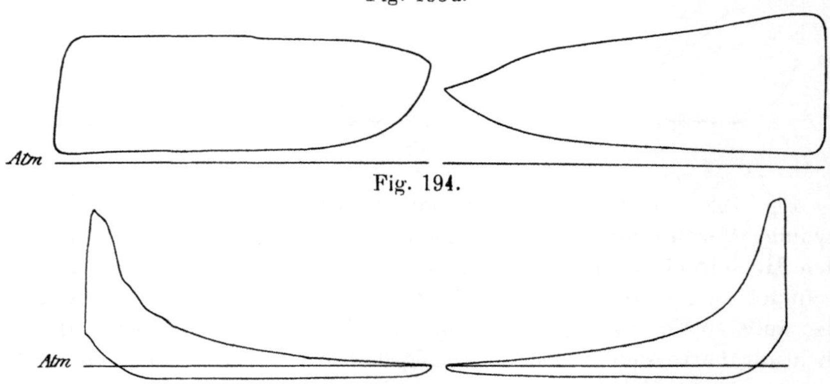

Fig. 194.

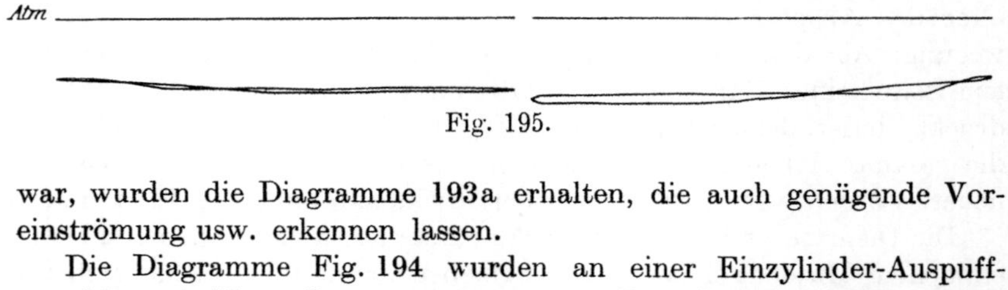

Fig. 195.

war, wurden die Diagramme **193a** erhalten, die auch genügende Voreinströmung usw. erkennen lassen.

Die Diagramme Fig. **194** wurden an einer Einzylinder-Auspuffmaschine mit Meyer-Steuerung gewonnen. Dem Grundschieberexzenter muß mehr Voreilung gegeben werden. Die Maschine ist überlastet. Die Auspuffkanäle sind für den vorliegenden Dampfverbrauch zu eng und erzeugen zu großen Gegendruck.

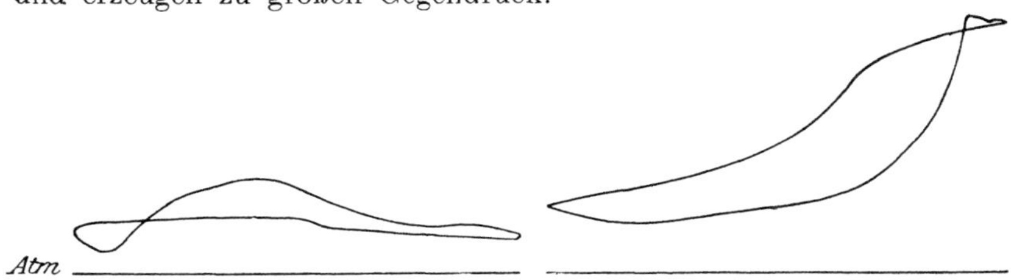

Fig. 196.

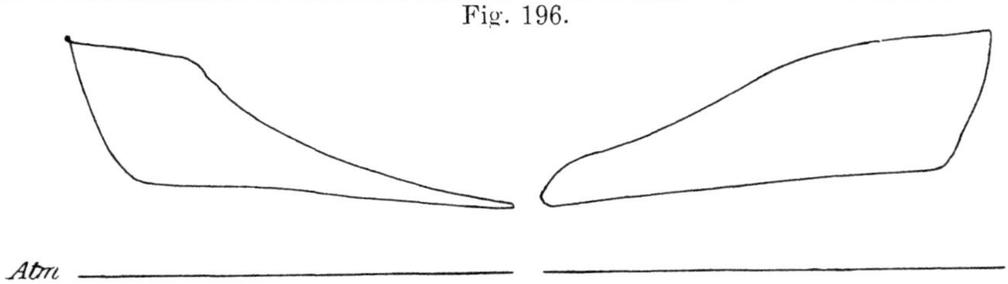

Fig. 196 a.

Die Diagramme Fig. 195 wurden an einer liegenden Zweizylinder-Verbundmaschine mit Kondensation abgenommen. Beim Öffnen des Schieberkastens des Niederdruckzylinders stellte sich heraus, daß die

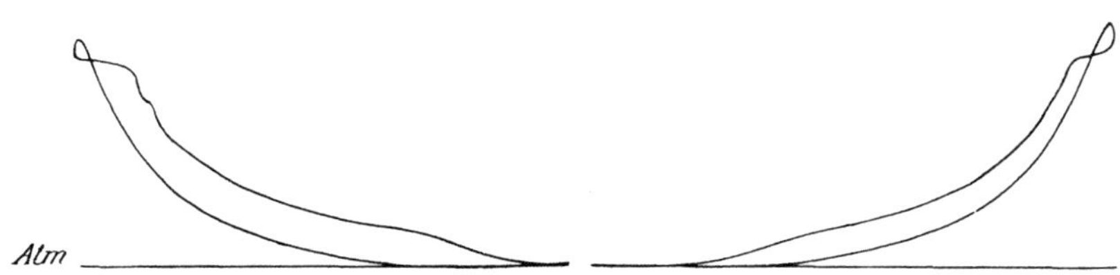

Fig. 197.

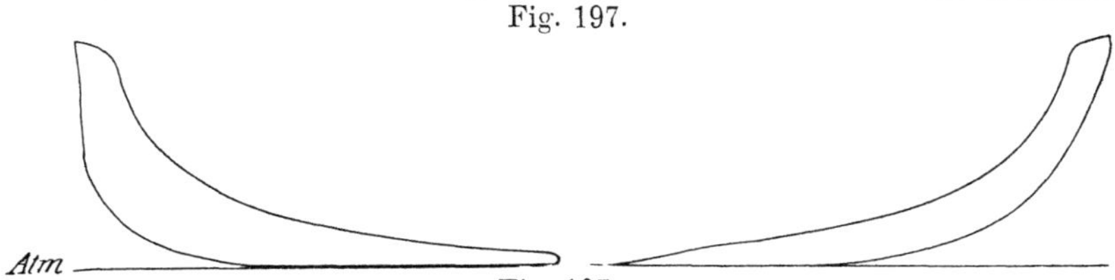

Fig. 197 a.

Schieberstange durch einen Druck in Richtung vom Zylinder nach dem Schieberkastendeckel verbogen war. Infolgedessen lag der Schieber auf seiner Gleitbahn nicht auf, und der dem Hochdruckzylinder entströmende Dampf nahm seinen Weg direkt, ohne im Niederdruckzylinder Arbeit zu verrichten, in den Kondensator.

Die Diagramme 196 und 196a wurden an dem Hochdruckzylinder einer Zweizylinder-Auspuff-Verbundmaschine mit Schiebersteuerung erzielt. Die Fehler sind die gleichen wie bei den Diagrammen Fig. 193 und wurden dadurch, daß man dem Grundschieber mehr Voreilung gab, beseitigt. Durch entsprechendes Verstellen des Expansionsschiebers ließe sich auch die Füllung ausgleichen.

Die Indizierung einer Einzylinder-Auspuffmaschine mit Höffner-Steuerung ergab die Diagramme Fig. 197 und 197a. Nach Einstellung der Steuerung arbeitete die Maschine nach den Diagrammen 197a.

Die Diagramme Fig. 198 und 198a wurden an einer liegenden Einzylinder-Auspuffmaschine mit Ventilsteuerung erzielt. Die Einstellung

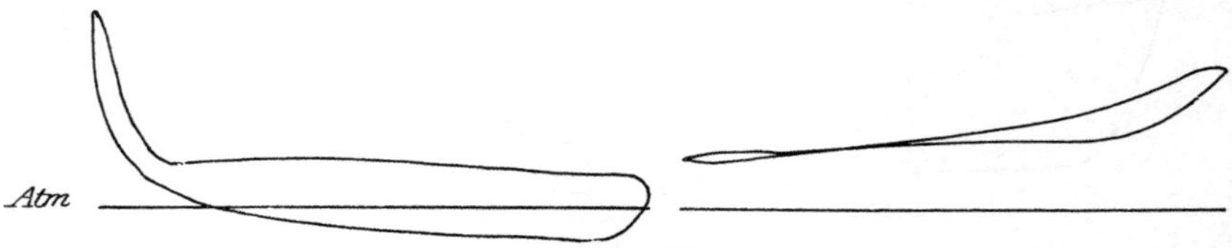

Fig. 198.

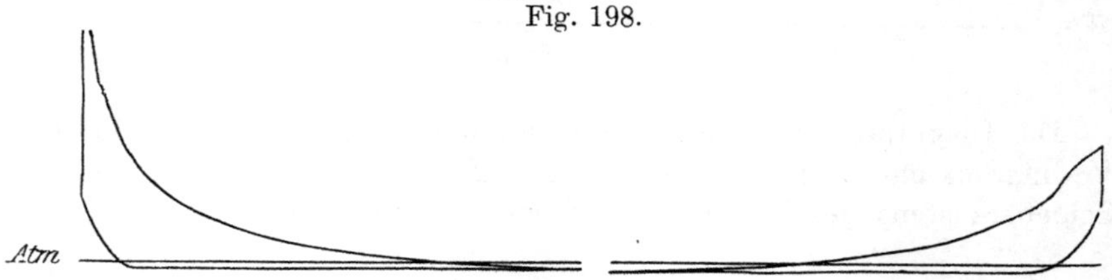

Fig. 198a.

ergab die Diagramme Fig. 198a. Die Kurbelseite konnte nicht besser eingestellt werden, da die Konstruktion der Steuerorgane ein weiteres Verstellen nicht zuließ.

Heißluftmaschine.

Fig. 199a und b geben die Diagramme des Arbeitszylinders einer Heißluftmaschine von Buschbaum in Darmstadt wieder ($D = 255$, $s = 286$, $n = 150$). Das erste Diagramm läßt eine Undichtigkeit in der Maschine erkennen, da der Druck unter die Atmosphäre sinkt. Nach Anordnung eines Schnüffelventils zum Ersatz der entweichenden Luft wurde das Diagramm 199b erhalten.

Gasmaschinen.

Das Indizieren der Gasmaschinen stellt im Durchschnitt wesentlich höhere Anforderungen an den Indikator als das von Dampfmaschinen, nicht sowohl wegen der mitunter recht beträchtlichen Spannungen, als vielmehr wegen des raschen Spannungswechsels. Dies gilt vorzüglich für solche Maschinen, die nach dem Verpuffungsverfahren arbeiten, wie die mit Leuchtgas, Benzin, Benzol und Spiritus betriebenen Gasmaschinen, während jene Maschinen, die nach dem Gleichdruckverfahren arbeiten, wie z. B. die Dieselmotoren, im normalen Falle ebenso glatt verlaufende Diagramme ergeben wie die Dampfmaschinen.

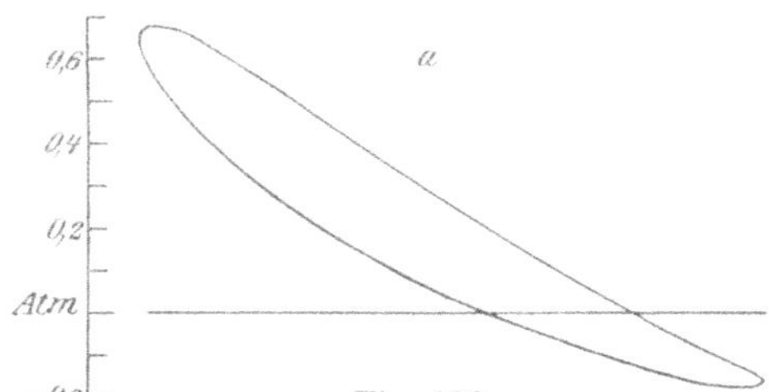

Fig. 199a.

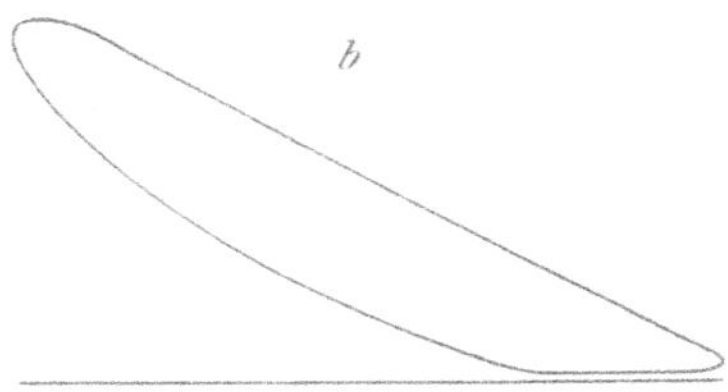

Fig. 199b.

Die Schwierigkeiten für den Indikator sind auch bei den nach dem Verpuffungsverfahren arbeitenden Maschinen weit geringer, wenn diese nicht voll belastet sind. Dann ist die Verbrennung oft so schleichend, daß man eher auf ein Gleichdruckdiagramm schließen möchte. Wie in der Einleitung zum Böttcher-Indikator[1]) erwähnt, ist die Ermittlung des wahren mittleren indizierten Druckes wegen der Zufälligkeit in der Diagrammentwicklung alsdann nicht einfach.

Des historischen Interesses wegen ist hier an erster Stelle das Diagramm der atmosphärischen Gasmaschine von Deutz wiedergegeben, die an den Indikator sowohl, wie auch an seinen Antrieb erhebliche Anforderungen stellt (Fig. 200). Die Wellen in der Expansionslinie sind reine Federschwingungen.

Fig. 201a gibt das Diagramm eines vierpferdigen Deutzer Schiebergasmotors mit Aussetzerregulierung wieder. Das niedrig verlaufende Diagramm ist ein „Nachbrenner", wie er bei diesen Maschinen, besonders bei kleineren Belastungen, häufig vorkommt, bei der Bestimmung des mittleren indizierten Druckes aber selbstverständlich berücksichtigt werden muß.

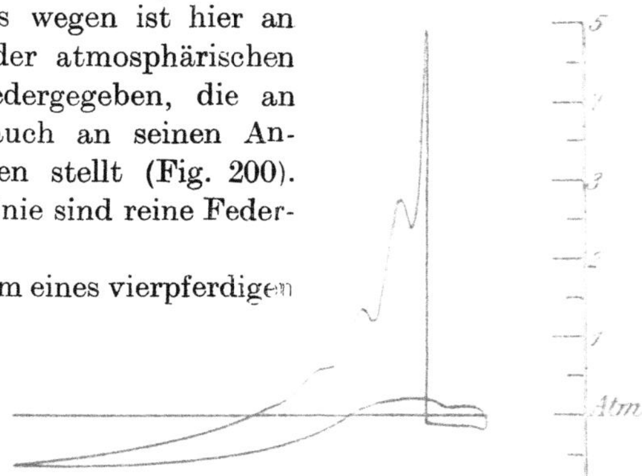

Fig. 200.

Der eigentliche Verbrennungsvorgang drängt sich bei normaler Arbeitsweise im Kolbenwegdiagramm so eng zusammen, daß man über die Art und Schnelligkeit der Zündung, auch über den Zündmoment im unklaren bleibt. Um diesen Teil des Diagrammes deutlich zu machen.

[1]) Seite 28 u. f.

nimmt man versetzte Diagramme ab, das sind solche, bei welchen die Papiertrommel die größte Geschwindigkeit hat, wenn der Maschinenkolben durch den Totpunkt geht (vgl. Kap. 10c). Ein solches an dem vierpferdigen Schiebergasmotor abgenommenes Diagramm gibt Fig. 202 wieder. Die flach verlaufende Kurve entspricht einem Aussetzer, der linke aufsteigende Ast der Kompression, der rechts absteigende Ast der Expansion.

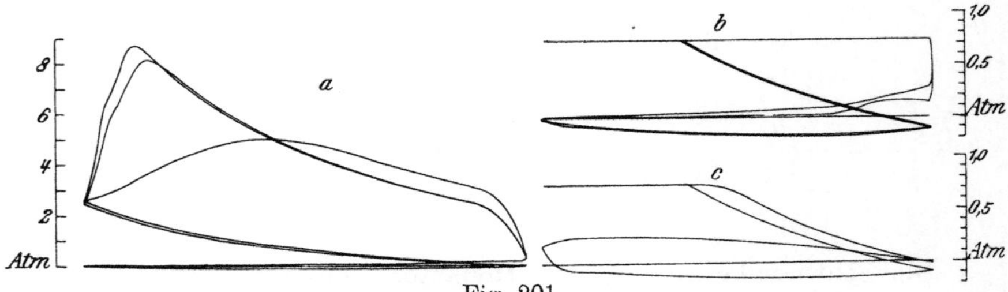

Fig. 201.

Will man Gasmotorendiagramme auf Zeitbasis umzeichnen, z. B zur Ermittlung des Tangentialdruckdiagramms, dann empfiehlt es sich, das Kolbenwegdiagramm und das zugehörige um 90° versetzte Diagramm zusammen zu benutzen. Bei letzterem müssen dann noch auf der Atmosphärenlinie die zugehörigen Kurbelstellungen empirisch markiert werden, indem man mit dem Schwungrad die Kurbel in verschiedene bekannte Winkelstellungen dreht und dann mit dem Schreibstift auf dem Diagrammpapier diese Stellungen kennzeichnet.

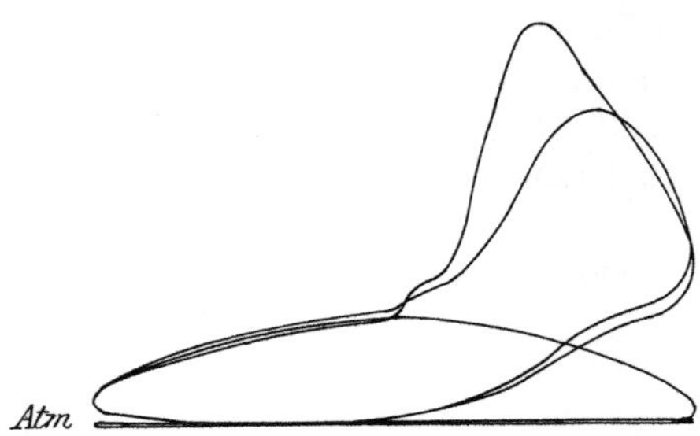

Fig. 202.

Zur Erkennung der Auspuff- und Ansaugvorgänge nimmt man Schwachfederdiagramme. Fig. 201 b und c geben solche Diagramme der gleichen Maschine, Fig. 201 b nach einer Verbrennung, Fig. 201 c nach einem Aussetzer wieder. Fig. 201 c läßt erkennen, daß die Abgase sehr rasch infolge der plötzlichen Entspannung beim Öffnen des Auslaßventils bis nahezu auf die atmosphärische Linie herunter expandieren, während bei 201 c die Ausschubarbeit der angesaugten Luft — eine Verbrennung fand wegen des vorhergehenden Aussetzers nicht statt — von dem Kolben geleistet werden muß und viel größer ist. Außerdem ist von Interesse, daß die Kompressions- und Expansionslinien nach dem Aussetzer, soweit sie sichtbar sind, sich nicht decken, eine Folge der Wärmeübertragung von der Zylinderwandung auf die eingeschlossene Luftmenge.

Ähnliche Diagramme lieferte ein Leuchtgasmotor von Hille ($n = 200$), bei welchem die Kompression jedoch schon bis etwa $5^1/_2$ at getrieben war (Fig. 203a—d). Die bei Fig. b und d sichtbaren Schleifen rühren von einem Aussetzer her.

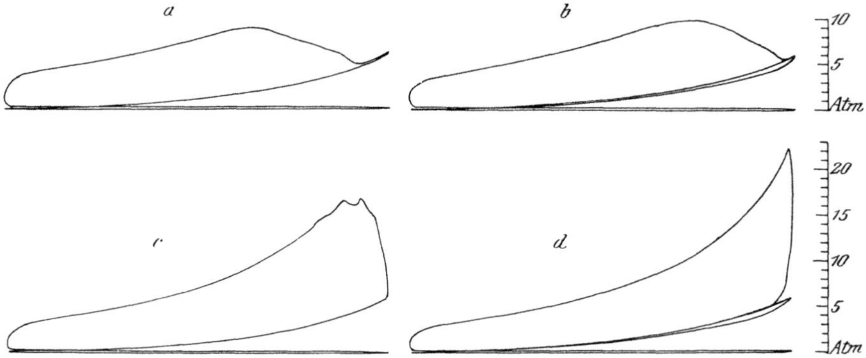

Fig. 203.

Fig. 204a und b sind die Diagramme eines 100pferdigen Anthrazit-Sauggasmotors, Bauart Güldner ($D = 475$, $s = 700$, $n = 160$), und darunter die entsprechenden Schwachfederdiagramme. Die Haupt-

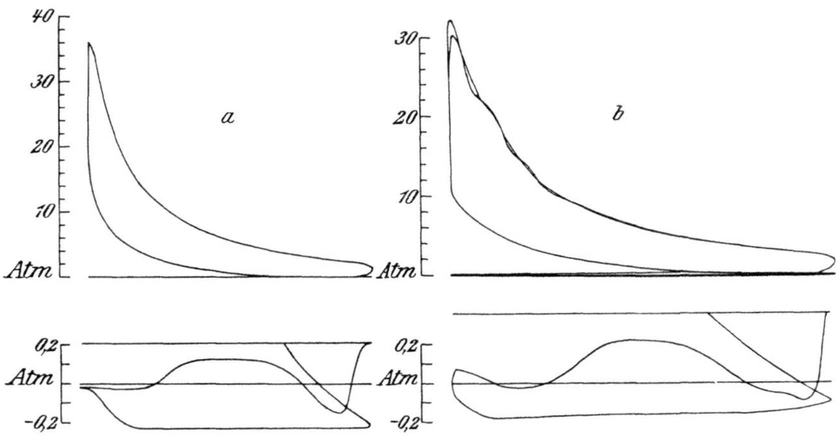

Fig. 204.

diagramme unterscheiden sich, abgesehen von dem verschieden groß gewählten Federmaßstab, durch verschieden hohen Kompressions-Enddruck, der bei a etwa 12—13, bei b nur 10 at beträgt. Infolgedessen geht die Kompressionslinie bei a nahezu stetig in die Verbrennungslinie über, während b noch eine deutliche Ecke hat. Die ent-

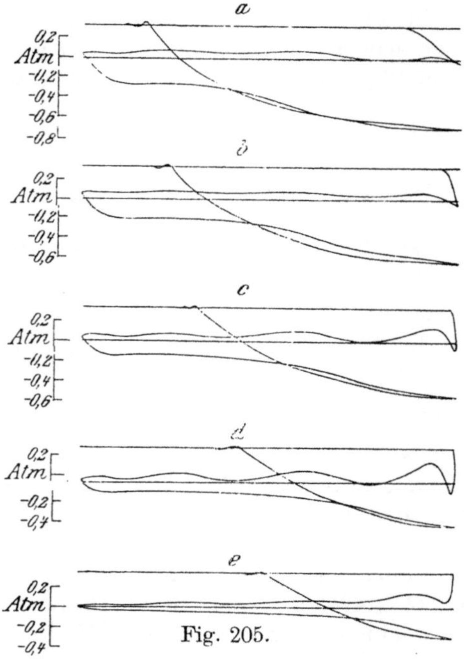

Fig. 205.

sprechenden Saugdiagramme sind lehrreich wegen des beim Ausschubhub zweimal auftretenden Vakuums, das durch Schwingungen in der Abgassäule hervorgerufen wird. Solche Schwingungen in den Gassäulen treten häufig auf und können, wenn sie in den Leitungen für die Zuluft oder das Gas vorkommen, zu Betriebsschwierigkeiten Anlaß geben. Es empfiehlt sich daher, in solchen Fällen stets auch Schwachfederdiagramme zu entnehmen, da oft diese allein den richtigen Weg zur Beseitigung von Störungen zeigen.

Besonders wichtig werden die Schwachfederdiagramme bei einigen Regelverfahren von Gasmaschinen. Ein diesbezügliches Beispiel gibt Fig. 205a—e wieder. Diese Diagramme sind einem dreipferdigen Deutzer Spiritusmotor ($D = 140$, $s = 210$, $n = 250$) bei Leerlauf, $^1/_4$, $^1/_2$, $^3/_4$ und $^1/_1$ Belastung entnommen. Die Regulierung des Motors erfolgt nach dem Köhlerschen Verfahren durch veränderliche Füllung. Das Saugventil wird durch einen schrägen Nocken gesteuert und schließt ab, bevor der Kolben im äußeren Totpunkt angelangt ist, und zwar um so früher, je geringer der Motor belastet wird. Da somit im Zylinder die Gasmenge veränderlich ist, so muß sich dies auch nach der Verbrennung im Ausschubhub zu erkennen geben. Auch hier treten sehr deutliche Gasschwingungen auf. (Die kleine Welle am oberen Ende der Kompressionslinie rührt von der Elastizität des Schreibhebels her: Das Schreibzeug erfährt durch die vorzeitige Hubbegrenzung einen Stoß, wodurch der Schreibhebel

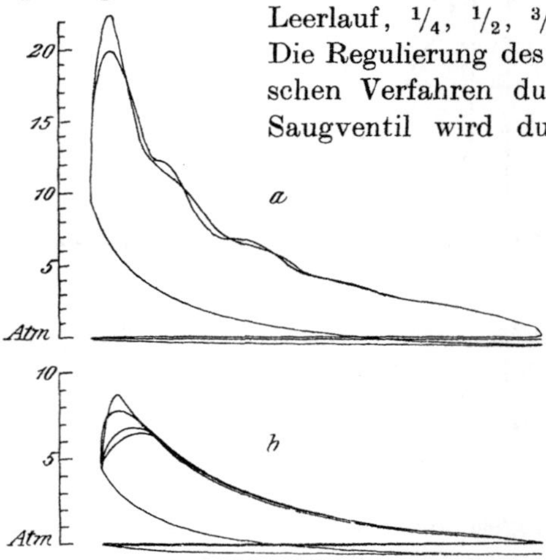

Fig. 206.

in, allerdings sehr rasch gedämpfte, Schwingungen gerät. Diese Erscheinung ist öfters zu beobachten.)

Eine ähnliche Regulierung besitzt auch der Leuchtgasmotor ($D = 300$, $s = 470$, $n = 200$), von dem Fig. 206a und b Diagramme bei nahezu Vollbelastung und im Leerlauf geben. Die Kompressions-Endspannung beträgt bei Fig. 206a wegen der größeren angesaugten Gas-Luftmenge etwa 9,5, bei Fig. 206b nur 4,5 at, dementsprechend der Verbrennungsdruck 20—22 bzw. 6—9 at. Ferner ist zu sehen, daß die

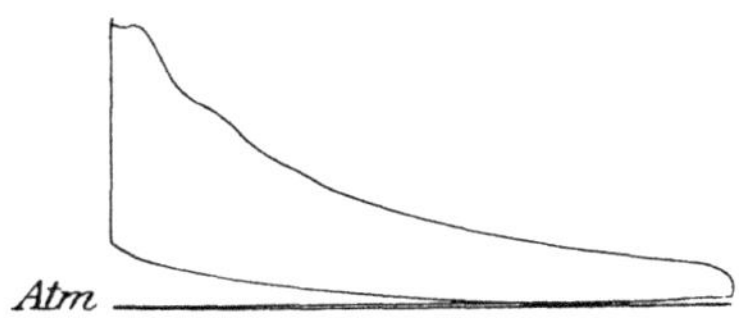

Fig. 207.

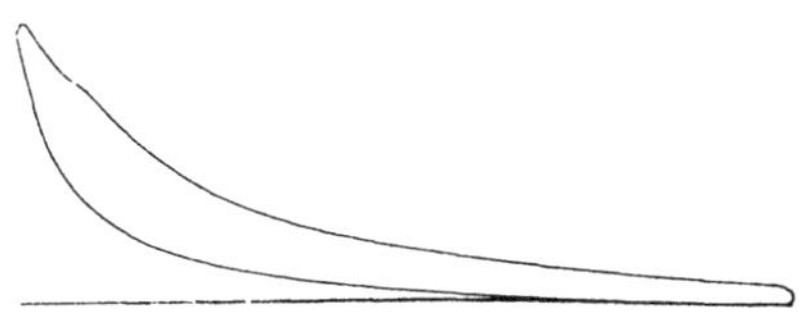

Fig. 208.

Verbrennung bei geringerer Belastung viel unregelmäßiger verläuft, worauf bereits hingewiesen wurde.

Den Unterschied im Arbeitsverfahren, Verpuffung und langsame Verbrennung, zeigen sehr instruktiv die Diagramme Fig. 207 und 208. Fig. 207 ist einem gewöhnlichen, mit Petroleum arbeitenden Gemisch-

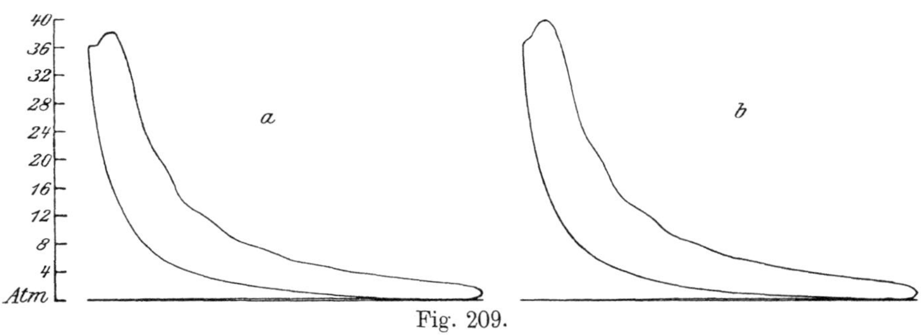

Fig. 209.

motor entnommen, Fig. 208 einem der ersten, von der Maschinenfabrik Augsburg auf den Markt gebrachten Dieselmotoren ($D = 225$, $s = 356$, $n = 210$).

Bei den neueren Ölmotoren erfolgt die Verbrennung wegen des höheren thermischen Wirkungsgrades möglichst bei konstantem Druck. Diagramme solcher neuerer Ölmotoren geben Fig. 209 und 210 wieder. Fig. 209 stammt von einem 50 pferdigen Zweizylinder-Dieselmotor der Maschinenfabrik Nürnberg ($D = 260$, $s = 410$, $n = 210$), 209a bei Normalleistung, 209b bei 20% Überlastung, und Fig. 210 von einem Zweizylinder-Rohölmotor der Güldner-Motoren-Gesellschaft in Aschaffenburg ($D = 535$, $s = 780$, $n = 150$), 210a bei Normalleistung, 210b bei

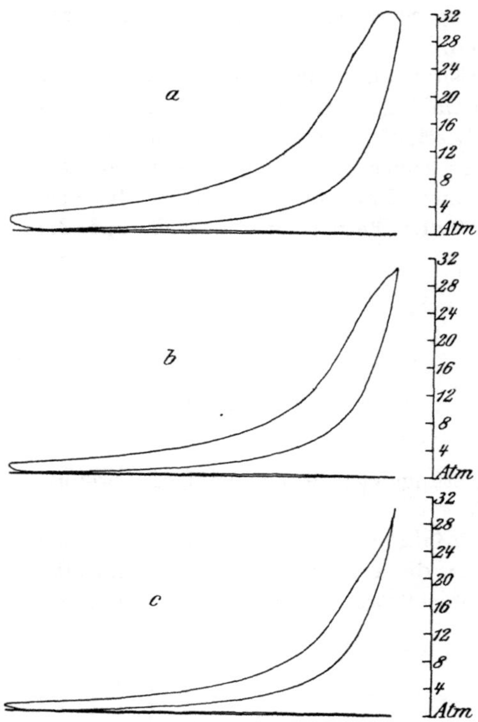

Fig. 210.

etwa $^1/_2$- (164 PS) und 210c bei etwas über $^1/_4$-Belastung (91 PS). Die Diagramme dieser Maschinen lassen nach Beginn der Verbrennung noch eine geringe Drucksteigerung erkennen. Mit abnehmender Belastung wird die Verbrennungslinie kürzer, das Diagramm spitzt sich immer mehr zu (Fig. 210b und c). Ferner zeigen die Diagramme die Abnahme der Expansions-Endspannung mit abnehmender Leistung. Bei sorgfältiger Indizierung läßt sich unschwer eine Beziehung zwischen indizierter Leistung und Expansions-Endspannung finden, eine Beziehung, die alsdann wieder dazu benutzt werden kann, die indizierte Leistung anzugeben, ohne diese direkt zu kennen. Der Zusammenhang wird am einfachsten graphisch dargestellt.

Kompressoren.

Kompressoren sind Energie verbrauchende Maschinen. Expansions- und Kompressionslinien sind daher im Vergleich zu den Diagrammen von Kraftmaschinen vertauscht.

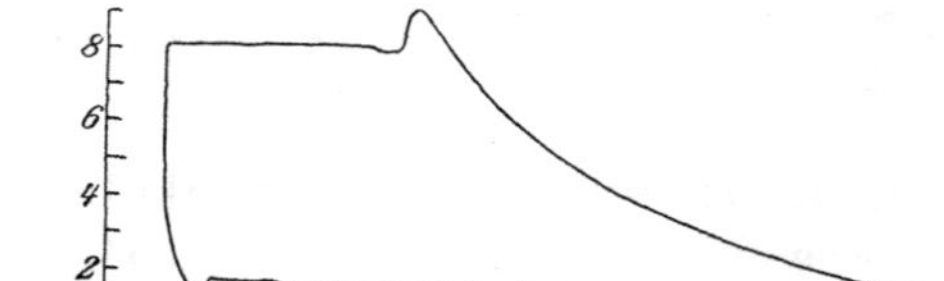

Fig. 211.

Das Indizieren von Gas- oder Luftkompressoren bietet durchschnittlich keine erheblichen Schwierigkeiten, wenn der Kolbenwegraum und der schädliche Raum so groß sind, daß ihnen gegenüber die durch die Anbringung des Indikators bedingte Vergrößerung vernachlässigt werden darf (vgl. Einleitung dieses Kapitels).

Fig. 211 gibt das normale Diagramm eines Ammoniakkompressors einer Kühlanlage wieder ($D = 250$, $s = 420$, $n = 75$), der ohne Überhitzung arbeitet. (Auf die Verwendung von Zylinder, Kolben sowie Hähnen aus Stahl beim Indizieren von Ammoniakmaschinen wurde bei der Beschreibung der Instrumente bereits hingewiesen.) Die Spitzen am Ende der Kompressions- und Expansionslinien deuten auf den Ventilwiderstand hin. Es ist jeweils ein gewisser Überdruck nötig, um die Ventilmasse zu beschleunigen. Häufig überlagern sich hierbei die Schwingungen des Ventils mit denjenigen des Indikatorschreibzeugs,

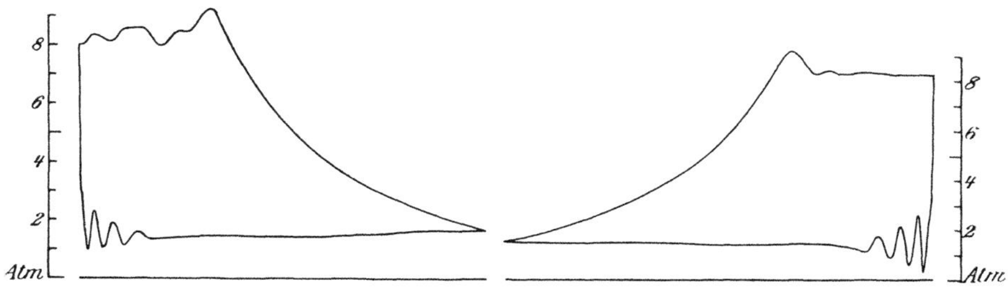

Fig. 212.

wozu schließlich auch noch Schwingungen und Reflexerscheinungen in der Gas- oder Flüssigkeitssäule des komprimierten und teilweise verflüssigten Gases treten. Die Kombination der beiden ersten Schwingungsarten sind an beiden Diagrammen Fig. 212 bei Beginn der Sauglinie eines neueren mit Überhitzung arbeitenden Ammoniakkompres-

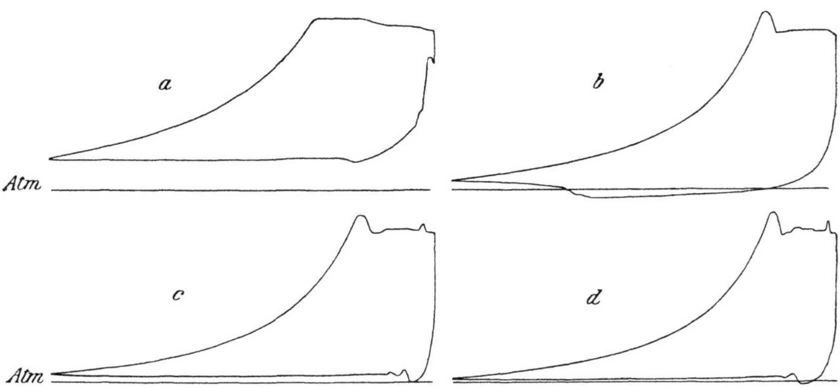

Fig. 213.

sors ($D = 350$, $s = 600$, $n = 120$) zu sehen, während sich auf der Drucklinie der Deckelseite außerdem noch Schwingungen der Flüssigkeitssäule zu erkennen geben.

Fehlerhaftes Arbeiten eines Ammoniakkompressors ($D = 300$, $s = 500$, $n = 62$) zeigen die Diagramme Fig. 213a—d. Bei Fig. 213a macht das Saugventil zu spät auf und das Druckventil schließt nicht exakt. Bei Fig. 213b ist die Saugtemperatur sehr tief, der Kompressor arbeitet sehr „naß“, infolgedessen ist das Öl zähe, das Saugventil bleibt hängen und öffnet erst sehr spät. Einen weniger nassen Kompressorgang zeigt Fig. 213c an. Das Diagramm ist im wesentlichen normal, die Saugtemperatur zwar immer noch tief. Dasselbe gilt auch noch für Fig. 213d, wobei der Kompressor trotz der sehr tiefen Saugtemperatur einen ruhigen Gang hatte, weil er „trocken“ arbeitete. Bei den beiden

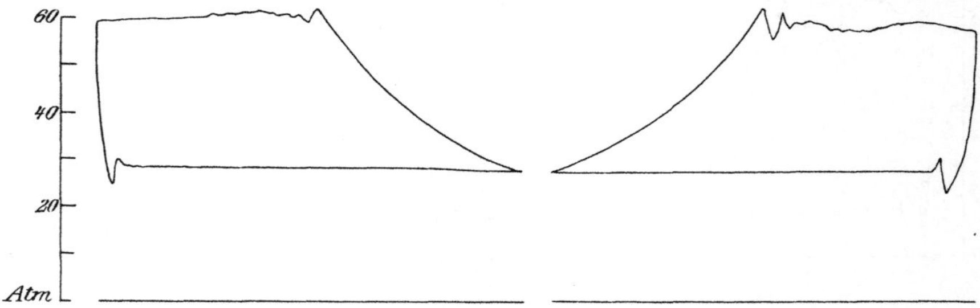

Fig. 214.

letzten Diagrammen sind in der Drucklinie ebenfalls wieder einige, vermutlich von der Flüssigkeitssäule herrührende Schwingungserscheinungen angedeutet.

Die Druckverhältnisse in den Ammoniakkompressoren sind meist so, daß man mit dem normalen Indikatorkolben ausreicht. Bei

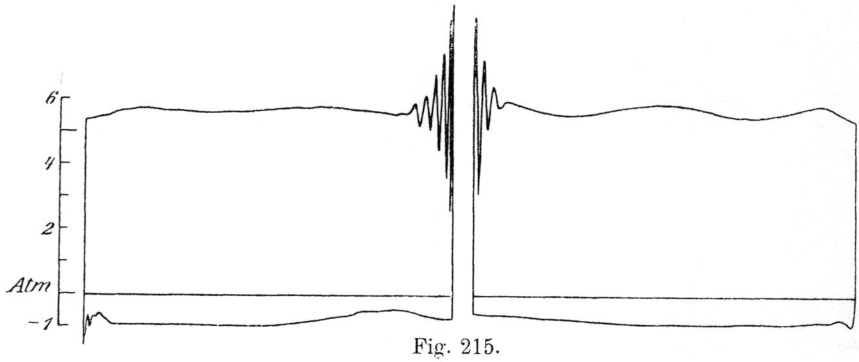

Fig. 215.

Kohlensäurekompressoren für Kälteanlagen liegen die Drucke bedeutend höher. Das Diagramm entwickelt sich etwa zwischen 30 und 60 at, und man ist daher gezwungen, die Kolbenfläche des Indikators bis auf $^1/_{10}$ zu verkleinern, um mit den normalen Federn auszukommen. Da die Kolbenwegräume und schädlichen Räume nicht groß zu sein pflegen, so muß man auf den durch die Anbringung des Indikators bedingten Fehler Rücksicht nehmen. Einen Diagrammsatz eines solchen Kompressors zeigt Fig. 214 ($D = 100$, $s = 150$, $n = 68$). Die Entwicklung der Expansionslinie dürfte hierbei teilweise schon der Vergrößerung des schädlichen Raumes durch den Indikator zuzuschreiben sein.

Pumpen.

Wie in der Einleitung zu diesem Kapitel erwähnt, hat man beim Indizieren von Flüssigkeitspumpen fast immer Federschwingungen zu gewärtigen. Zur Schonung des Indikators empfiehlt es sich, stets mit

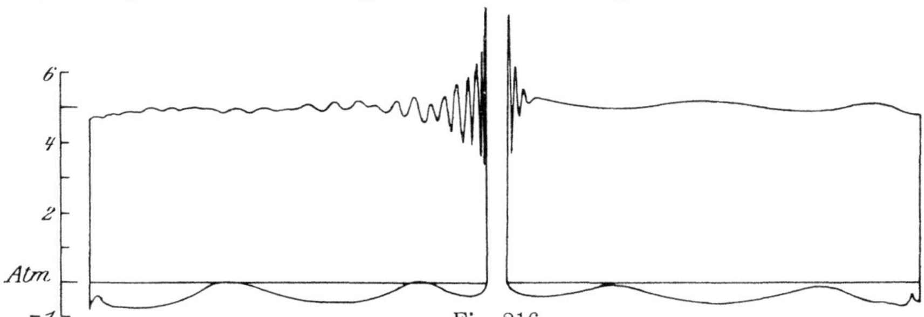

Fig. 216.

der stärksten Feder die ersten Diagramme abzunehmen und nach dem Ausfall des Diagrammes eine zweckentsprechende zu wählen. Die Flächenentwicklung der Pumpendiagramme ist so günstig, daß man auch mit kleinen Federmaßstäben eine hinreichende Genauigkeit in der Berechnung der indizierten Leistung erreicht.

Neben den Federschwingungen hat man es auch vielfach noch mit Schwingungen der Flüssigkeit in der Pumpe zu tun. So zeigt das Diagramm Fig. 215 einer doppeltwirkenden Kolben-Wasserpumpe ($D = 235$, $s = 450$, $n = 45$) nicht nur die Federschwingungen beim Öffnen des Druckventils, sondern auch noch Druckschwankungen in der Druck- und Sauglinie. Dieselbe Pumpe gab bei $n = 46$ und etwas geringerer Saug- und Druckhöhe noch viel ausgeprägtere Druckschwankungen (Fig. 216). Außerdem zeigt das Diagramm der Deckelseite, wie sich über die langen Wellen auch noch die kurzen der Federschwingungen lagern.

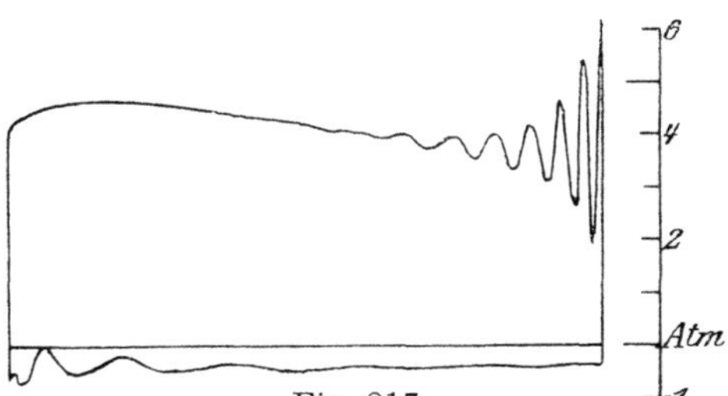

Fig. 217.

Während bei den eben besprochenen Diagrammen die Drucklinie annähernd parallel zur Atmosphärenlinie verläuft, zeigt das Diagramm Fig. 217 einer kleinen Differentialpumpe ($D = 187$, $s = 130$, $n = 78$) nach Öffnen des Druckventils ein einmaliges Anschwellen des Druckes, was auf die Beschleunigung der Druckwassersäule zurückzuführen ist.

Ein ähnliches Anschwellen der Drucklinie, jedoch bis zum zweifachen Betrag des normalen Druckes, gibt das Diagramm Fig. 218a einer doppelt wirkenden Plungerpumpe wieder ($D = 320$, $s = 325$,

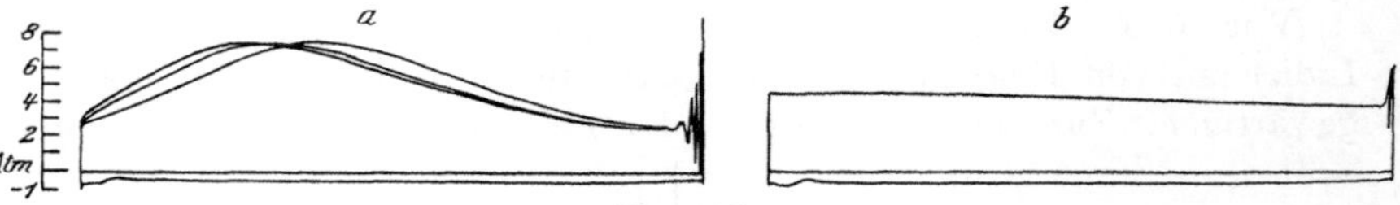

Fig. 218.

$n = 52$). Das normale Diagramm ist in Fig. 218b dargestellt. Hier lag jedoch die Ursache zu dieser auffallenden Drucksteigerung nicht in der Beschleunigung der Wassermassen, sondern in einer Querschnittsverengung der Druckleitung. In diese war dicht hinter der Pumpe eine Rückschlagklappe eingebaut, deren Bewegung durch einen Stein gehindert wurde. Der Stein legte sich hinter die Klappe und zersprengte unmittelbar nach Abnahme des Diagramms Fig. 218a das Klappengehäuse.

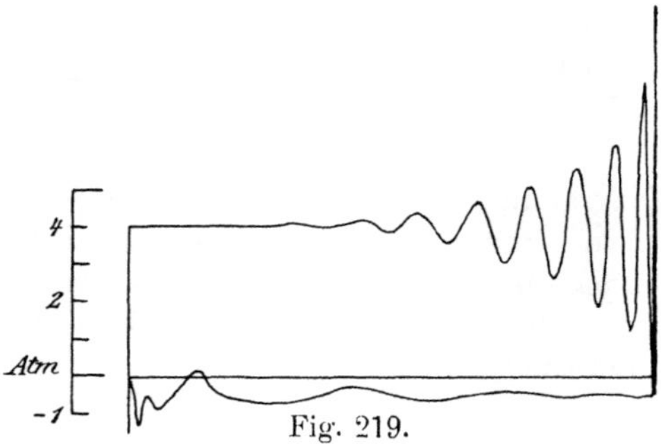

Fig. 219.

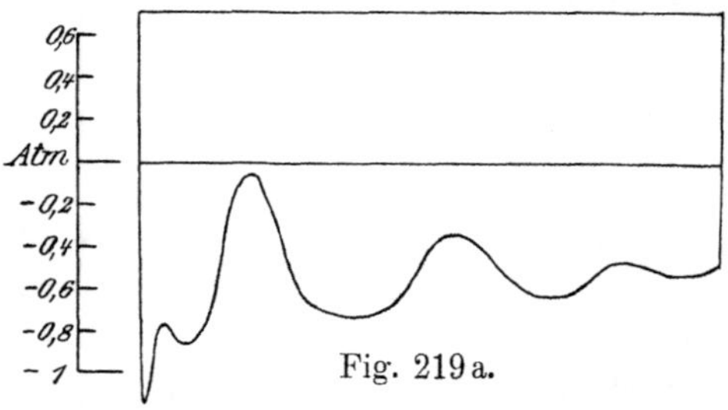

Fig. 219a.

Schlagen und Stoßen von Pumpen ist unter bestimmten Verhältnissen häufig im Abreißen der Saugwassersäule zu suchen. Fig. 219 ist das Diagramm einer ziemlich rasch laufenden Pumpe, deren Saugleitung bei beträchtlicher Länge keinen Windkessel besaß. Zu Beginn des Saughubes riß die Wassersäule ab, was aus dem zugehörigen Schwachfederdiagramm besonders deutlich zu sehen ist und was auch die rechnerische Untersuchung ergeben hatte. (Daß der Druck noch unter —1 at zu sinken scheint, ist nur auf die Massenwirkung des Schreibzeugs zurückzuführen.) Nachdem ein entsprechender Saugwindkessel eingebaut war, lief die Pumpe ruhiger.

GPSR Compliance

The European Union's (EU) General Product Safety Regulation (GPSR) is a set of rules that requires consumer products to be safe and our obligations to ensure this.

If you have any concerns about our products, you can contact us on ProductSafety@springernature.com

In case Publisher is established outside the EU, the EU authorized representative is:

Springer Nature Customer Service Center GmbH
Europaplatz 3
69115 Heidelberg, Germany

Batch number: 10682323

Printed by Printforce, the Netherlands